講談社選書メチエ
658

永田鉄山 軍事戦略論集

川田　稔
［編・解説］

MÉTIER

目次

編者はしがき

永田鉄山は、昭和期の陸軍統制派の指導者として、一般にも広く知られている。

日米開戦時、陸軍を主導したのは東条英機《とうじょうひでき》首相兼陸相、武藤章《むとうあきら》陸軍省軍務局長、田中新一《たなかしんいち》参謀本部作戦部長だったが、東条、武藤は統制派メンバーである。そして田中も、統制派から強い影響をうけていた（永田自身は日中戦争前に死去）。

また近年、満州事変前後における陸軍中央の中堅幕僚グループ「一夕会《いっせきかい》」の中心人物の一人としても、永田は注目されるようになってきている。

小畑敏四郎《おばたとしろう》、東条英機、板垣征四郎《いたがきせいしろう》、山下奉文《やましたともゆき》、石原莞爾《いしはらかんじ》、鈴木貞一《すずきていいち》、武藤章、田中新一ら、その後の陸軍で名を知られる人々も、当時は一夕会に属していた。

ちなみに、満州事変は、現地と陸軍中央での、一夕会の周到な計画と準備によって起こされた（拙著『昭和陸軍全史』第一巻、講談社現代新書、二〇一四年）。事変勃発時、関東軍の石原莞爾作戦参謀や板垣征四郎高級参謀も一夕会員であり、永田は陸軍省軍事課長、東条は参謀本部編制動員課長だった。

満州事変後、一夕会は陸軍の主導権をめぐって皇道派と統制派に分裂。結局統制派が陸軍の実権を掌握することになる。

統制派メンバーは、永田、東条、武藤、冨永恭次《とみながきょうじ》（のち陸軍次官）、真田穣一郎《さなだじょういちろう》（のち軍務局長）、服部卓四郎《はっとりたくしろう》（のち作戦課長）らで、永田がその実質的な指導者だった。

このように、満州事変以後のいわゆる昭和陸軍において永田はきわめて重要な位置を占めており、しかも独自の軍事戦略構想をもっていた。

その構想は、東条や武藤をはじめ統制派メンバーに強い影響を与え、死後も受け継がれた。そうした意味で、永田の構想は、昭和陸軍の思想的源流といえる。

丸山真男《まるやままさお》は、その著名な論考「超国家主義の論理と心理」で、次のような趣旨を述べている。「ナチス・ドイツがともかく『我が闘争』や『二十世紀の神話』の如き世界観的体系を持っていたのに比べて」、日本の「超国家主義《ウルトラ・ナショナリズム》」には、それに対応するものがない。「この点はたしかに著しい対照をなしている」、と（丸山真男『超国家主義の論理と心理』岩波文庫、二〇一五年、一二頁）。

たしかに当時の日本には、ヒトラーの『我が闘争』やローゼンベルクの『二十世紀の神話』に対応するような世界観的体系性をもったものは存在しない。

ただ、政治体制レベルで日本の超国家主義を推し進めたのは、満州事変以降の昭和陸軍であり、その昭和陸軍の核となった考え方は、基本的に永田の構想をベースにしている。当時の陸軍の構想としては石原莞爾のものがよく知られているが、むしろ永田の構想が昭和陸軍の主流にとり入れられた。したがって、永田の構想が、昭和陸軍の、日本の超国家主義の起点にあるといえるのではないだろうか。

そのような視点でみれば、限定された意味ではあるが、日本の超国家主義にも、『我が闘争』や『二十世紀の神話』と対比できるような、独自の観点と一定の体系性をもった構想があったといえよう。もちろん、その方向性や内容は著しく異なるものだったことはいうまでもない。

このように永田は、昭和戦前期の歴史を理解するうえでの重要人物の一人であり、かつ多くの人々の関心を集め、永田に関する著書もいくつか出版されている。

ところが、研究者はともかく、一般の人々が永田の考えや構想を記した彼自身の論考を目にすることは、かなり困難である。

そこで、永田の重要な論考を、一般の人々にも読んでいただけるよう、比較的手に取りやすいかたちで一冊にまとめ出版することにした。

ここで、収録した各論考の性格について簡単にふれておこう。

「国防に関する欧州戦の教訓」は、中学校の地理歴史科担当教員を対象とした講演記録。第一次世界大戦に発する永田の問題意識がよくわかるので最初に置いた。

「現代国防概論」は、在郷軍人の将校向けの講演会で話した内容を文章化したもの。永田の構想の全体が概略的に述べられている。彼の考えの概略を知るには最適なため、二番目に置いた。

「国家総動員準備施設と青少年訓練」は、学校教練などいわゆる青少年訓練について解説したもの。永田の論考のなかではよく知られ、いくつかの雑誌や書籍に再録されている。

「国家総動員」は、在郷軍人会での講演。国家総動員についての永田の講演記録は、ほかに大阪毎日新聞社発行の同名のものがあるが、内容的には大きな相違はない。そこで、比較的手に入りにくい、この講演を収録することにした。なお、大阪毎日新聞社発行の『国家総動員』は、国立国会図書館デジタル・コレクションに収められ公開されており、それで見ることができる。

「満蒙問題感懐の一端」は、満州事変がほぼ一段落した頃に、外交問題についての雑誌『外交時報』

に寄稿したもの。永田の満州事変評価が示されている。

「国防の根本義」は、永田が真崎甚三郎に提出したメモ。陸軍の政治介入の必要とその方法が述べられている。執筆時期は不明だが、内容から、一九三一年九月から一九三三年一一月の間に書かれたものと推測される（なお、この題名は永田自身がつけたものではなく、のちに文書整理の必要から付された）。

陸軍省新聞班『国防の本義とその強化の提唱』は、参考資料として収めた。これは、当時陸軍が発行していたパンフレットの一つで、通称「陸パン」とよばれる。永田自らが書いたものではなく、彼の指示で池田純久ら新聞班員が原案を執筆し、永田の点検・加筆・承認をえて発表されたものである。だが、その作成経緯からして、当時の永田の考え方、構想が色濃く反映されていると考えられる。また、その後の陸軍の政策に大きな影響を与えた。そのような理由から、参考資料として収録した。

この陸パンは、累計十数万部が印刷され、各界に配布された。すでに『現代史資料』（みすず書房）に収録されているが、それが必ずしも完全なかたちではないことと、内容の重要性を考え、本書に加えることにした。

永田の生きた時代、その時期の陸軍に関して、今なお強い関心が向けられており、検討すべき課題は多い。

また、永田自身についても、さまざまな見方や議論がある。

それぞれのご関心にしたがって読んでいただければと思う。

川田　稔

凡例

本書の論集部分については、現代における読みやすさを考慮し、明らかな誤字脱字を訂正したほか、以下の通り適宜変更している。

一、旧字・旧かなは、それぞれ新字・新かなに、また、カタカナ文はひらがな文に改めた。
二、漢字部分を適宜ひらがな表記に改めた。また、句読点は適宜加除した。
三、送りがな、ふりがなを適宜追加した。
四、体裁について、原本を尊重しつつ、一部見出し等、割愛・位置変え、改行などをしたところがある。
五、傍点など強調点は煩雑なため、すべて取り除いた。
六、図表類は、一部を除いて各論考の末尾にまとめて置いた。
七、文中、現在では不適切な表現が用いられている箇所があるが、原文の資料的価値に鑑み、また筆者が死去していることにより、原文のままとした。

国防に関する欧州戦の教訓

一、国防に関する欧州戦の教訓

陸軍歩兵少佐　永田鉄山

目次

（本講演の所説はまったく講話者一己の私見に過ぎないことを特に断っておく）

緒辞

一九一四年八月墺《オーストリア》領サラエホの一小事件を導火として起こったこのたびの欧州大戦は、日を経、月を閲《けみ》するに従ってますますその波紋を大にし、戦争に関連した邦国は三十有余（中《うち》連合側において真に交戦せるもの塞《セルビア》、仏、露、白《ベルギー》、英、黒《モンテネグロ》、伊、羅《ルーマニア》、葡《ポルトガル》、希《ギリシヤ》、米および日の十二国、宣戦を布告せるもの支那、玖馬《キューバ》、パナマ、暹羅《シャム》の四国、国交を断絶せるものブラジル、サンドミンゴ、ボリビヤ、ハイチ、グワテマラ、ホンドラス、ニカラガ、ペルー、コスタリカ、アルゼンチン、ウルグワイ、エクアドルの十二国合計二十八国。同盟側、独、墺《オーストリア》、土《トルコ》、勃《ブルガリア》の四国通計三十二国）に及び、年を閲すること四年有半、この間の参加兵力は累計約六千八百万、損耗した兵員千二百万に達し、驚くなかれ財を費やすこと約三千四百億円（かりにこの額に相当するだけの十円金貨を鎖状に連ねるときは延長約十七万里に達し、赤道に沿って地球を十七巻もすることができる、またこれを縦に積み重ねるときは一万七千里の金棒となり、地球を一巻半してなお二十里を剰《あま》すのである、さらにこれを五噸《トン》積の貨車三十輛よりなる列車をもって運搬するとすれば二千列車を要するのである）。その規模の広大なること人類歴史ありてより未《いま》だかつてないところである。すなわち総重量は三十万噸を算するのである。

戦争の規模がかくのごとく大であるから、したがってその教訓も多岐無数であって、ここに標題として挙げた国防上に関する教訓だけでもとうてい枚挙に勝《た》えない次第である。そこで以下述ぶるところは、もとより国防に関する教訓の全部ではなく、またその大部でもなく、単に一小部分を捕らえたに過ぎないと承知して貰いたい。

さてこの有史以来未曾有《みぞう》の大戦争に大団円の幕を下したものは、すなわち独逸《ドイツ》の屈伏であるが、この独逸屈伏の原因に関しては甲論乙駁《こうろんおつばく》異見百出の有様であって、最近著のある独逸書においては独人みずからでさえもこの原因に関してはなお明答を与えるの時期でないとまで言っている。かかる有様であって、皮相の観察にもとづきまたは私人の感想に立脚する論議はいわゆる汗牛充棟もただならぬという有様であるが、なるほどと首肯されるものははなはだ少ないのである。この独逸屈伏の原因に関しては、予は苦心努力の結果集め得た事実と数字とを基礎として予一個の研究を遂げてあるが、これは別として、世には随分乱暴な観察をし牽強附会の意見を発表するものがあるから、ここにその一二に対して反論を立ててみようと思う。

これは話題から岐路に入るのではなくして、この議論そのものが以下説くところの事柄の前提があり、またここに説かんとする事柄の内容そのもの〔の〕一部をなす次第である。それはいかなることであろうか。世には独逸の屈伏を目《もく》して軍国主義の権化ともいうべき、彼《か》の独逸国民が思想上において覚醒した結果であるとなし、彼の屈伏は力戦苦闘のあまり最早《もはや》戦争を継続する力なきにいたったためではなくして、なお継戦の余力あるにかかわらず自発的に和を求めたのであった。そこに大なる道徳的の意義がある。すなわち戦争末期においてとくに高調されたデモクラチックの潮流が独逸の国民を軍国主義の悪夢から取り出したのであって、この度の独逸の屈伏ということは、世界の平和――永久平和——に向けて百歩を進めたものである、と論ずるものがある。また中には独逸屈伏の原因をもって英米の戦時新設軍が精鋭無比と称せられた独逸の精兵軍を撃破したためであるとなし、この見地に立って従来唱えられた精兵主義、平時における国防充実主義の無稽を罵倒する徒輩がある。これらは予輩の見をもってすればいずれも短見浅思、むしろ憫殺《びんさつ》すべきものであると思う。以下この点に関して略説してみよう。

一、国防充実の要否

前に述べたある論者の説のように、独逸ははたしてその国民の思想上の変化によってなお戦い得る余力を有《も》っていたにもかかわらず、翻然《ほんぜん》和を請うにいたったのであろうか。如何《いかが》であろうか。予は決してこの説に首肯することはできない、否むしろ独逸は最後まで戦って矢尽き刀折れるに垂《なんなん》としてはじめて恨《うらみ》を呑んで和を論するにいたったのであると確信するものである。論者はおそらく一九一六年夏以降における独逸政体の民主化、民主的対内施設の頻行、多数社会党の勢力拡大、武断派の権勢失墜、最後に革命の起生、国体の変更等外形上の事実から帰納して如上《じょじょう》の言をなすのであろうと思うが、一九一六年の夏における開戦以来第一次の政変は必ずしも独国民の思潮が軍国主義から自由主義民主主義にうつり変わる一転期を画したものでなくて、彼の国政党中の中堅であった中央党（当時独逸の大政党は右より保守党、国民自由党、中央党、進歩国民党、社会党多数派の五つであって、中央党は保守、社会両党の中央に位し、穏健中庸の態度を持し、左右両党の楔子《せつし》であるかの形をなしていたのである）が戦局の前途に望みを絶った結果、宰相の和戦いずれともつかぬ白紙的態度に慊焉《けんえん》して、社会党を中心とする左党に与《くみ》して平和促進の大同団結をなしたのによって起こったのである。すなわちベートマン・ホルウェッヒ宰相の失脚は一般に平和の機運に向かったことの一表徴であったことはもとよりであるが、国民が平和を欲したのは、無識［階］級にあっては、戦争に倦《う》み生活が苦しくなったという単なる理由にもとづくものであり、有識［階］級の平和促進を希望するにいたったのは、戦勝の望みが絶えたためむしろ将来の再起のため国家の生存発達に必要なる弾力を存する間に戦を止めようという念慮に出でたものであると思う。これは当時予が瑞典《スウエーデン》にありてつぶさに独国内の情勢を察して得た観想であって、その誤りなきを確信するのである。爾後《じご》における政体の民主化は、もとより独逸左党多年の希望の達成せられたものともいい得るが、これすらも形のみに偏した観察であって、このことのできたのは、中央党が前述べたように国家の危急を永遠に救うという考えから左党と大同団結をした結果に負うところが大であり、裏面においてこれをもって平和促進の有力なる方便としようとした思惑の潜んでいることを看過してはならぬ。これを確証するため予は幾多の事例を引証し得るも、ここにはこれを省いておく。さらに民主的対内政策の頻施されたことは、いやしくも独逸の国情を知っているものは、その本来の社会政策の継続発展であって、ただ戦時国民の継戦意思を繋持する政策上の顧慮から一層これが熾《さかん》に行われたものであるということを首肯するであろうと思う。これをもって英米流の自由思想乃至《ないし》世界的新潮流の外的支配の結果であると観るのは中《あた》らぬことと思う。

最後に革命の起生をもって国民の内的覚醒の結果であるとするのもまた暴論たるを失わぬのであ

る。政治の民主化は独逸多数社会党年来の希望であるが、国体の変更は決して彼らの主張ではない。共和政体否《いな》第四階級の支配を要望したものは、独立社会党一派スパルタクス団に属する少数者に過ぎないのである。したがって皇帝を排したのは、主として休戦講和を容易否可能ならしむるための方便であり、しかもこの方便は主として外的抑圧によってとられたものである。革命擾乱《じょうらん》のごときは国民大部の意によったものでないことはもちろん、これは超国家主義者の煽動跳梁によったものにほかならぬのである。独逸の帝政廃止、共和国体樹立が主として外的圧迫に成ったということは、独逸の休戦提議に対する米国大統領数次の応答要求を一顧したならば何人も首肯するところであろう。

　これを要するに独逸の屈伏が独逸国民の思想上の変化に基因する内的発動であるとの説は、はなはだ理由に乏しいことと思う。しかして独逸がなお戦い得るの余力あるにかかわらず、道徳的に大なる意義を有する講和の挙に出でたという論旨にいたっては、これを裏切る事実は無数である（なるほど彼がもし棄鉢《すてばち》で前途を考えずに国を滅ぼしてもよいという考えで戦うなら、なお若干期間戦を延長することはできたのであるが、これを捕らえてなお戦うの余力あると称えることの児論に類することはいうまでもない）。すなわち物需の欠乏、兵員資源否人員資源の全般にわたる窮乏がいかに極端まで行き詰まっていたかは、各種の数字的統計ならびに休戦後彼国の実況を視察したものの報告によって手に取るように明らかである。すなわち彼がもしなお戦争を続けたらんには、おそらく彼の再起否国としての存立は危なかったであろうと確信するのである。

　要するに、独逸の屈伏はその宿年の計画であった短期決戦が望みどおりに行かなかったときに已《すで》にその原因を発し、爾後一九一六年頃から最後の勝利に望みを失って識者は平和克復の必要を悟ったにもかかわらず、彼の当時までの作戦上の成効と彼国民本来の過度の自信と驕慢とは、想い切って講和条件を低下するを欲せず、一方連合国は最後の勝利を確信して生ぬるい条件の講和には耳を傾けずどしどし戦争を続けたため、独逸はいよいよ物資の不足に困み、日一日と屈服の止むを得ざる境地に陥っていったのである。しかして彼が最後に万一の僥倖を期し最善を尽くして行った攻勢が失敗したので、ここに彼はいよいよその形勢の非なるを知って、いかなる条件をも忍んで講和の挙に出でたのであって、この講和はむしろ独逸を永遠に救うものであるとの考えから、彼はいうべからざる苦痛を忍んだのであると思う。かくのごとき次第であるから、中央同盟側の屈伏には決して大なる道徳的意義はないのである。すなわち独逸国民の思想がこの戦争を画して一変されて黄金平和に百歩を進めたなどと楽観するのは大早計であると思うのである。おそらく中央同盟側は大なる恨を呑んで平和の幕を迎えたことと思う。彼らに報復の念がないなどとは、もっての外の観察違いである。来るべきは永久平和にあらずして敗者の隠忍であり臥薪嘗胆《がしんしょうたん》であると思う。

はたせるかな、真偽は保証の限りでないが、独逸革命政府重鎮の一人たる社会党出身の陸軍大臣ノスケは、国民が独逸再戦の準備に対して大なる覚悟をなすの必要なることを従慂《しょうよう》して、復讐準備の方針として、独逸の各学校をして少なくも半ヵ日を体育に費やしもって身心の発達を熾《さかん》ならしめ、一方神速なる作戦を行うため「智力発明力工業力の助長に大努力を傾くるを要す」と豪語したと伝えられている。これを要するに、このたびの平和はむしろ長期休戦と目するのが安全の観察であって、永久平和の端であるなどと考えるのは抑《そもそも》危険であると思う。

由来英国は世界に誇る分散した広大な領土に立脚し、海上交通を生命とし、また已《すで》に国勢発展の峠を上りつめたともいい得べき地位にあるので、その主張が世界的開放的であり自由主義平和主義を唱道するのは当然であらねばならぬ。よくいえば公正の主張ともいえるが、一面これは彼らの国家的利己心にもとづく主張態度ともいえるのである。

また土地大にして人寡《すくな》く天恵寔《まこと》に豊かにして殆《ほと》んど自給自足とも称すべき境地にある米国がこれまた平和主義自由主義を標榜するのは当然であって、ウィルソンを待たずとも平和の美名を振り翳《かざ》すことは何人にてもできるのである。

これに反し独逸は新興の国である、彼が新進の勢を擁して帝国の創造以来二十星霜、国内統一の業を完《まった》くし、やがてその進め得たる文物と蓄え得た殖産工業の力とをもって宇内に雄飛しようとした頃すなわち第二十世紀はすでに世界分割の後であって、彼のために貨物の販路、原料の供給源、過剰人口の移植所たるべき殖民地はほとんど余っておらなかったのである。そこで彼らは内、営々努力するとともに、外に発展するの策を立て、苦心経営昨《さき》の強盛をいたした次第である。彼の近東政策(あるいは世界政策と称すべきか)、殖民政策、販路拡張政策は一面じつに新興国たる彼、内実力の充溢せる彼のため喫緊の要求であって、必ずしも覇気満々たるカイゼルの野心虚栄のみと観るべきではなかろう。はたしてしからば、独逸が孤立無援の境地に陥り先進の強大国を敵に廻したのは当然逢着すべき運命ともいい得るのである。ただこの多艱《たかん》の前途を有した危険の時期に処する彼の方策あまりに慎重を欠き、新興の余勢を過信して躁急事を誤り、上下驕慢不謹慎の挙をあえてしたのは、彼が今日の悲境に沈淪《ちんりん》した主因であって、九仞《きゅうじん》の功を一簣《いっき》に欠いたのは、彼の自業自得によるところ大であるといわねばならぬ。

要するに、独逸の軍国主義の基底に、または陰に横《よこたわ》っているところの尚武主義、勤倹主義、努力主義、組織主義、権力主義、外発展主義は、あるいは民族固有のものであり、あるいは国家の境遇にもとづくものであって、外的抑圧または形式的律法によって制縛することは至難否《いな》不可能であると思う。いわんや世界戦争の終局は武力解決に成ったというよりは、むしろ経済力の決勝によったものといい得べく、経済戦による真綿で首式の戦争終結は、単なる武力決勝に比し国民に恨を残すこと甚大なるにおいてをや。すなわち英米の主張標榜が国の立場に立脚すると同じく、独逸民族の主義抱懐もまた国の境涯に関するところ多く、いずれか屈従を忍ばざる限り将来なお久しきにわたって両々角逐抗争することは免れぬ次第であって、この間紛争の勃発は只時の問題を剰《のこ》すのみであると思う。

以上は独逸の屈伏事情に関連して戦争の原因が決して除却されておらぬという卑見を述べたのであるが、此の以外広く眼を各方面の事象に放つとき、吾人《ごじん》は将来戦争の原因たるべき種子が本戦争を機としてほとんど苅り取らるることなくいまなお昨《さき》のごとく存在していると思うのである。試しに二三例示してみようならば、将来における平和保障の一として民族自決主義が盛んに唱道された。これは各民族の自主自決自治自発展を提唱するものであって、その趣旨は誠に結構であり真に堂々たる主張である。しかしてこの主義は極端な優勝劣敗主義を抑止し、飽くなき不正の侵略主義を掣肘《せいちゆう》する利益を有しているが、他面において世界の進歩に貢献すべき文化価値のうえの優勝劣敗をも一律に排除し、民族優劣の区別なきいわゆる形式的悪平等に堕しやすい不利を伴っており、また動《やや》もすれば各強大国は自利を主としてこの主義の適用を二三にするの弊を伴いやすい。すなわち一方に独逸が夙《つと》にこの主義を標語として露国の解体を策し、相容れざるフラマン、ワロン両民族から成っている白耳義《ベルギー》にもこの筆法を応用した。他方、英・米の諸国が等しくこの主義を高調して戦争政策の遂行を容易ならしめたなどは、ある意味においてこの主義の適用上における矛盾を雄弁に語っているものと見てよかろう。また自治能力のない民族または他邦の治下にあるのが人類全般の福祉から見てもまたその国の利益から見ても有利であるのに、単なる名誉慾に駆られ、または他の煽動に乗せられて、この主義を軽卒にまたは誤って解釈し、平地に波瀾を起こすようなことが此所彼所《ここかしこ》に起こりつつあるのである。かくのごとき次第であって、この主義は高唱された割合に徹底的に発現せず、公正に実行されず、否、却《かえ》って悪用されることも少なくない有様である。要するに、この主義の高調はその声の大なるに比し平和の保障には大なる値を齎《もたら》したといい得ないのである。

さらに列国の政策如何を見るならば、露国の暖海政策、独逸の近東政策（三B政策――ベルリン、ビザンチン、バクダット）は姑《しば》く終熄したといえようが、これとても時期の問題である、または形が変わるか否かの問題であって、将来その変形したものの再現は予期する方が至当であろうと思う。それはともかくとして、英国の三C政策（ケープ、カイロー、カルカッタ）はいまなお昨《さき》のごとしであるというよりも、この戦争によっていよいよその基礎を固めたのであって、ある者はこの政策の確立をもって英国参戦の目的の一であるとさえいっている。しかしてその延長であるところの彼の緬滇《めんてん》鉄道によって支那の心臓たる長江流域に勢力を及ぼそうという画策はますます熟することはあっても中止されることはあるまい。現に西蔵《チベット》問題は予想のごとく再燃している。また米国の三A政策（アメリカ、アラスカ、アジヤ）も近頃かなり辛辣を極めている。かくのごとくであって、将来列国の積極政策膨脹政策は、あるいはその形を変じ露骨無遠慮が隠密に替わることはあっても、根柢から中止されぬことは多く疑いを挿むの余地がないと思う。しかして一方においては、民族の経済上における機会均等の主義は事実上明に否決し去られている。

かくのごとくであるから、国家間の紛争の因は決して除かれておらぬのであって、国際聯盟という立派な金殿玉楼《きんでんぎょくろう》はこの怪しげな土台の上に建てられたのである。しかし国際聯盟の土台が怪しくとも、聯盟そのものが大なる威重を備えていて無理圧しつけにてもこれを圧《おさ》えつける力を有っているならば、平和の保障に格段の進歩を見たものといい得ようが、はたして国際聯盟はかかる権威を備えているであろうか。予輩は国際聯盟をもってウィルソン大統領の虚栄の結晶であるなどとの巷説に必ずしも同意するものではない。平和の楽を永久に享《う》くることは何人も望むところであって、吾人と雖《いえども》衷心永久平和を冀念《きねん》するうえにおいて人後に落ちるものではないので、国際聯盟の標榜する主義に至ては人類全般を通じておそらく随喜するところであろうと思う。聯盟の主義というのは聯盟諸国は、

戦争回避の義務を承認し

正義と名誉とを基礎とする国際関係を主持し

国際法規を尊重し

条約の全義務を絶対に尊重し

もって諸国民間の協議を増進し平和と安全とを保障しようというのである。何人も異議のないはもちろん、これらの主義は単に現代人の喜ぶところであるのみならず、已《すで》に二千年の古より唱道された人類永年の願望であるのである。しかり、しかしながら問題は主義の良否でなくして実行の如何に存するのである。聯盟の定むる実行手段ははたしてその標榜するところを達成し得るであろうか、これが吾人の研究せんとするところである。

聯盟に国際武力を擁していたらば、紛争に対する聯盟の解決は至上の権威を有つことになるのであるが、この国際武力の設定ということは不成立に終わり、聯盟諸国は軍備を国家の安全と国際協同義務の履行に要する最小限に縮小するということを申し合わせたに止まり、軍備の程度は国の地理的情況および特別事情を顧慮して聯盟の参事会で審査決定することになったのである。しかして参事会が実際上何を基準として兵備を決定するやは、はなはだ疑問であって、そのいかに決定さるべきかは聯

盟規約討議の際における列強の駈引によってもおおむね察知される次第である。吾人はその結果の有名無実に終わることを深く恐るるものである。また軍需品の民間製造は平和のため危険であるとしてこれを抑制するため参事会で研究審議することになっているが、軍需品と他の品種との分界を立てることが已に困難であり、また諸般の工業施設は直に軍需工業に転化し得ることは這次《こんじ》戦役の教訓である以上、このことも実質において大なる意義はなかろうと思われる。かくのごとくであって、聯盟の執らんとする積極的戦争防止手段は、その実行において効果如何を大に疑わるるのである。

次に消極的戦争防止手段について研究してみるのに、聯盟諸国相互間に破裂の恐れある争議を生じた場合にはこれを仲裁裁判または聯盟参事会の審議にかけることになっており、いかなる場合にも各国は仲裁の判決または参事会の報告後三ヵ月以内は戦争手段に訴えぬことに約束してある。すなわち聯盟の主義は戦争回避にあるが、実行の方では絶対に戦争防止の途は講じてないのであって、当事国が裁決に服することを肯《がえ》んじない場合には戦争の起こることを止むを得ずと認めており、これに対しては若干の制裁はあるが殆んど言うに足るものなく、ただ三ヵ月の猶予期間を置いてあるに過ぎぬのである。この猶予期間は紛争国相互の感情を和げ平和解決の望みを大ならしむるという趣旨で設けられたものと思うが、はたしてその効果があるや否やははなはだ疑問である。否一面においては資源に富み富力大に工業の殷盛《いんせい》な国はこの期間を利用して軍備を整うるに誠に便利なのである。

聯盟規約中には、聯盟国が前に述べた三ヵ月の猶予期に関する規定を無視しまたは外交手段で満足な解決のできない問題を仲裁裁判に附した後その裁決を服行せずに乱暴にも戦争手段に訴えた場合などには、これらの国を聯盟の敵としてこれに財政経済上の圧迫を加えるという規定があるが、これは単に非理非法の戦争開始に対しての制裁であって、従来とてもかかる場合に当事国は世界の同情を失い無援孤立に陥ることは不文の事実であって、このことを具体的に成文にしたに過ぎないともいい得るのである。

観し来れば、有はもとより無に勝らんも、国際聯盟が平和保障に対する実際上の権威は軽躁者流の称えるように大きなものでないことは明である。もしそれ講和会議の討論に際して、各国首脳者が陽わに名を美にして陰に国家的利己心を満足せしむることに万斛《ばんこく》の心血を注いだ実情を知っている者は、国際聯盟の美名に眩惑することは断じてないと思うのである。

これを要するに、国家間における紛争の因はこのたび戦争を機として芟除《さんじょ》されたとは思えぬし、また紛争の起こった場合これを平和に解決する手段方法は徹底的に解決されてはおらぬのであって、永久平和の保障ということは前途なお遼遠の感があるのである。そこで吾人は軽々しく国防充実の無用を唱え、しからざるも戦争末期以来とくに高調してきた世界的の平和機運に過大の望みを属して、みずから強《しい》て安心を求めんとする論議に対して、決して同意を表することができないのである。次に英米の新募軍が精鋭と称せられた独軍を撃破したという見地から、精兵主義、平時における国防充実主義の不要を唱える議論に対して反論を立てるはずであるが、このことは後節で説くこととしここには預かっておく。

二、国防充実上の着眼点

欧州戦争は吾人に国防充実上における幾多新たなる着眼点を教え、若くは従来着目はしつつあったが将来より多くの注意と努力とを必要とするにいたった件々を垂示《すいじ》したのであって、これは一朝一夕に悉《つく》すことはできないが、ここにはその中の若干を摘出し、とくにあまりに専門的にわたらない範囲で予輩の意見を述べてみたいと思う。

1. 国軍兵力決定の標準

国軍兵力決定の標準として従来唱えられたのは、

人員、馬匹

財力

隣邦情態、仮想敵

国家の政策

境土

等であって、これらの名辞は今日と雖《いえども》強て改訂の必要はなく、これを若干補足すればそのまま将来にこれを適用することができるが、その内容の意義は大に異なってきているように思う。

まず戦時兵力について述べてみよう。

那翁《ナポレオン》は嘗《かつ》て戦争に欠くべからざるものは三箇のMである。すなわち一にもMoney、二にもMoney、三にもMoney、金が何よりももっとも必要であると述懐したということであるが、這次《こんじ》戦争の教訓によれば交戦各国は左表に示すごとく莫大の戦費を支出しており、いずれの国もこれが調達に窮して講和を強いられたり、または交戦不能に陥ったりしたことはなく、戦争前経済学者の通説であった「戦費の巨大は開戦防止または戦争中絶の原因たるべし」ということは立派に裏切られたのである。

戦費一覧表

	自開戦至大正七年十月末 戦費総額（億円）	末期に於ける戦費日額（万円）
英	約 八一〇	六、七〇〇
仏	同 五〇〇	四、五〇〇
米	同 四二〇	一二、〇〇〇
伊	同 一五五	一、五五〇
独	同 六五〇	六、一〇〇
墺《オーストリア》	同 三三〇	三、二五〇

近世大戦争における戦費比較表

一七九三	一八一五年	ナポレオン争戦	一二五億円
一八五三	一八五六年	クリミヤ争戦	二四
一八六一	一八六五年	南北戦	一六〇

一八七〇	一八七一年	普仏戦	七〇
一九〇〇	一九〇二年	南阿戦	二五
一九〇四	一九〇五年	日露役	五〇
一九一四	一九一八年	欧州戦（英、仏、米、露、伊、独、墺）	三、三六三

さらに財力と兵員との関係を観察するに、這回《こんかい》の戦争に参与した大小の交戦諸国は彼此著しく財力の程度を異にしていること何人も容易に首肯のできるところであるが、これらの富力の等差大なる諸国の戦争のために捻出した兵員を見ると、決して財力に比例していないのである、すなわち次表に示すがごとく、もとより多少の相違はあるが、貧国も富国も概してその召集総員は総人口の十三%から十九%の間を往来しているのである。

	（召集総員の人口に対する百分比）	（平時兵員の人口に対する百分比）
英	一六	（〇・三）
仏	一八	（一・五）
伊	一三	（〇・九）
羅《ルーマニア》	一六	（一・七）
塞《セルビア》	一五	（一・七）
独	一八	（一・二）
	一九	（〇・八）

一三　（一・二）
勃《ブルガリア》　一五　（一・三）

かような次第であって、国家にその必要があり国民がその自覚さえすれば、戦時の兵額の決定にはあまり多く財力上の顧慮をする必要はなく、概して人口に比例する兵力を運用するために必要な戦費の支出には大なる障碍はないものであるといい得るように思う。はたしてしからば、財力の点をあまりに心配して戦時兵力を策定するということははなはだ不適当であって、戦時兵力策定に関してはあまりに財力上の問題で取り越し苦労をするのは愚の骨頂であるといい得るのである。

次に隣邦の情態・予想敵国ということについて観察してみよう。論者あるいは曰く、「支那恐るるに足らず露国また昔日の露国にあらず、比隣諸邦の情況は我が攻防の兵備を厳にするを要せず。予想敵なるもの弱者にあらずんば弱者と化し、侵略主義者は変じて民主国となれり。恐るべき予想敵国なるものはこれが発見に苦むにあらずや」と。この論は一応もっともらしく聞ゆるが、予の見をもってすれば、思わざるの甚だしきものであると思う。現時世界の大勢を通観するに、交通の発達により世界は日一日と縮小されている、ことに空中交通の発達は目を驚かすに足るものがある。また国際関係は複雑紛糾を極め、昔日のごとく単調ではない。すなわちいまや敵に遠近なく、随時随所に敵対者の発生することを予期せねばならぬのである、また方今《ほうこん》の戦争は昔日のものと大に趣を異にし、長期持久にわたる場合が多いと覚悟しなければならず、武力のみによる戦争の決勝は昔日の夢と化して、いまや戦争の勝敗は経済的角逐に待つところがはなはだ大となってきている。したがって潤沢なる戦用資源を擁するもの、または他国より技術的または経済的援助を受くるものは、たとえ弱国であっても、開戦後漸をもって偉大な交戦能力を発揮するにいたるものである。さらにまた一国の対外政策あるいは国防力が時により急変することならびに国際関係が朝《あした》に夕を測るべからざることは、這回《こんかい》の世界の変局が吾人に示した大なる教訓の一である。かく観じ来れば、至近隣邦の事情従来唱えられたる予想敵の観念などに囚えられて兵力を決しようというのは妄想といわなければならぬのである。すなわちいまや吾人は世界のいずれの強国をも敵とする場合あるを予期し、かかる場合においては諸般の条件の許す最大限の兵力を運用するの覚悟を要するのである。

境土の情態と兵力の関係においてはべつに述ぶることもないが、ただ注意を要するは、後にも述ぶるごとく、我帝国の版図内における国防資源は国勢に比してははなはだ貧弱であって、帝国が国防上全能力を発揮するためには、なるべく帝国の所領に近いところにこの種の資源を確保しこれを擁護することが必要なのであって、したがって国防線の延長は固有の国土乃至《ないし》政治上の勢力範囲から割り出したものに比し長大であるということである。

次に国家の政策であるが、帝国の国策が積極消極いずれを是としいずれを非とするや、進取退嬰そのいずれを選ぶべきやは、とくに吾人の説くを要しないところであってこれは各人の判断に委したいと思う。

これを要するに、以上列挙した条件によれば、戦時国軍の兵力は多々益々弁ずるのであって、可能の限りこれを大ならしむるを要するのである。はたしてしからば、何が戦時兵力策定の標準となるのであろうか。人口か、はた馬匹その他の戦用資源か、以下これを討究してみよう。

単に人口の上よりいうときは、這次欧州戦争における列強の事例から帰納して、帝国は二百五十万の野戦軍を四年間にわたって維持し戦争を継続することができるのである。これは戦役統計から計算した数である。また至短の時期に一挙に決戦をなし得るものと仮定し、単に人口の上から見て開戦の際幾何《いくばく》の戦時兵力を出し得るかといえば、戦場へ四百五十万、後方兵員として四百五十万、合計九百万の兵員を動かし、なお徴集余力すなわち補充のため将来召集すべきものとして民間に約五十万の兵員資源を存置し得るのである。これは戦役末期における独逸の例から推断したもので、この場合民間に止まって戦争遂行上必要なる生産その他の事業および国民生活に必須の事業に従う労役男子は、かりに十三から六十までの年齢のものを全部として約九百万、この他の労役は女子がこれに任ずることになるのである。

以上はいずれも単に人口から割り出した数字であって、この数字は理想であり、また他に技術上の掣肘《せいちゅう》もあって、実際この数を出すことは不可能であるが、我が国では人口と爾他《じた》の戦争資源を比較するときは人口がもっとも豊富なのであるから、前に述べた理論に照らして帝国国防の到着点すなわち最後の理想は、短期決戦ならば四百五十万、四年位にわたる長期戦ならば少なくも二百五十万の戦時兵力を動かすにあらねばならぬと思う。さて実際においてこれだけの兵員が出せるかどうか。この点を単簡にこれから研究してみよう。

第一に馬の問題であるが、馬は国軍の編制上きわめて重要の要素であることは何人も周知のことである。その所要数は概して兵員の四分の一と思えばよい。しかるに我が国の産馬の景況は決して良好とはいい難く、否むしろ馬数は人口上帝国の戦時において動かし得べき前述の兵員数を著しく制限するものの一であって、これは誠に遺憾のことである。吾人は将来一面においては力《つと》めて他のものをもって馬に代うるの道を講ずるとともに、馬産の奨励馬数の増加ならびにその質の向上に対して絶大の努力を払わねばならぬのである。いかに人が多くいかに他の資源なり工業力なりが増加しても、馬が不足すればやはり戦時兵力はこれが掣肘を受けねばならぬのである。

この馬の問題について細部の叙述をなすことは国防上憚りある点が少なくないから、ここには単に馬の増加とその質の向上とが国防中急務中の急務であることを力説するに止めたいと思う。

次に、多くの人は日本の工業力がはたしてよく戦時欧州列強が実行したように多数の兵員を動かすことを許すや否やについて必ず疑問を有つであろう。これはもっともなことである、またもって遺憾ながら事実である。仮に帝国の鉄工業力（軍需工業の主体）について考えてみるのに、已往における帝国の鉄工業が消化した鋼材額逓増の情勢から推すときは、いまから約十年後における我鉄工業の鋼材需用額はおそらく二百万噸《トン》位に達するのであろうと想像される。これだけの鉄工業力をもって幾何の兵員に対し軍需品を供給し得るかを戦役の実験に徴して研究してみようと思う。

欧州列強中比較的小規模の鉄工業力をもって比較的大きな野戦軍を編制し、また兵力に比してもっとも豊富に軍需品を使用したのは仏国であるから、ここには該国の例を引用して研究の資に供することとする。戦前すなわち一九一三年における仏国の鉄工業は年額約四百万の鋼材を消化していたのであって、すなわち十年後における我が国の予想鋼材需要額の約二倍に相当していたのであるが、この平時鉄工業力をもって仏国は戦時二百余万の野戦軍に対し他国に比し多量の軍需品を供給し得たのである。これをもって観れば鉄工業力の点からいえば我が国がもし十年後において仏国と同じ情態で戦争を行うものとすれば、前項理想兵力（長期戦の場合）の約半数の野戦軍に軍需品を補給することもできないのである。

要するに、我が国の工業力は、他の大なる援助なくしては、なおとうてい先に述べた人口標準の理想の兵員を戦場に活動させることはできないのであって、馬におけると同様、工業力もまた理想兵数を制限する大なる因子の一であるのは遺憾である。

次に来る問題は工業原料その他戦時中国民の生活に必要なる物資の自給自足ができるか否かの問題であるが、これは後節に譲ることとして、ここにはこれが詳説を避け、ただこれらの点からも理想兵数は著しく制限を受けるということを一言するに止める。

これを要するに、戦時帝国は理想としては稍々《しょうしょう》長期にわたる戦争において二百五十万位の兵員を活動させる抱負をもって進まねばならぬのであって、この程度の戦時兵力は這次《こんじ》戦争において欧州の強大国のいずれも実際に運用したところであって、我が国が諸般の事情に制せられてとうてい独力これを能くすることのできないのは誠に遺憾の次第である。しかし当分は何というても仕方がないのであって、種々の条件を研究したうえで実際帝国が使用し得べき兵数はこの理想より遥に低い程度に止まるのは止むを得ない次第である。この兵力がはたして幾何であるかはもとより吾人《ごじん》の言明し得る限りではない。とにかく、戦時野戦軍の兵力はかくして決定せらるるのであるが、さてかくして決定した戦時野戦兵力を構成するため平時幾何の兵力を常設するやは次に研究すべき問題なのである。これを欧州諸陸軍国の例に観るに、独・仏両国は開戦当初平時兵団の二倍乃至《ないし》二倍半の動員を実施しているのであって、これ以上戦時神速に野戦兵力を構成することはできないのである。そこで、戦時野戦軍の兵力が定まったならば、平時兵力はその二乃至二・五分の一でなければならぬこととなるのである。かくして平時兵力はおのずから策定さるるのである。仮に先に述べた理想の野戦兵力二百五十万を動すものとすれば、これを師団数に換算すれば百二、三十師団となり、平時五、六十師団を常設するを要し、またかりに野戦兵力を理想の半額とすれば、平時二十五乃至三十師団を置くを要するということになるのである。

かく論ずるときはあるいは次の疑問が起こるであろう。それは、英国は平時本国常備師団わずかに六師団にすぎなかったが、戦時八十師団の兵員を戦場に出し、米国は常備兵員十三万にすぎなかったが、参戦後四十二師団百三十万の大軍を戦場に馳駆《ちく》させたではないか、しかも英米新募軍はついに精鋭を謳われた独逸軍を撃破したではないか、由是観之《これによりてこれをみれば》、平時大なる国軍を常設するは無益ではないかというのがそれである。世上動《やや》もすれば真面目にこの種の議論をなすものがあるが、大戦の教訓をもってこれを観れば、かかる議論はむしろ噴飯に価するのである。請う次節に説くところを聞け。

2. 急設軍の価値

吾人はほとんど無から有を生じたといい得る英・米新軍建設の功業に対し、その努力の絶大なるを衷心嘆賞するものである、またその戦時創設に係る国軍が相当の活動をなしたことを認むるに吝《やぶさか》なる者ではない。しかしながら、吾人は両国が盟邦たるの故をもってその軍の真価とその戦争に対する貢献とを過高に評価することを好まないのである。以下忌憚なく率直にこれらの点を闡明《せんめい》してみたいと思う。

英国が開戦当初ただちに戦場に送り得た兵員はわずかに六師団である。これを仏の九十七師団、露の百二十師団独の百二十三師団と比較すれば九牛の一毛である。六ヵ月以内において短期決戦を求めようと試みた独国が英国の起否に対して深い注意を払わなかったのは当然である。仏軍が戦場で却て英国軍の存在を足手纏いのごとく感じたのも無理からぬことである。

すなわち露・仏軍なくしては英陸軍はまったく意義を有《も》たなかったのである。もし独軍の作戦に瑕《か》瑾《きん》なく聯合軍の中堅たりし仏軍にジョッフルなく、仏国軍のマルヌ河畔における善戦反撃が効を奏さなかったとしたらば、あるいは常勝の勢をもって巴里《パリ》近くに殺到した独軍をして永久に名を成さしめたかも知れぬ。この公算は皆無であったとはいえぬ。もしこれが事実となったとしたならば英国はおそらく今日あるを得なかったであろう。英国をして一年有半にわたりキッチナー将軍に新軍百万を創設しこれを整備せしむるの余日を与えたのは精鋭なる仏国軍の恩賚《おんらい》である。英の新軍が実際戦場において仏軍の援助なく独力交戦に任し得るにいたったのはじつに開戦二年後のことである。

独逸が米国に憚ることなく無制限の潜艇戦を断行したのは米国の陸軍力を見縊《みくび》ったためである。米国にして参戦とともに大陸に送り得る相当の兵力を擁しておったならば、独逸はおそらく海において彼のごとき狂暴の挙に出でなかったであろう。遮莫《さえぎるものなく》米国が独逸の予想した以上に速に兵を大陸に進め得たのは、彼が欧州戦の教訓に鑑みて上下斉《ひと》しく長夜の眠より醒めて国防の不安を自覚し、列国の交戦圏外に超絶して貯え得た巨富を提げ、遽然《きよぜん》として軍備の充実を図り、参戦の前年において已に国防法律を定め、国防会議を起こし、陸軍の大拡張と戦用資源の迅速なる運用とをあらかじめ策画し、これが実行を急ぎつつあったためであった。決して偶然の結果ではないのである。準備なくして良果は収め得られるものでない。かくして米国は参戦後徴兵令を布き、一挙国軍を四十二師団に拡張するの雄図を立て、さらに五十六師団を新設して、合計九十八師団五百万の大軍を擁するの計を進め、休戦時までに三百八十万の壮丁を召集し、第一期計画に成る四十二師団百有余万の大軍を欧州戦場に派遣したのは偉なりというべきである。しかしながら、このこと成るを得たのは已に数年の実戦的訓練によって立派な精兵と化した英の大軍、ならびに有為なる仏の大軍が久しきにわたって独軍の鋭鋒を捍禦《かんぎよ》し得た結果にほかならないのであって、独軍が露国の瓦解によって節し得た兵力を提げて一九一八年初頭以来西方戦場に活躍を試み一時英仏軍の危急を告げたのは、米国参戦後約一年の日子を経た後であった。当時なお米国が十分なる武力の援助を与え得なかったなどははなはだ感心のできないところである。

仏国戦場に送られた米軍の価値如何は次の二三の事例によってほぼ推知することができようと思う。すなわち内地で相当の訓練を経た米軍が仏国戦場にいたるや、先ず仏軍の将校を師として二三ヵ月間さらに実戦的教育を受けるのである。しかる後仏軍に伍して戦闘の公算の少ない守備地区において戦場勤務に就かしめられ、茲《ここ》で相当の実験を重ねたうえでようやく戦場らしい戦場に出されるのである。しかも独立作戦は危険とあって米軍の各級司令部本部などには、連絡将校の名義で仏軍の将校が配属される。彼らは名は連絡将校というも実は指導者なのである。かようにして戦闘場裡に出た米軍がいかなる働をしたかといえば、彼のサン・ミエール附近の戦闘は敵の退却に尾して行った追撃であり、シャトー、チチェリー附近の攻撃は仏軍の攻撃によって已に退却の運命に瀕していた敵に対して行ったものにほかならぬのである。これが米国新聞の世界に誇示した米軍の二大戦績であり、しかもこれは正規軍師団の行ったものなのである。

最後に独軍がマルヌ河畔で第五次の攻勢に失敗し仏軍の反撃が奏効するや、爾後《じご》聯合軍は破竹の勢をもって前進したのであるが、この戦勝の端緒を開いた功はこれを仏軍に帰するのを当然とするのである。この追撃間、英・米軍の正面は仏軍に比して常に雁行的に後れ勝ちであったようではあるが、とにかく馬首を駢《なら》べて敵を追撃したのは天晴れである。天晴れではあるが、これをもって新募急造の軍よく精兵を打破したなどとはいわせない。なぜならば、当時英・米軍は長日月にわたり已に戦場において実戦の訓練を経ておったのであって、戦場一ヵ月は平時の一年にも相当すべく、ことに両国軍は平素損害を避くることに大に努めておったため長期歴戦の将卒比較的多く、いまや生兵どころか百戦練磨の精兵と化しているべきはずであって、これをしも精兵といわずんば何をか精兵といわんやというくらいでなければならなかったのと、一方独軍は孤軍力戦のあまり初めの精兵はほとんど尽き、連年悪戦苦闘の結果、ことには一九一八年の数次にわたる大攻撃によって兵員の素質は著しく低下し、かつ国内の疲弊にもとづく国民継戦意志の頽廃や、聯合軍の熾に行ったプロパガンダの影響を受けて士気大いに沮喪していったので、むしろ追撃は易々たるものであらねばならなかったからである。

新募の急造軍が役に立たない例は、独軍においてもこれを見るのである。すなわち独逸が開戦後全国の学生その他の志願者を集めて急造した第一次後備軍を中堅として行った一九一四年秋のフランダにおける攻撃は英国正規軍のために撃退されて惨憺たる損害を蒙っているのである。

これを要するに、武力の角逐場裡で活躍したものは、平時から優良な教育訓練を受けた将卒を基幹とした軍隊か、しからざるも戦時剣電弾雨の下で実戦的訓練を経て良兵となった精兵に限っているのであって、急設粗造の軍隊に活動はまったく期待できないのである。

人の褌で相撲を取り得る地位にある国家はともかくとして、独持自立開戦劈頭《へきとう》の急需に応じて戦略上最好の時機を利用し一挙に交戦の目的を達せねばならぬ境遇にあるものは、戦時国軍の骨幹たるべき精鋭なる軍備を平時から常設しておくのでなくては国防の目的は達せられないのである。鉄道によりまたは海路米大陸乃至欧州より極東に発遣せらるる対手軍の集中全からざるに先ちこれを撃破し、または欧・米の対手に加盟する隣邦軍を友軍の来著に先《さきんじ》て撃破するというようなことのきわめて緊要な帝国軍にありて、このことは一層然りである。要するに、兵は精兵にしくはなく、今次聯合軍の勝ったのも仏軍その他の精鋭なる武力と英米の豊富なる資源の力との合力の齎《もたら》した成果にほかならないと思うのである。世人が往々にして英・米のプロパガンダを過信して徴兵制度の撤廃などに共鳴するのは吾人のはなはだ与する能わざるところである。なお前に述べたとおり帝国は遺憾ながら欧米に比し数において遥かに少数の軍隊を動かし得るに止まるのであるから、せめて質を善良にするということはきわめて必要なのである。

徴兵制度非なるや傭兵制度是なるや等の問題は、国の地位・境遇・情勢を度外して軽々しく論断すべき問題でないのである。両者の比較に関してはなおべつに大に研究してみたい点があるが、これは別の機会に譲ることとし、ここにはこれを省いておく。ある論者は、青年に軍事予備教育を施すことによって常備兵を減廃し得るであろうというようなことをいうが、これも帝国のような境遇の国ではとうていとるべからざる愚論である。これは独逸における青年教育年来の方針および仏軍における同教育最近の趨勢を研究したならば釈然たるものがあろう。このことについて予は深き興味をもって研究したことがあるがここにはこれを省いておく。

3. 戦法の変革に伴う無形上の要求

戦争に用うる火器の威力はこの次の戦争を機としていよいよ絶大となった。重軽の機関銃は小銃に代わって歩兵火器の主力となり、その数は著しく増加せられ、火砲の威力また昔日の比ではなく、その数も増加せられ、その弾丸使用量も著しく大となってきた。この外にも多種多様の火器が新たに加わってきている。そこで、方今《ほうこん》火器の効力は誠に恐るべきものであって、ために戦法もここに一変することとなったのである。すなわち欧州戦争前の戦法は、これを歩兵についていえば、散開戦闘法であって、散兵をもって敵に近接し、近距離で濃密な散兵により小銃の威力を発揚し、敵を圧倒しておいて、肉弾の集団的威力によって一挙に敵陣に突入し、これを突破することを図ったのであるが、いまや欧州においては、この戦法は陳腐に属することとなり、いわゆる疎開戦法なるものが採用されることとなったのである。それは、散兵の間隔を数倍に増加し、所々に軽機関銃を配し、これを核心としきわめて稀薄の隊形をもって敵に肉迫し、後方の部隊も同じく疎開の隊形をもってこれに続き、敵陣に突入するにも、このままで飛び込むのであって、敵線のいずれかに穴があけば、後方に続くところの部隊はその穴を目がけて突進し、戦果の拡張に力めるのである。また機関銃等によって堅固に守られた敵陣地等に対しては、正面から力攻することなく迂回して敵の背後に迫る〔こ〕とを力めるのである。なぜかといえば、火器の威力が大となって、たとえば軽機関銃一挺は歩兵銃十七に相当するというような有様であるから、散兵を濃密に排列せずとも十分火器の威力を発揚することができ、また反対に敵の火力が恐るべき程度に絶大であるから、これに対して損害を避けるため散兵を稀薄にする必要が起こるのである。

かくのごとく相互に疎開の隊形を取る結果、一人の兵卒が斃《たお》れてもそこに穴があくことになり、その穴へ敵が進入する。また敵の堅い正面を避けて迂回を企てるようになったことは前に述べるとおりであるので、自然彼我の単独兵または小なる戦闘群は卍巴《まんじともえ》と入り乱れることになる。したがって以前のように勝敗は一挙に決することなく、これら単独兵または戦闘群の機敏・熱心・沈勇・自律の如何によって漸次に勝敗の旗色が定まるのである。この入り乱れての戦闘を茲《ここ》ではかりに紛戦と名づけておく。この紛戦時においては、彼我の戦線は犬牙《けんが》錯綜し、各部隊間の連繫は断絶し、指揮は行われず、あたかも往昔戦国時代において斥候群・弓隊・銃隊相次いで前進し、抜刀隊これに加わり、いよいよ合戦となるや、あるいは白兵をもって相搏《あいう》ち、あるいは弓矢・鉄砲をもって互いに狙撃し、混戦乱闘、刀折れ矢尽きたるもの漸次敗者となると同様の情態を呈するのである。従て従来のごとく短期に勝敗を決する訳にはゆかず、長時間にわたって龍驤虎搏《りゅうじょうこはく》の活劇が演ぜられるのである。

以上述べた疎開戦法・紛戦は、各幹部なかんずく個々の兵卒に各種の無形的要素を極度に要求するのである。すなわち自治自律・自主独立の精神・深甚なる責任観念・堅忍持久の資質・靱強執拗の性能および持続的勇気などがそれである。各個の兵卒または幹部にいやしくもこれらの要素が欠けていたならば、とうてい方今の戦法には適しないのである。しかるに、倩々《つらつら》我が国民性を観察するに、動《やや》もすればこれらの点に欠如するものあるは深慨《しんがい》に堪えぬ次第である。そもそも尚武は帝国建国の精神であって、恥を知り名を惜み、情に感じ義に富み、緩急に際し悦んで君の馬前に斃るるの資性は、吾人の父祖が世々相承け相砥礪《しれい》したところの伝統的国民精神である。この点において吾人はある程度の自信をもって世界に誇示することができると思う。しかしながら古来桜花に喩えられた我が国人の武勇は、動もすればその急焼火薬のごとく急激に発作して、瞬速に冷却するの弊に陥る虞《おそれ》がある。また情に激し義に感ずるや勇往奮進死を軽ずること鴻毛も及ばざるの概があるが、往々にして堅忍持久・隠忍苦節を持するというような緩燃性に欠くる恐れがある。また家族制度の下に養成された自然の結果でもあろうが、依頼心強く自治自律の念に乏しいように思われる。おまけに外的律法の下に制縛的に訓養せられているため、自覚に欠け責任観念が十分でない点があるように思われる。すなわち我が国民は一面他国民に冠絶した美性を有っているとともに、他面また欠点が少なくないように思う。しかして、この日本人の短所はすなわち欧米人の長所なのである。彼らが酸鼻を極めた長期の陣地戦に堪え、隠忍持久数年にわたって倦《う》まず、惨烈極まる攻防戦を反覆し、よく前述べたような疎開戦法・紛戦を遂行した所以《ゆえん》は、じつにここに存すると思うのである。

そこで近世火器威力の増大に関連して、疎開戦法をとり紛戦を演ずることが必要となってきたいまの時において、吾人は彼の欧・米国軍の特長とする無形的資質に大に学ぶところがなければならぬと思う。そもそも国軍の教育訓練というも、これは主として軍事専門の教育であって、短時日の在営間にあらゆる無形的の教養を行うなどはとうてい不可能であり、軍人の無形的資質は国民教育の反映にほかならぬのである。ここにおいてか、将来の国民教育においては大に我が国民独特の美性を助長するとともに、省みて短を補うことに全力を注がねばならぬと思う。もしそれ我が国民が単に命令教示に服して器械的に働くのみで、独立独行の念慮に欠け、自治自律の精神に乏しく、また外的律法に制縛されなければ自省的に身を処することができず、あるいは放縦に陥るといったような弱点を保有し、群集的・瞬間的・発作的の勇気に富むも靭強隠忍の持続的勇気に欠け、自覚にもとづく責任観念の十分でない現況を将来永く改むることができないとするならば、時運の要求する戦法はこれを執るに由なく、しかして将来もし国民精神の関係上従来のごとき比較的密集せる戦法を棄て難いとしたならば、新鋭なる火器の効力下に甚大の損害を受けて、しかも戦果を挙げ得ないというような国防上悲むべく懼《おそ》るべき情況に遭遇せなければならぬのである。この点は国民教養上大に努力せねばならぬところであると思う。

序《つい》でながら、世には往々欧米人の無形的価値を過低に評価して独りみずから豪《つよ》がっているものが少なくないが、彼らの無形的価値は決してこれら一部者の考えているように低いものではなく、予輩のごときも戦前あまりに彼らを見縊《みくび》っていた不明をいまさら愧《は》じている次第である。試しに一例をいうならば、列強国軍の攻撃戦闘に際して、師団の交代を行う場合の第一線師団の平均損耗率は、仏軍四十%、独軍三十%、英軍二十五%であって、すなわちこれ以上の損害を受けなければ交代はしないのであるが、これを物質文明の中毒が今日のごとく甚だしくなかった十余年前の日露役に際し主要会戦において我軍の受けた平均損耗率の十四―十五％に比較し、かつ当時この損害を受けた我軍の戦闘能力を想起してみたならば、思半に過ぐるものがあるであろう。日露戦争中もっとも損害の多かったのは奉天戦の第九師団でこれが四十二％だが、リガ附近の戦闘で露軍は五十六％の損害に堪えてなお戦闘を持続していたのである。

4．国軍における物質的威力増大の要

欧州戦によって兵器は格段の進歩をしている。その一例を挙げるならば、日露戦争に我軍は口径二八珊《センチ》の榴弾砲を戦場に使用して世界の耳目を驚かしたが、今回の戦闘には五二珊の火砲が使用されており、最大射程は日露戦時二里にすぎなかったが、今次独軍の使用した四二珊榴弾砲は射程九里半に及び、ラオン附近から巴里《パリ》を射撃した二四珊の長射程砲は三、四十里の射程を有し、カレー附近から優にドーバー海峡を越えて倫敦《ロンドン》を射撃することができるのである。

新兵器としては機関銃を破壊するための歩兵砲、一人で行進しながら射撃し得る携帯機関銃、列車砲、高射砲、火焔放射機等が盛んに使用されタンクもまた両軍によって多数使用されたのである。発煙器といってスモークを発し昼を夜と化すような兵器も応用された。峻烈な効果を呈する毒瓦斯《ガス》弾も盛んに用いられた。技術の戦争に応用されたことは叙上のとおりであるが、このたびの戦役において初めて大規模に使用され軍事上に重大の影響を〔与〕えたものは、航空機なかんずく飛行機である。以下飛行機について少し述べてみよう。

飛行機の進歩はじつに神速である。三ヵ月ごとに革命を経ると称せられている。先達《せんだつ》ても英・米の飛行家はついに大西洋の横断飛行を成効した。その距離はじつに千八百哩。換言すればハルピンから東

京まで、若《も》くは上海《シャンハイ》から名古屋までの往復飛行を敢行した訳である。かような有様であるから、帝国が他国に宣戦を布告した暁には、その当日からただちに東京大阪はもちろん九州北部の工業地や呉・佐世保の軍港は先もってこれら悪魔の襲来を受ける運命を有つことになったのである。不幸もし日本がかかる立場に立ったとすれば、それは、じつに一大事である。市街は焼かれ、工場も破壊され、隧道《ずいどう》や鉄橋も爆破され、動員・輸送・軍需品補給等の軍事行動が著しく沮害《そがい》されるのみならず、一般人民は家を焼かれ、食需を断たれ、たちまち生存上の大危機に逢著せねばならぬのである。家屋が木造であり隧道橋梁等の術工物の比較的多い帝国はとくに他国に比し甚大の惨禍を覚悟せねばならぬのである。

飛行機は軍用としていかなる用務に充てられるかといえば、開戦当時においては、動員集中の妨害に用いられる。戦闘開始前は、騎兵に代わって戦略捜索の主体として活動する（騎兵を併用することは天候気象等の関係上廃することはできぬが）。彼我近接した後は、飛行機は主として空中写真の応用によって詳細な敵情偵察に任ずる。戦闘間は、地上の戦闘に直接協力もするし、砲兵射撃のための観測にも服する。この他飛行機は要所要点の爆撃に任じ、伝令の用にも使われ、指揮連絡の用にも供せられる。運搬に飛行機を用うることも往々ある。英軍が戦争末期の追撃間、土地が破壊せられておって車輛を通じないため、数千台の飛行機を用いて軍の後方で軍需品の運搬を行ったなどはその一例である。また飛行機は独り軍用に供せられるのみならず、戦時政治上にも迅速な交通機関として用いられる。彼の白《ベルギー》国皇帝が平和会議の折国際聯盟本部の所在地を同国首府に置かんがためブラッセルから巴里に御飛行になり、西園寺公その他を御訪問になったり、また英国の陸相が同じく平和会議の際急に露国問題の討議に参与する必要を感じ、即刻飛行機に搭じて巴里に到って会議の間に合ったなどはその好例である。

かように用途が広いので、機にも種々の種類があり、その数もすこぶる多い。各国軍が使用した飛行機数を開戦時と休戦時とに別けて比較すれば次のとおりである。

国名	開戦当時	休戦時（西方戦場のみ）
仏	六〇〇	三、二〇〇
英	一七九	二、〇〇〇
伊	一〇〇	一、〇〇〇
米	二〇〇	八〇〇
独	三〇〇	二、六五〇

（日本は開戦当時三〇、休戦時約一〇〇）


かように多数の飛行機を使用するので、これが補充数も多額に上っている。いまかりに二千四百の飛行機を戦地に使用するとすれば、保存期の切れたものまたは故障を生じたものの交換、墜落したものの補足等のために、毎月その機体約四十％発動機七十％に相当する数を要する。換言すれば、毎月機体一千、発動機千七百を製作しなければならぬのである。仏国のごときは、現に休戦時において毎月四千台を送り出すの力を備うるにいたっていたのである。

また彼の何ごとにも世界第一を称える米国は、参戦とともに二万台の飛行機製作の計画を立て、著々これを実行したが、幸か不幸か全部完成するにいたらずして休戦に会したのである。

飛行機進歩の景況は別掲の図に示したとおりであるが、一、二顕著なことを挙げてみるならば、近時の飛行機は五十里位の通信距離を有する無線電信や六千米（富士の高さの二倍）の高さから撮影し得るような写真機を備え、この高空から微なる機関銃座のごときものまで撮影することができ、また空気の稀薄、気温の低い高空に昇り得るためには酸素器や電気蒲団のようなものも備えている。

これを要するに、飛行機の進歩とこれが広汎なる利用とは、軍の編制・装備および戦略術・築城等を一変するにいたり、従来地上と地中とのみ限った戦闘は、空中にも行わるることとなり、戦場は平面から立体に変わったのであって、進歩せる飛行機の多数を有するものは戦場の主人公となり、意のごとく作戦し、容易に敵を破ることもできるが、これと反対に貧弱な飛行機を擁する国軍は、戦争場裡に十分な活動ができないのみならず、内国民の受くる生活上の危害は甚大であって、ついに交戦は不能に終わるの悲境に立たなければならぬのである。そこで、英国等では空中省を設け、陸海軍と肩を駢べて空軍の名称さえ附けられたのである。

以上は航空機について述べたのであるが、この外万般の兵器にわたって同様に論じ得るのであって、国軍の編制・装備が依然旧情のままであるならば、いかに教育訓練の優良な多数の将卒を擁するも、緩急に際して国防の目的を達することは不可能なのである。そこで、先に述べたように、なるべく多数精良な常備兵を置くということと、編制・装備の改革、威力大なる兵器の多数採用によって、軍の物質的威力の向上を図るということは、いずれを従としいずれを主とするという訳にはゆかず、車の両輪のごとく併進させねばならぬのである。また物質万能主義に囚えられ精神的価値を軽視するの不可であるとともに、精神的要素の充実にのみ思いをいたして物質威力の向上利用を閑却するは国防上忍ぶべからざるところなのである。

なおここに附言すべきは、戦時に要する莫大の兵器・器材をことごとく平時より充実しておくのは経済上はなはだ不利であるから、成し得べくんば軍隊には演習教育等に必要な最小限を備え、その他戦時用として緊急止むべからざる数量だけを準備し、他は戦時ただちに所要を充足するの方法を講ずることがはなはだ必要である。その方法としては軍事工業力――軍事工業力といっても必ずしも兵器製造業を指すのでなくして諸多の工業はいずれも戦時軍の用に充つべく転化することができるのである――の発展充実を図ることと、なお他の手段は兵器・器材の平時一般社会における用途を見出してこれを使用することである。欧・米諸国が飛行機の平時用途の研究にいまや絶大の経費と努力とを惜まないというようなことは、よってもって大に参照するに足ると思うのである。またそのタンクは米国の農用自動車から思い付いて改造されたものであることに想到したならば、この種兵器をさらに民間用に還元することも必ずしも不能ではないと思うのである。日本が軍需工業動員法を制定し、保護自動車の制を起こし、飛行機郵便の実施を企てているなどは、等しくこの上記の目的を追うものにほかならないのである。

5. 学術工芸と国防

各種の科学・工芸がほとんど例外なく戦争に貢献したことは這次《こんじ》戦争の特色であり、国防上学術・技芸の広汎かつ十分なる応用が重大の意義を有することは本戦役の教訓の大なるものの一である。極端な例を挙げれば、その戦争ともっとも縁の遠いように思われた美術のごときも戦争に対して甚大なる貢献をなしているのである。前節にも述べたとおり航空機の著大なる発達の結果、従来軍隊は地点よりする敵の視察に対してのみ警戒すればよかったのであるが、いまや空中に対してもっとも周到に軍の行動を秘匿し軍情を敵に視察されぬことを力めなければならぬこととなったのであるが、この天空よりする敵の視察を免れる手段は中々容易でないのである。しかも敵の偵察を免れるということは作戦上きわめて重要なことであって、この点における劣敗者はすなわち戦争における敗者たる運命を免れぬのである。現に独軍がセルビア席巻の序幕として巧にその行動を秘してドナウを渡河したのは同軍セルビア作戦の赫々たる成果を収めた大原因であり、また昨年春季の独軍第一次の攻勢が首尾よく成効したのも、その攻撃開始直前まで一切の行動を聯合軍に対し秘匿し得た賜である。これに反して独軍第五次攻撃が失敗して独軍大敗走の端をなしたのは、仏軍がよく独軍の攻撃準備を偵知し事前に充分の準備を整え得た結果に負うところが大なのである。この天空よりする偵察行為を防ぐ手段として戦争末期に盛んに賞用されたのはいわゆるカムフラージュ（迷彩）である。これは美術の応用ともいい得べきものである。カムフラージュというのはおよそ地上物体の多くは遠方より観ると、クリーム、グリーン、ブラウンの三色のいずれかに見えまたはこれらの合成色に見えるものであるということから思いついて、空中の敵眼に対して秘匿しようと思う物体をこれらの色によって塗り別けることを指すのである。一口にいえば保護色を施すことなのである。たとえば兵卒は皆鉄兜を被っているが、この兵卒を上空に対して秘匿するためには、鉄兜の上面を右の三色に塗り分け各色の間に太い黒い線を引くのである。かくすると、兵卒が普通の地上にいるときはその土地の色に相応する兜の褐色または卵色の部分が消えて見えなくなるので、上から見ると兜が半欠けになり兜の形に見えないので、何だか判らなくなるのである。大砲その他の武器もこの筆法で塗色するときは巧に上空の敵眼を避けることができたのである。築城なども同様である。これは一例であるが、かように色の配合塗り分けによって敵眼を胡麻化してその発見を避けるのである。

このカムフラージュは各国軍によって盛んに賞用され、ために画家やペンキ屋はことごとく召集されてカムフラージュ隊に編入され、軍師団などの各部に附属せしめられて作戦に重大の貢献をなしたのである。

また気象学のごときも本戦役において作戦上に盛んに応用されたのである。昔瑞典《スウエーデン》のチャールス十二世はズンド海峡の氷結したのを利用して備えなき丁抹《デンマーク》を撃て大にこれを破ったことがある。ズンドは丁《デンマーク》・瑞《スウエーデン》間の海峡でこれが凍結するということは滅多にないことである。予が嘗て瑞典駐在中一九一六年から一九一七年にわたる冬季六十年ぶりという寒気に会ったが、その時は一時ズンドが凍結して船の航通が止まったことがある。しかし氷上を兵馬の往来するというほどではむろんなかったのである。また日本でも信長は天候を利用して桶峡間に今川義元を破ったことがある。これらはいずれも作戦に気象の変を応用したのであって、古来気象は作戦上大に考慮されたのであるが、多く常識的応用の域を脱しなかったのである。しかるに、今回の戦争において気象学は学理的に常続的に遺憾なく利用されているのを見る。すなわち航空機の行動は気象観測と密接の関係を有っており、また毒瓦斯弾の応用、スモークの利用（発煙により作戦行動を秘匿す）などにも気象を知ることがきわめて緊要であるので、各国軍ともに多数の気象学者を採用し、気象観測の機関を組織し、作戦と気象との調和を図るに至大の力を用いたのである。

物理化学などが兵器・器材の改善進歩に多大の貢献をしたことはいうも更なりであるが、軍馬以外にあるいは鳩であるとか牛であるとか、犬であるとかあるいはまた象であるとか駱駝《らくだ》であるとかいうような軍用動物が盛んに使用されたため、動物学・獣医学等も広汎なる応用を見たのである。序《つい》でながらいうておくが、鳩は通信用として未曾有の程度に利用され、犬は傷者の捜索、機関銃および銃弾の運搬・伝令用・警戒用としてこれまた広く利用され、牛は馬の代わりに牽引用または駄載用に用いられ、象、駱駝は土耳古《トルコ》、埃及《エジプト》、メソポタミヤ方面などの戦場に多く用いられたのである。

直接作戦に関係はないが、軍需品原料の窮乏を救うため、これが代用品の研究、食料品の欠乏を補うため代用食料の研究などに、その道の科学が貢献したことは多大であり、その結果馬鈴薯、蘚苔《せんたい》の類からゴムの代用品が造り出されたり、果樹・魚・獣の骨から油類が搾取されたり種々の代用品ができたのである。また文学者等は民心の動員愛国心の鼓励自覚の喚起といったような方面で甚大の努力をしている。

かような有様であらゆる学術・工芸はことごとくこれを戦争に応用することが必要であり、これが利用の如何は戦争の勝敗に重大の関係を有つこととなったのである。そこで、米国は交戦諸国の経験に鑑み、参戦前から国防会議の中に発明部なるものを置き、有名なる発明家トーマス・エジソンを部長とし、科学界の泰斗を網羅して、学術を国防上に応用することに全力を傾けしめ、また一世の智能を集めた国立研究所も国防会議の傘下に編入されて、各部門ごとに専門の科学・工芸を戦争に応用すべく学者連中は熱心にその智能蘊蓄を傾けたのである。かくのごとくであって、一国の科学・工芸の進歩発達は国防の完否に重大の影響を有することとなってきたのであるから、これら学芸の進歩は大にこれを促進しなければならぬとともに、戦争におけるこれが応用の研究を怠ってはならぬのである。この後段の戦争と科学・工芸の連繋調和ということは泥縄式では十分の効力を発揮し得ないのであって、平時から準備されねばならぬのである。すなわち軍事専門の知識と諸多の科学工芸上の専門知識との接触連繋調和ということは、国防上はなはだ緊切のことであって、将来ますますその必要を加うることと思うのである。

6. 国防と工業力ならびに工業資源との関係

方今の戦争がいかに莫大の軍需品を要するかは次に掲ぐる若干の例によって想像することができるのであろう。

砲弾射耗数

普仏戦役全期間　独軍　約八十一万発

日露戦役全期間　日軍　約百万発

本役戦シャンパーニュおよびアルトア会戦　約七百五十万発

本戦役独仏英国製弾日額　約三、四十万発

自働車（軍用に供せるもの）

仏国軍　八万台

独国軍　一万台

英国が仏国戦場にある自軍に供給せる軽便鉄道延長二千哩機関車一千台

仏国がその国軍に供給せる軍用電話機十五万個各種電線百二十五万粁《キロメートル》（三十一万里）

かくのごとき多量の軍需品を製出するためにいかに大なる工業力を要するかもまたおのずから推知し得ることと思う。これがため各国はいずれもいわゆる工業動員を行ってあらゆる工業を戦争に利用することに絶大の力を用いたのである。しかしてほとんどありとあらゆる工業は戦争遂行または戦争間国民の生存生活のために必要であるか、または爾《しか》く転用することができるものであって、工業の内容の如何にはあまり大なる関係はないのである。もとより若干の例外はないでもないが、概してこの種のものははなはだ少ないのである。そこで一般的に工業の発達すると否とは国防上重大の関係があるのであって、嘗てある人が戦争に緊切欠くべからざるものを奈翁《ナポレオン》は三個のＭ即《すなわち》Money、Money、Moneyであるといったが、Ｍの内容を改正して、方今の戦争に欠くべからざるものは等しく三個のＭではあるが、Man、Municion、Moneyでなければならぬというて、軍需品を最重要因子の一に数えたのは当然であると思う。ただこの三Ｍ中Moneyは労力と物との換算値であるともいい得るので、三Ｍといっても結局は二Ｍであるのであると思う。

次にかく巨大の軍需品を要することから考えて、工業原料の所要額がいかに大であるべきかも想像できることと思う。しかして軍需工業原料の中でもっとも多量を要し、かつ重要なるものが鉄・石炭・石油などの鉱物資源、羊毛・綿花・皮革などの動植物資源であることもとくに説明を要せないことと思う。これら国防用資源の豊否がいかに国防上重大の意義を有するかは更めて叙説を須《もち》いないのである。

そこで、往時は兵器独立などと唱えて自国の要する兵器は自国で造らねばならぬなどと称し、これをもって国防独立の要義であるからのごとく唱えられたが、今日かかる要求を満たしたからとて、これで決して国防の独立はできるものではない。国防用資源を自給し得ることの要求をも兼ね備えることによって初めて国防の独立が庶幾《しょき》できるのである。もしもこのことが不能であるならば、せめては戦時これが供給の途を確保することが切要なのである。しかるに、悲しいかな、我邦の所産は一としてこれらの重要国防資源の自給を許さぬ悲しむべき境涯にあるのである。もとより戦時になれば代用品も用いよう。消費の節約も図ろう。また平素費用の関係上利用せずに棄ててある資源の利用にも力めよう。できるだけは輸入も図り、また止むを得ないものは平時から死蔵の方法も講じよう。しかしながら、これらの方法は決して徹底した方法ではなく、十分でなく、不安であり、不経済を忍ばねばならぬ、余儀ない最後的の手段である。しかもこれらの方法で完全の国防目的を達することは至難である。

以上の情勢に鑑みて、吾人は何とかしてこの国防上の不利欠陥を補うの途を考定しなければならぬのである。すなわちその方法として吾人の思いつきを述ぶれば次のとおりである。

イ、国内諸資源の動態ならびに静態を精細に調査し、戦時における可能使用量を算定すること（代用品利用法、ならびに不経済的利用、未発見資源の発見などをも考量す）。

ロ、如上可能使用量と予想所要量との差額を算出すること。

ハ、不足量を補うため平時政策において至近の土地よりこれが供給を永久に確保するの方策を遂行すること、これがためとくに隣邦における資源の探究を十分にす。

ニ、止むを得ざれば戦時一時的に供給を確保するの方法を策画す。

ホ、各種作戦の場合を考定しこれに応ずる補給の方法を計画すること。

この事業を遂行するためには、官民全般なかんずく統計家、地理学者、地質学者、商工業家、外交家の大活躍を必要とし、終わりの二項の方法を講ずるためには、便に作戦当事者の周到精緻なる用意を切要とするのである。このことに関しては、兵力策定の標準を述べたる部において若干述べておいたと思う。

以下本戦役の間交戦各国がいかに国防用鉱物資源の争奪に腐心し作戦上多大の注意を払ったかにつ

いて二三を例示し、国防資源の戦争における価値がいかに大であるかの一端を窺いたいと思う。

（イ）　油田の争奪

英・仏両国は開戦前後おおむね年額千五百万―二千万バーレルの石油を消費していたのであるが、これに対して自国産はほとんどいうに足らないのである。また独・墺両国もほぼこれと同額の石油を消費して墺国ガリシャの大油田および独逸国内の産油は相等の額に達したが、しかし消費額の半を満たすに足らなかったのである。独り露国はよく石油を自給して余りがあったのである。

戦争開始とともに、海上交通を把持していった聯合国は海路米国その他から依然石油の補給を仰ぐことができたのであるが、独・墺は露国より輸入不可能となり、海上交通は断念のほかなかったので、ガリシャ油田の確保と羅馬尼《ルーマニア》油田からの供給確保とは彼らにとってすこぶる重要の意義を有することとなったのである。

ガリシャ油田はカーパニーン山脈の東北方に添い北西から東南にわたり延長約二百二十哩幅四十―六十哩、羅馬尼の北境に及んでいるのであって、最高年産額千二百万バーレル、戦争前年年額七百八十万バーレルを算したのであった。この資源に着目した露国は、主力たる西南方面軍をしてガリシャ方面に進入せしめ、これに対して墺・匈《ハンガリー》軍の主力はガリシャ方面で攻勢をとったが、墺・匈軍はついに敗れて西方および南方に退却したので、露国はついにガリシャ油田を占領するにいたったがために、独・墺の石油供給ははなはだ不利の情況となったのである。そこで独・墺軍は一九一五年五月恢復攻撃を行い油田を恢復することができたのであるが、露軍は退却にあたって盛んにこれを破壊し貯油に放火したため、産額はとうてい旧のごとくなるを得なかったのである。

ルーマニア油田は、ガリシャ油田に連続して北より南にいたり、途中西南に向かいトランシルバニアの東方に添うており、その延長四百哩、幅十五―二十哩に達し、産額は比年激増して、戦前の一九一三年には年産額千三百五十万噸バーレルに達していったのである。

開戦後ダーダネルス通航の杜絶とともにルーマニア石油の海上輸出は閉塞したので、爾後主として陸路またはダニューブの水運によって独・墺の需要に応じていたが、聯合国の抑制によってこの輸出も漸次減少し、国内の貯存量は自然に大となったのである。そこで一九一六年八月同国の参戦した頃には、貯油量はよほど多額に上っていったようである。

由来ルーマニアは独・墺にとっては食糧・石油などの供給地として重要の価値を有っているので、その向背は敵味方ともに重大な関係があるので、彼我ともに利をもってこれを誘いあるいは威嚇しあるいは懐柔するに努めたのであるがついに聯合側の外交効を奏して、羅国はついに聯合国側に与して参戦することとなった。そこで羅軍はついにトランシルバニアに進入し、油田掩護の姿勢をとったが独・墺は同国の攻略を策し、これが準備に一両月を要した後、ついに険峻な山地方面から主攻撃を行って短期にルーマニアの過半を席巻することとなったのである。独墺軍の攻勢が油田の正面を避け、しかもこれに近い油田西方の山地方面から行われて速に重要油田を占領することに力めたのは大に注意するに足るのである。さらに注目すべきは、同盟軍が油田の獲得に鋭意するとともに一方これが輸出港たるコンスタンザ方面の迅速なる攻略に力めたことである。かくのごとく独軍は油田の獲取に多大の考慮を払ったのであるが、一方羅軍に従っていた英軍将校は毅然なる決心と敏速なる処置により、貯油に放火し油田を破壊することを怠らなかったのである。この際英軍将校が主としてこの計画を立案実行したのは、自国の資源を湮滅《いんめつ》するに忍びざる羅軍の行動に委するの危嶮であるがためにほかならなかったことと思う。

独・墺軍は破壊されたるルーマニアの油田を整理するとともに、恢復せるガリシャ油田の産油増加に力め、ここに一時危機に瀕した同盟軍の石油供給が再び良好となり豎子《じゅし》をしてさらに永く活躍することを得しめたのは、聯合軍のためにはなはだ遺憾であったのである。

（ロ）　炭田の争奪

東方および西方における独逸の作戦は、もとより戦略上の要求を主として策定遂行されたものであると信ずるが、単に必ずしも戦略上の理由のみとは言い得ないと思う。否、交戦に必要なる資源を領有して自国の作戦を容易にし、反対に対手の戦争遂行を困難ならしめる点にも少なからず意を用いたものと観測される。すなわち独軍は、東においては開戦とともに露領波蘭《ポーランド》に進入してクラカウの西方露・墺・独三国国境の交叉地およびその以北を占領して、終始これを敵手に渡すことを肯んじなかったが、これは三国国境交叉地域には一大炭田があって、その露領のものはこれをドンブロブアー炭田と称し、露国第二位の炭田であって、波蘭《ポーランド》地方における唯一の燃料供給源であり、その独・墺国内にある炭田もまたはなはだ重要の価値を有しているのである。また西方においては、主力軍を白耳義《ベルギー》方面から北仏の野に進めたが、これにも戦略上以外他になお大なる理由があると思うのである。

そもそも独逸のウエストアーレン大炭田から白耳義を経て北仏に入りさらに海を越えて英国にわたっている一大炭田は、欧州における最大炭田であって、その独国内にあるものは独逸第一位の炭田であり、白国内に横たわっているものは白国の宝庫であって、東独逸の国境から西仏国の国境にいたる四、五十里の間にわたり、じつに同国工業の今日ある唯一の原因ともいい得るのである。また其の仏国領内に存するものはこれまた仏国第一位の炭田であって仏国の一大宝庫たるを失わぬのである。しかして石炭が戦争の遂行に、はたまた国民生活に至重欠くべからざるものであることは多言を要せぬところである。じつにこの一大炭田地方の得喪は勝敗の岐《わか》るるところといってもよいのである。ことに海外との交通を絶たれ経済孤立の境地に立たざるべからざる独逸にとってその炭田を失うことは致命的打撃であるともいい得るのである。果然、独逸は開戦とともに疾風迅雷の勢をもって該地方を席巻し、白国の炭田はもとより北仏大炭田の約三分の二を領有し、昨年彼が大退却を行うまでこれを放棄することを肯んじなかったのである。これがため白国はもとより仏国の受けたる苦痛は甚大であったが、これに反し独逸は自国の鉱工業を保護したのみならず、敵国の鉱工業をも利用し得てはなはだ有利の地位に立ったのである。ちなみに、独逸が戦時中燃料の窮乏に苦しみ、これが節用に大に力を用いたのは、労力の欠乏と輸送の意のままならざりしとにもとづくものであって、石炭の窮乏に苦しんでいた瑞典からの石炭供給に関する要求に対し、彼は人を送れ而《しか》してみずから掘っていくがよいといった位であったのである。

（ハ） 鉄鉱地の争奪

ローレン鉄鉱地は、仏・独・ルクセンブルク・白の四国に跨り、総面積約五百方哩、その埋蔵鉄鉱量は世界第一と称せられている。しかしてこの地方の鉄鉱量は、独逸においては同国総鉄鉱量の六割五分弱、仏国においては九割強に該当しているのである。

本鉄鉱地は元仏国の所領であったのであるが、普仏戦争にて仏国が一敗地に塗るるや、鉄血宰相ビスマークはこの鉱区地方に着目し、ザールの炭田とともに当時鉄鉱区あると信ぜられた地方一帯を仏国から割取し、仏国鉱工業の一大資源を奪ったのであった。しかしながら、当時はなお地質上の調査が十分でなかったために、現仏領ローレンの鉄鉱地は鉱区と信ぜられておらなかったので、ビスマークの慧眼をもってしてもこの地方までとり込むことはなかったのである。

本鉄鉱地はかような歴史的関係もあり、また国防経済上重大の意義ある地方に属するので、開戦とともに仏軍は有力なる軍をもってアルサス、ローレン方面に攻勢を取ったのである。聞くところによれば、仏国軍事当局当初の作戦方針は、主力をもって白耳義方面に策動するのにあったのに、議会は却て主力をアルサス、ローレン方面に用うることを要求して、統帥部を掣肘したために、実際の作戦主力がいずれにあるかほとんど判らぬようになったのであるということである。仏国としては、北に北仏の大炭田あり、この方面にローレンの大鉄鉱地あり、歴史的関係あり、戦略的要求あり、あちらたてればこちらが立たず、大に痛し痒しであったろうと思う。それはともあれ、開戦当初におけるアルサス、ローレン方面の仏軍の攻勢はある程度に進歩したのであったが、独軍が白の国境を越えて北仏に侵入するに及び、この方面の仏軍は上部アルサス地方に一部止まっただけで、ローレン方面から撤退せざるの止むなきにいたり、爾後再びこれを攻略することができなかったのである。

かくして、独軍はローレン鉄鉱地の大部をその中に収め、仏国はわずかにナンシー地方の鉄鉱地を存するのみとなったのである。爾後の戦争間、仏軍が極力ポンタチーソン地方を扼守したのはナンシー鉄鉱地を掩有《えんゆう》せんがためであり、また同軍がヴェルダンを死守したのは、政略戦略上の意義の外、独軍の領有している鉄鉱地方に対する脅威の門戸を失わざらんことに力めたためでもあると思う。反対に、独軍がヴェルダンを力攻したことは、戦略上の利害について種々の論議を生んだが、この攻撃の理由の一として独逸大本営の公表したところによればメッツの要地およびローレン地方の鉱工業地に対する敵の脅威を除くため敵の突出対戦に打撃を加えたのだとのことである。これが主なる理由であるや否やは別として、独軍が資源地の擁護に腐心した情況の一端は明に窺知することができると思う。

かくのごとく本戦役において鉱物資源の争奪は作戦目的のある重要なる部分を占めた観があるが、それもそのはずで、もし聯合国がルーマニア、ガリシャの油田を確実に手中に収めていたならば、独逸の屈伏はよほど早められたであろうし、またもし独逸にて独・白・仏にわたる大炭田を領有しローレンの鉄鉱地を掩有《えんゆう》することができなかったならば、あれほどの活動をすることができなかったであろうということは疑いの余地がない。しかして、仏国が多大の資源を失ったにもかかわらず、なお最後まで奮闘してついに有終の美を全うしたのは、聯盟諸邦から多大の軍需的援助を受けたためであって、仏国にしてもし海外から物質的援助を受け得られなかったならば、彼のごとき戦争を遂げることは不能であったと断じ得るのである。資源地の争奪が講和の一大議題となったのも宜《むべ》なるかなである。また英国が大戦の教訓に鑑みて英帝国鉱物資源局(The Imperial Mineral Bureau)なるものを創設し、鉱物資源の発達を策し鉱源をして帝国の国防または産業上有効ならしむるため必要の研究をなさしむるの計を立てたなどは、誠に適当の着眼と言わねばならぬのである。

結言

要するに、国防に必要な諸資源なかんずく鉱物資源のごときは、その内にあるものは力めてこれを愛護し、外に対しては永久にまたは一時的にこれを我の使用に供し得るごとく確保することが、国防上緊要のことであると思う。

この他国防上、戦争の垂示した教訓は枚挙に遑《いとま》がないのであって、ここにはその一端を述べたに過ぎぬのであるが、要するに真面目な意義における国防の充実ということの必要は、いまなお昨《さき》のごとくであって、しかも方今国際関係の錯綜・経済の発達・交通の整備などに伴い、将来もし戦争が起こるとしたならば、その場合には真に国を挙げて抗敵する覚悟が必要であり、これがためにはいわゆる国家総動員なるものを行って、ありとあらゆる国内の諸資源諸施設を戦争遂行の大目的に向けて指向傾注する準備を確立しておくことが必要である。その準備の第一は、国防要素を充実することである。しかして国防要素の中、幸いに帝国は比較的豊富なる人口を擁しており、人口の上からいえば第一流の国防力を充たすことができるのであるが、遺憾ながら他の要素において欠くるところがはなはだ多いのである。そこで帝国国防充実の要は、人口標準に拠る兵力を考定して、これを最後の目標とし、爾他の要素をこれと比肩し得しむるごとく上下最大の努力をなすにあることと思う。しかして、この努力の要点は物的資源の充実――(ここに更めて断っておくが物的資源の充実はすなわちまた経済資源の充実であって、両者はほとんど共通のものである。ただ独り経済の見地からいえば、国際分業の流通経済によって有無相通を図り国富を増進することが有利であり、純国防上の立脚から論ずれば、自給自足が理想であって、この両者を適当に調和することはすこぶる必要のことである)――工業力の助長・科学工芸の促進などであって、この努力の実現に伴って、一歩一歩軍事施設の改良充備に意を用うべきを図らねばならぬのである。しかしてこの理想の目標点に到着するまでの間は、完全な精兵主義をとり、数の欠を質で補うの考慮が切要なのである。

最後に注意すべきは、これら努力の源泉はいうまでもなく国民の体力・精神力・智力にあるのであるが、従来吾人がみずから宇内に誇称していた帝国民の卓越なる精神力なるものも、これを這次《こんじ》戦争において白皙《はくせき》人種の表した精神力に比較し、しかも彼らが戦争の試練によって、いよいよますます無形的価値を増進したことに想到したならば、必ずしも独り誇をもっぱらにし晏如《あんじょ》たる能わざるものがあると思う。これにおいてか、いよいよますます教育を振興しその内容を充実し智・徳・体育等しくこれを進め、数上における人口の優越に加うるに、質の方面においてもまた世界に卓出する国民を教養することのはなはだ急務なるを感ぜずにいられないのである。

（『中等学校地理歴史科教員協議会議事及講演速記録』第四回、一九二〇年）

現代国防概論

現代国防概論

陸軍省動員課長
陸軍歩兵大佐　永田鉄山

目次

三　帝国における国家総動員準備
四　国家総動員の範囲内容
附　諜報宣伝戦
五　国家総動員の準備施設
其三　結言

第一章　緒論（戦争平和論）

其一　戦争避け得べきか

戦争の本質が善か悪かの討究、少なくとも戦争を客観してその人生に及ぼす作用を正視することは、人類としても、国民としても、はたまた軍人としても、我らのなすべきところでなくてはならぬ。しかしこれは別の研究に譲りしばらく預かるとして——吾人《ごじん》は戦争の結果に善悪はあっても、その本質において善悪は断じ得ないもので、禅家のいわゆる「善悪不二、正邪一如」ではあるまいかと思う——今日の人類生活の現実を直視するとき、戦争不可避の原因と見るべきものは少なくない。

第一に経済上の問題について

一　人口増加に対し制限を行わざる限り、その増殖は自然の勢である。しかして国により、民族により、その増殖の率を異にするとき、そこに人口の疎密を生じ、これが整理のため人間の流動の起ることは必然の勢である。しかもいまの趨勢《すうせい》でもあるように、国家がその縄張りを固くして、この必然の人の流動を堰くならば、移民問題がついに国際紛争の禍因たることは、これを避け難いであろう。

二　生きんがためには、生活の資源が必須である。しかるに天然資源の分布は決して均斉ではない、すなわち各国家はみずから物質的境遇を異にしている。この不公平な天の配剤を運命と諦めることのできない以上、天恵に均霑《きんてん》し天賦の生存を全うせん希望から、これが平等なる取得に関して、国際紛争を惹起《じやつき》する懼《おそれ》ははなはだ大である。

のみならず、単に生きんがためばかりでなく、今日の国際経済生活ことに資本主義的経済組織（共産を仮称する国家資本主義においてますます甚だしい）において、より良き生活のための原料の取得、市場の拡張、あるいは保護、関税等の問題に関連しても、国際紛争の禍因は、伏在しているやに感ぜられる。

もちろん人間経済上の利害の分界は、単なる縦の国境でも、単なる横の社会層でもなく、錯雑紛糾せる曲断面いな鋸歯《きよし》断面をなすことは明であるが、いやしくも慾望を有する人間の集団と集団との間、少なくも国家と国家との間、民族と民族との間のごとき完全な有機組織体間、もしくは結束のもっとも深い集団間の利害の衝突は、とうてい避け難いと言わねばならぬ。

第二に社会的発達について

あえてマルクスにまつまでもなく、同一民族の間における社会の発達が、階級闘争を生んだことは事実であり、将来この傾向はいよいよ濃くなるであろう。もちろん平和の裡に、社会が自然的な発達を遂げることは理想である。が、しかし、ヒステリックな傾向をとる大衆運動が、理想から遠ざかって、忽《たちまち》にして闘争の危険に走るの懼《おそ》れは、階級戦においてとくに甚だしい。しかもかかる場合、各国が文化発達の情勢を異にしている時は、利害を異にする民族国家間において、この階級戦を直接の誘因として、国家対国家戦を惹起《じやつき》するにいたる恐れが少なくない。仏国革命後の欧州を一瞥したならば、思い半ばに過ぐるものがあるであろう。

第三に民族的感情および観念について

民族は他の民族に較べて生理的に心理的に、幾多の差異を有している。したがって各民族は殊種の感情を持ち、性格、習慣、道徳、文化等にそれぞれ特色を有する。この民族対民族の異なる感情が、事に触れて、激烈なる反感を生み、ついには戦争への過程を踏むことは、歴史の吾人に訓《おし》うるところである。

またかりに某民族が、高い文化の理想として、平和をもっぱら熱望したとしても、性質——窮極はともかくとしてその過程において——を異にする文化が、他に存在し、または新たに生まれたならば、みずからの文化をもって、他を光被せんとすることから、文化の衝突を生じ、ついに窮極の（あるいは本来の）目的と、まったく相反したる戦争の発生を、見ることともなろう。

第四その他について

歴史は事実において、戦争と平和との、頻繁な交錯にほかならない。したがって戦争の原因は、多種多様であり、かつ錯綜紛糾している。たとえば宗教上の原因による十字軍のごとき、あるいは民族の政治的野心――これを美化していえば政治的神秘観念――の暗示による世界征服戦（古来幾多の例がある。世界大戦前の独逸《ドイツ》、世界革命を夢見る労農露西亜《ロシア》のごときにおいても、一部にこの傾向があった）のごとき、あるいは植民地の独立戦のごとき、色々と挙げ得るであろう、これら過去において戦争の原因となったことが、将来紛争の因をなすものでないと誰が断じ得よう。

そもそも人間は神であり得ない、したがって事象に対する判断は、たとえ純正な理性にもとづくものでも、区々となるを免れない、そこに衝突の可能性が多分に存在する。のみならず、純正な理性の外に、幾多の感情が加味されることから、判断の相違はいよいよもって甚だしい。かくて人類は文化の理想を永遠に求めつつ、現実には戦争の準備に汲々乎《こ》としている。戦争の惨禍に戦《おのの》きつつ次の戦争を準備し、あたかも小児が築いては崩す、積み木細工のそれのように、無益の努力を続けつつあるがごとく見ゆるのが、現実暴露の悲哀ではあるまいか。

かりに戦争は邪悪であると断じ、その齎《もたら》す惨害はその招来する利益をもって、とうてい償うべきものでないと決めて、さてこれが絶滅を理想とし、その実現を将来に期し得べきものとするも、少なくも現在において戦争の発生は、動すべからざる事実である。如何ともすべからざる事実である。殷鑑《いんかん》遠からず、全世界をしてあの惨禍に、戦慄させた欧州大戦も、それを最後として、地球上から戦争を根絶させるほどの役には立たなかった。すなわち休戦の翌々年一九二〇年には露　波《ロシアポーランド》、その翌年一九二一年には希　土《ギリシャトルコ》の間に国運を賭しての戦争があったことを、見逃し得ぬ。ことに旧墺　匈《オーストリアハンガリー》国廃帝カールの復辟《ふくへき》運動に関連して、「ユ《ユーゴ》」「チ《チエコ》」「ル《ルーマニア》」の三国が、皮肉にも、世界戦の起爆剤となった墺国の対塞《セルビア》通牒に酷似した、否、より酷烈な最後通牒を、匈国《ハンガリー》に叩き附けて、全軍動員の準備をした、事実の現存を奈何せんやである。故にラッソンが「国家が平和を要する場合は、平和を愛すべく、国家が戦争を要する場合は、戦争を恐るべからず」、と説いた平凡な哲理は、幸か不幸か、いまの世相に適中しているように思われる。それはともあれ、理想の現実に努力するは、人類の責務であるとともに、現実に即して各般の施設を進めることも、また国民のなさねばならぬことであることを、牢記せねばならぬ。

これを要するに、吾人は、国家が戦争を決行すべき場合あるを、当然に承認するものである。しかしながら、国防を論ずるにあたり、近代における平和論平和運動に関して、一応の考察を加うることは、徒爾《とじ》ではないと思うが故に、次章において少しくこれについて論究してみることとする。

其二　平和来るか

現実に即してみるならば、戦争は不可避のようであっても、永久平和の社会状態をもって、人類生活の極美であるとなすことに、何人も異論はあるまい。故にこれを理想として、これに向かって歩一歩を進めることは、我ら人類の、当に辿るべき途でなくてはならぬ、これが平和思想の要約である。そしてこの理想郷の実現のためには、あるいは神の力にまたんとし（宗教的）または法の力によってでも（学理的）この永遠の平和を保障すべく、古来幾多の曲折を経た。会々《たまたま》欧州大戦の恐るべき惨禍に直面して、その機運は、復び促進せられ、国際聯盟の組織を見るにいたった。

そこで、この平和運動と、前に述べた戦争不可避の実相とを較べて、一は理想であり、一は現実であり、両者は無限大において交わるべき二つの平行線、換言すれば、吾人の認識し得る範囲においては、交わることのできぬものと、極めてしまってよいであろうか。あるいは何時か、さほど遠からぬ将来において、一致すべきものであって、吾人はその一致点を、なるべく近からしむることに、努力すべきものであろうか。この問題は古来幾多の学者によって、種々に説明されている。

たとえば、カントは、永遠的平和をもって、人生の理想と認めた。しかしてその実現の第一条件は、国家契約の理念に透徹した政治状態の出現、換言すれば国民の総意を体して、一部の執行者によって、真の理性的賢明なる政治が、行わるることであると見做《みな》した。しかしながらその理想的政治状態の出現は、人類が一面理性的存在であるとともに、他面利己的、獣的、傾向性を有する以上、不可能であるから、つまり永久平和は、差し当たり単なる理想であり、吾人に課せられたのは、唯理想への接近のみということであると論断した。言い換うれば、実現不可能なる理性の上に、築かれた概念であると見做し、「おそらく事実としては、現れはすまいが、吾人は現れるものであるかのように、行動しなくてはならない」と教訓的な結論を見出したのである。すなわち、カントに従えば、「永遠の平和という敬虔なる願望」に向かって、近接を図るのはよいが、これがためには、人類を神に近づけるごとく、努力せねばならず、人類が神に近づいた時、求めずして理想の世界は、現出するのであろう。しかし、これは永遠の平和の到来を、超時間的の問題と観ることの、別の言い表しにほかならないので、すなわち実現不可能の空想に終わるということになるのである。

しかしながら、カントは、また自由国家より成る国際聯盟の必要を祖述し、戦争発生の危険を、醸成すべき原因となる事項の除却を主張した。しかしながらこれとても、目的達成のためには、聯盟を普遍的のものたらしむる必要あるにかかわらず、この普遍ということは、やがて船頭多くして船山へ上るの弊に堕るもので、これまた永久平和の解決の完全な鍵ではあり得ないと、彼みずからが告白しているのである。

世界戦後に生まれた、国際聯盟は、平和の目的を達せんがために、正義と、法と、協同の「力」とをもって、一切の国際関係を、律せんことを期している。すなわち暴力を排斥し、侵略主義を敵とし、その根本において、トライチュケの「力は法なり」の言を斥けて、「法は力なり」の新原則に、立脚せんとするものである。しかしながら「法」すなわち、国際公法や平和条約は、夙《つと》に厳存していたのであって、ただ従来は、これをして権威あらしむるための制裁手段、すなわち「力」を全然欠いていた欠陥に鑑みて、いまの国際聯盟は、決して「力」を無視するものではなく、平和維持はもとより法の支配を本則とするも、法の擁護者として真の「力」——「正義に則る法の忠僕」としての「力」——をも認めている。この点は、従来の平和運動に比し、一歩を進めたともいえる。だがしかし、この力は、聯盟の命令支配の下に立つのではなく、依然聯盟に加入している、各国家の主権に従属している、したがって超国家的権威は、もとより欠けている、そこに目的達成上の根本的欠陥がある。聯盟をその標榜どおりに観ても、叙上の大欠陥がある。いわんや、その今日までの業績と、その実際の内容とを観るとき、平和運動の前程や、寔《まこと》に悠久たりの感なきを得ない。

平和運動の一方面に、いわゆる軍縮運動がある、軍縮によって、平和来を促進しようというのである。軍縮の成否は、姑《しばら》く別とするも、軍縮によって平和を求めんとするのは、木に縁りて魚を求むるの類いではあるまいか、由来戦争は政略の継続であり、軍備は国是貫徹の保障である、したがって国際間の紛争の原因を断ち、国際関係が全然正義を中心とする道徳観念によって、支配される世界の現出しない限り、平和目的のために、軍縮を策するのは、極端にいえば順序の転倒であって、たまたま成立してそれが財政的に利益を齎《もたら》す以外、平和運動上の貢献は、ほとんど言うに足らぬものであろう。

叙上平和運動の反面において、戦争の人生に及ぼす効用を説き、その強《しい》て避くべきものでないこと、否、むしろその必要をすら唱うる者も古来寡くない。ヘラクライトス、メイストル、ヘーゲル、ブルウドン、ショウペンハウエル、バックル、ロエスモル、ラッソン、トライチュケ、イエエンス等はいずれも戦争を是認した学者である。これも戦争と平和との問題を、研究するためには、逸してならぬ事柄である。

彼を思い、これを索《たず》ぬるとき、黄金平和の世界を迎うることは、理論上達成困難なる願望のようである。さて、しからば将来を卜《ぼく》するもっとも有力なる資料の一である過去の歴史は、如何であるだろうか、試しに十九世紀以後における世界列強の、対外戦役について一覧表を作ってみれば、第一表(七五—七九頁)どおりである。

該表の示すところを綜合帰納すると、次のようなことが判る。

第一

戦争間隔の平均年数は、約十二年であって、戦争継続の平均年数は、約一年八ヵ月である、また永久の平和どころか、五十年の平和を、維持した国すらも従来はない。

唯《ただ》例外は我が国である。徳川氏国を鎖してから昇平三百年、国民は平和を満喫したはずである。ただしそれがどれほど幸福であり、どれほど世界の文化、人類の向上に寄与したか、今日になってみれば、我が国にとりどれほどの幸福を齎《もたら》しているか、反対に爛熟した平和が、いかなる産物を生んだかなどを、反省してみると、その功罪の断案にはすこぶる迷わざるを得ないが、とにかく三百年の平和の味が、いかなるものであるかを語り得るのは、世界中に独り日本人あるのみであり、平和について世界中もっとも深い経験を有するものは日本のみである。この事実を知ってか知らずでか、日本人を呼ぶに、好戦国民をもってするなどは、言語道断であり、甚だしきは日本人にして、かかる声の前に叩頭せんとするもののあるなどは、もっての外である。

第二

十九世紀以降、全世界平和と戦争との比は、おおむね三と一とである、また世界を通じて観察すれば、平和時代と戦争時代とが、波をうっている。

この実相を直視したならば、人生は不断の戦であって、平和は戦の一時的休止であるとなし、むしろ戦争を健康状態、平和を病気あるいは活動準備のための静養、と見る論者のあるのも無理はない。それはともかくとして、歴史は平和と戦争との交錯であって、平和は戦争の準備のごとくにも見える。ホーケーリーに従えば歴史あって以来三千四百年の間に、平和はわずかに三百三十年で、全経過の十分の一にしか当たらないということである。

これを要するに、究理的にも実験的にも不幸にして永久平和の理想実現は、時の問題というよりは、能否の根本問題において疑いが存している。すなわち「敬虔なる願望」なる詞が当たっていると思う。

其三　結言

以上平和か戦争かの問題を、表と裏とから研究してみた。畢竟《ひっきょう》するに、吾人の考え得る範囲においては、戦争は避け難く、永久平和は来りそうもないのである。遮莫《さもあらばあれ》、戦争の人生に及ぼす惨禍を断つという、崇高なる思念に立脚する平和運動に対しては、満腔の敬意を払いこれを翼賛するに吝《やぶさか》である必要はあるまい。唯未《いま》だ捉え得ず否捉え得るか否かさえ不明である永久の平和に憧憬して、甚だしきはそれが来りつつあるかのごとく擅《ほしいまま》に妄断して、いやしくも国防軍備を軽視閑却せんとするがごときは、断じてこれを排撃せねばならぬ。崇高なる祈念、敬虔なる願望への歩々の接近を策するは可なり、しかれども、ために足を現実の大地から離して、必要の施設を忽《ゆるがせ》にすることは断じて許されぬ。

以上はまったく釈迦に説法であるが、唯順序として一言したに過ぎない。序《つい》でながらなお一つ蛇足を添えておく、およそ大戦争の後には、交戦国民の間に二つのまったく相異なる国際思想傾向が、並び起こることである。卑近な言い方で表せば、戦争の惨禍に懲《こ》りて平和を渇仰する傾向と、戦争に由り、または戦後の平和措置にもとづいて起こる、国家間、民族間の反感により、相反撥せんとする傾向との二つであって、この両傾向は、国内的にもまたまったく相反する傾向を助成するのである。これを図示すれば、次のとおりである。

戦争後に起こる思想上の二傾向

甲、平和協調――平和運動――国民的無自覚、民主個人主義、主知的、文芸的、女性的

（国際的）　（国内的）

乙、分離反噬《はんぜい》――国防充実――国民的自覚、国家主義、民族主義、意思的、体育的、男性的

この異なる二つの潮流は、必ず影の形に添うごとく並び起こり、しかも毎大戦後必ず生ずる現象であると、史家は言うている。世界大戦後にも、この史的原則は明《あきらか》に起こっている。これは戦後の欧州をつぶさに実視した者の、明に看取し得たところだと思う。しかるに我邦のいわゆる識者中には、大戦後甲の傾向、とくに国際的のそれのみを強く認識して、乙の傾向に眼を蔽《おお》う、皮相な論者が輩出し、ために国内的に甲の傾向を、著く助成した時代が我が国の近い過去に存したとは、誠に遺憾であった。しかもいまにおいてなお耳を蔽うて鈴を盗む類いの者の、絶無でないことを顧みるとき、遺憾はさらに深いのである。ここにおいてか上来述べ来《きたっ》たところを、釈迦ならぬ社会に向かって紹述することは必ずしも徒爾《とじ》ではないと思う。

各国平均		戦争期間と平和期間との比例		戦争開始期				摘要
戦争間隔	戦争継続年数			春(三―五月)	夏(六―八月)	秋(九―十一月)	冬(十二―二月)	
十年九月	二年二月	5.0	1	一	三			明治維新以後に就き計上す
十六年七月	二年一月	7.0	1	三	一			南北戦争以後に就き計上す 米国は建国以来約百五十年の間に大小十九回の戦争をなし戦争期間実に百年に及平和期間四十余年に過ぎず
十年二月	一年十月	6.0	1	二	四	二	二	
十一年十月	一年三月	9.3	1	二	五	一	一	
十一年十月	一年四月	9.1	1	二	五		二	奈翁《ナポレオン》戦争以後に就き計上す
十年三月	一年五月	7.2	1	一	六	二	一	
十七年七月	二年	8.9	1		四	二		
十一年二月	一年三月	7.4	1	二	二	一	一	クリミヤ戦争以後に就き計上す
十三年	一年九月	6.3	1	三		四		露土戦争以後に就き計上す
十二年五月	一年八月	7.4	1	36%	28%	20%	16%	戦争開始期の各国の計と平均との差あるは一国のみを計上し対手国を計上せざるものあると奈翁戦争、北清事変、欧洲戦争等により数国を計上せざるものあるに依る
四年八月	一年六月	3.1	1					

備考

一、本研究は十九世紀以降即奈翁戦役以後に於ける世界列強の概して主なる対外役に止めたり

二、表中渾滃は戦争年間を然らざるものは平和年間を数字は其の継続年月数を示す

三、戦争開始は概して宣戦の布告、媾和は平和条約の締結せられたる年月日以て計上す

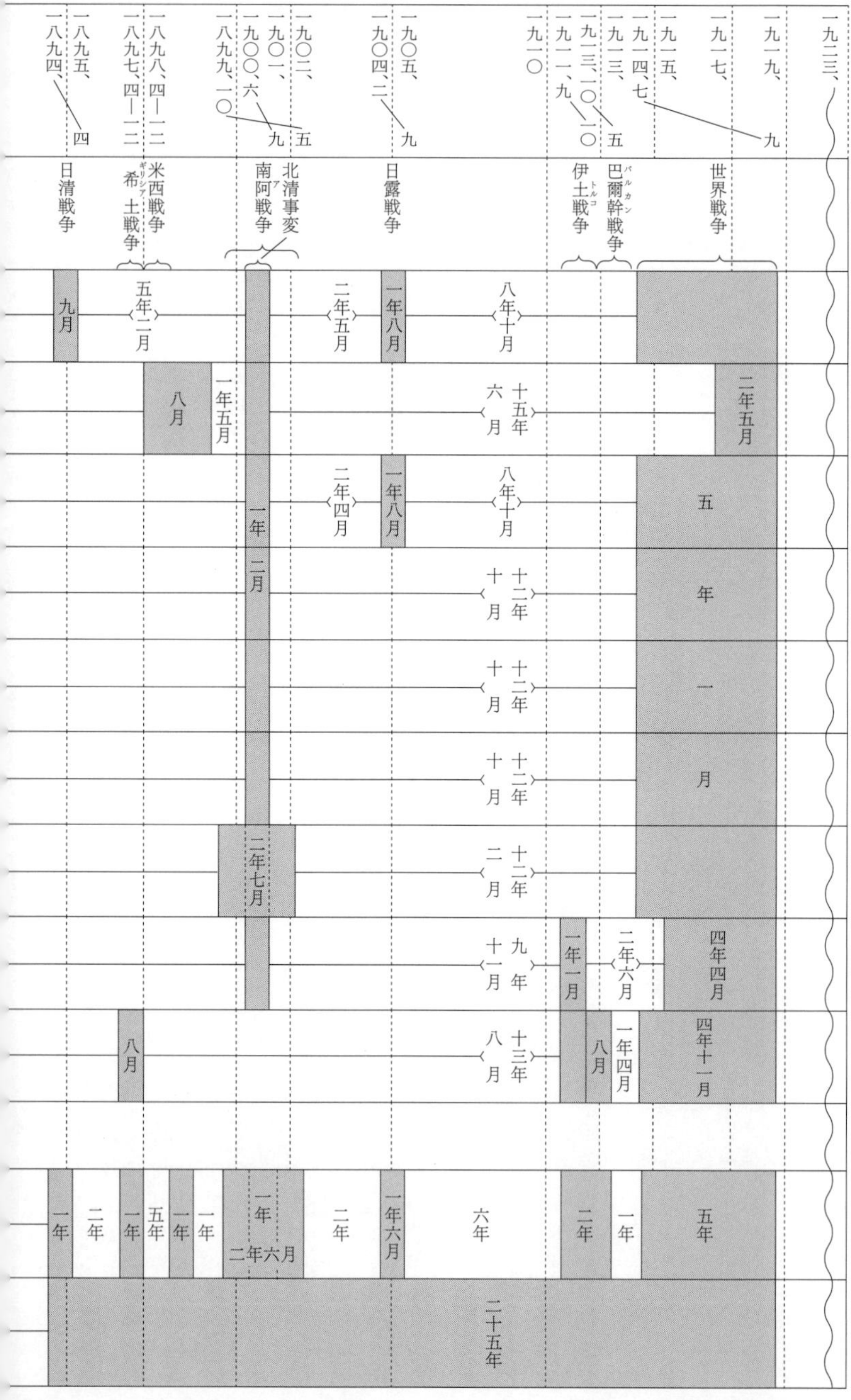
一九二三、
一九一九、九
一九一七、
一九一五、
一九一四、七
一九一三、
一九一三、一〇—五
一九一一、九—一〇
一九一〇
一九〇五、九
一九〇四、二
一九〇二、五
一九〇一、九
一九〇〇、六
一八九九、一〇
一八九八、四—一二
一八九七、四—一二
一八九五、四
一八九四
世界戦争
巴爾幹《バルカン》戦争
伊土《トルコ》戦争
日露戦争
北清事変
南阿《ア》戦争
米西戦争
希《ギリシア》土戦争
日清戦争
九月
五年二月
二年五月
一年八月
八年十月
八月
一年五月
十五年六月
二年五月
二年四月
一年八月
八年十月
五年一月
一年二月
十二年十月
十二年十月
十二年十月
二年七月
十二年二月
九年十一月
一年一月
二年六月
四年四月
八月
十三年八月
八月
一年四月
四年十一月
一年
二年
一年
五年
一年
一年
一年
二年六月
二年
一年六月
六年
二年
一年
五年
二十五年

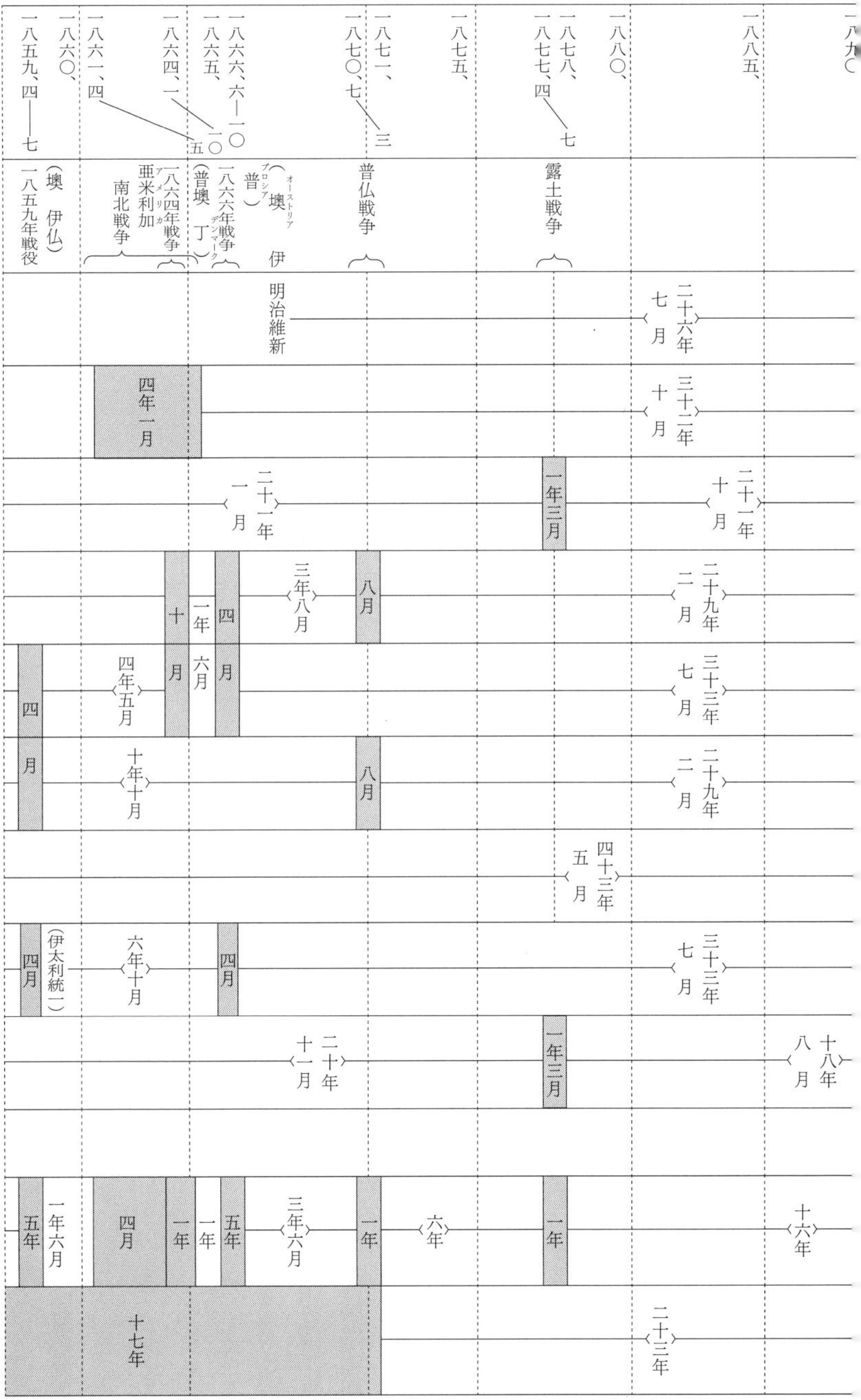
一八五九、四――七
一八六〇、
一八六一、四
一八六四、一
五
一八六五、
一〇
一八六六、六――一〇
一八七〇、七
一八七一、
三
一八七五、
一八七七、四
一八七八、
七
一八八〇、
一八八五、
一八九〇
（墺　伊仏）
一八五九年戦役
南北戦争
亜米利加《アメリカ》
一八六四年戦争
（普墺　丁《デンマーク》）
一八六六年戦争
（墺《オーストリア》　伊
普《プロシア》）
普仏戦争
露土戦争
明治維新
二十六年
七月
四年一月
三十二年
十月
二十一年
一月
一年三月
二十一年
十月
十
一年
四
三年八月
八月
二十九年
二月
四
四年五月
月
六月
月
三十三年
七月
月
十年十月
八月
二十九年
二月
四十三年
五月
四月
（伊太利統一）
六年十月
四月
三十三年
七月
二十年
十一月
一年三月
十八年
八月
五年
一年六月
四月
一年
一年
五年
三年六月
一年
六年
一年
十六年
十七年
二十三年

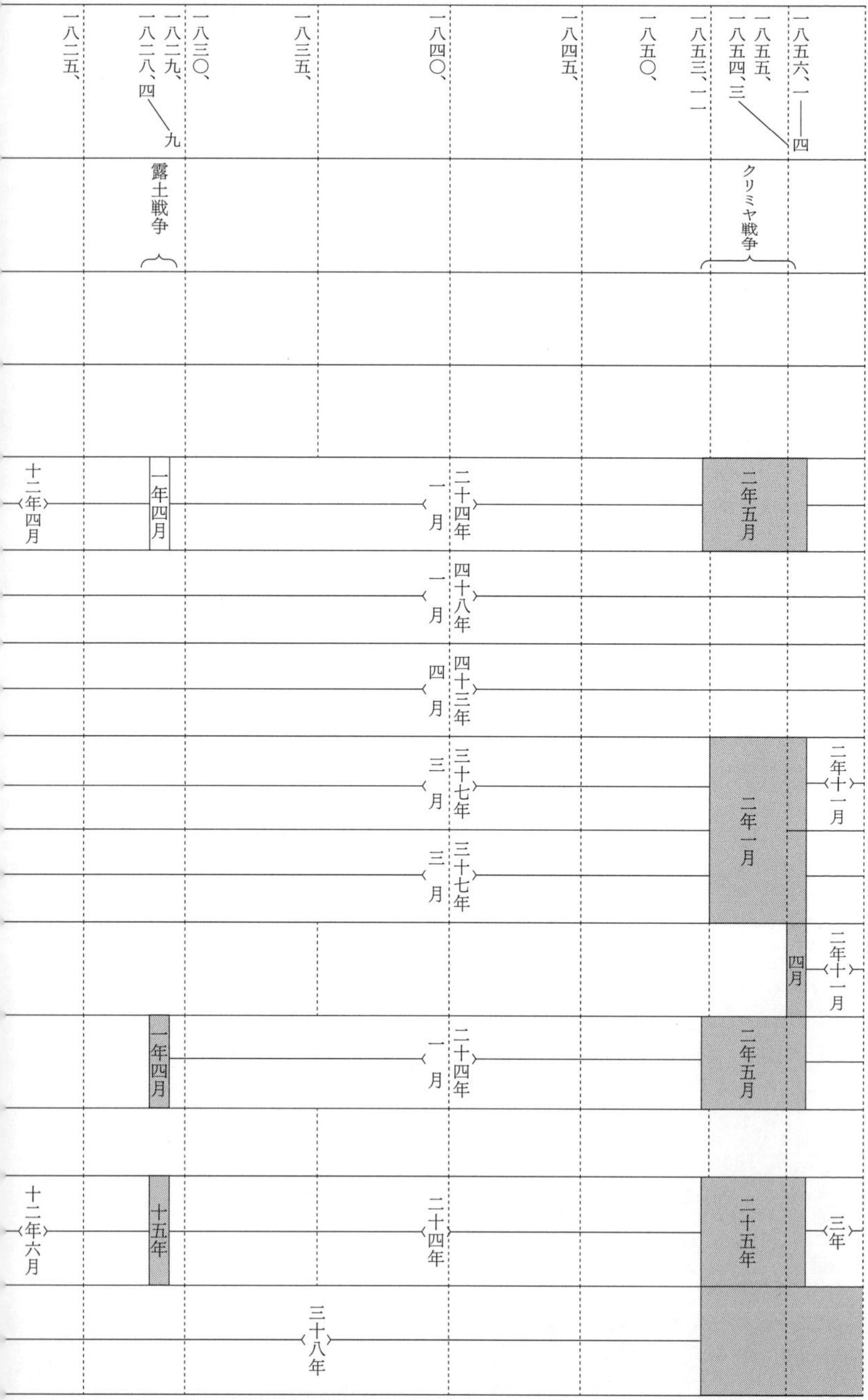

一八二五、
一八二八、四
一八二九、九
一八三〇、
一八三五、
一八四〇、
一八四五、
一八五〇、
一八五三、一一
一八五四、三
一八五五、
一八五六、一
四
露土戦争
クリミヤ戦争
十二年四月
一年四月
二十四年一月
二年五月
四十八年一月
四十三年四月
三十七年三月
二年一月
二年十一月
三十七年三月
四月
二年十一月
一年四月
二十四年一月
二年五月
十二年六月
十五年
二十四年
二十五年
三年
三十八年

第一表

近世列強平和及戦争継続年数等一覧表

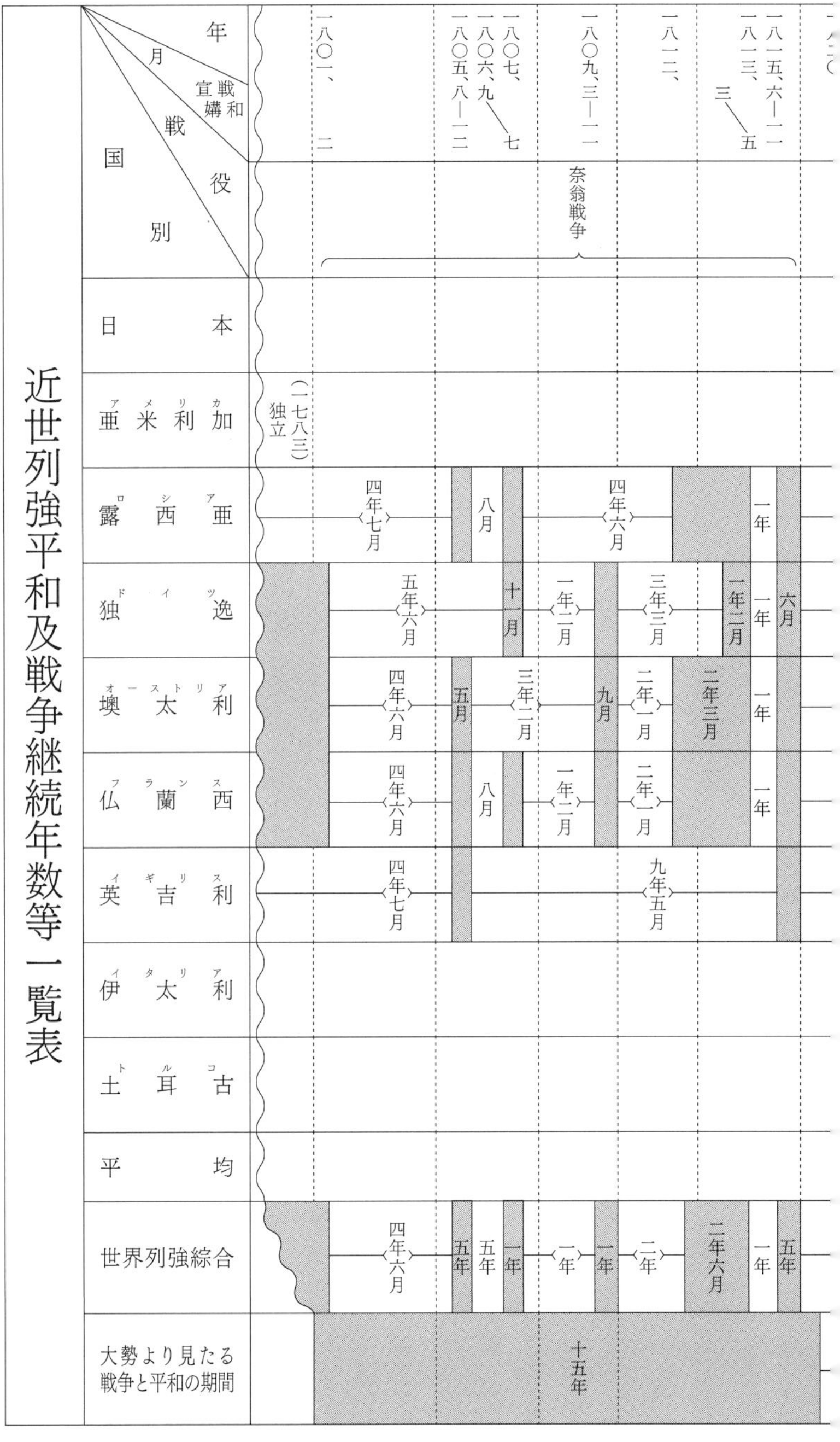

第二章　国防軍備論

其一　国防とは何ぞや

国家を否定し、あるいは国家としての条件の一部を否定するならば、そこに国防の意義は消滅するか、あるいは全然別個のものとなってくる。故にこの種論者に対して国防を説くも何等の価値がない。以下説くところは国家の存立を前提としてである。

およそ国家があれば、これをして存立せしめ、かつその存立をして意義あらしめねばならぬ。すなわち国家の権益を擁護し、その理想使命を遂行しなくてはならぬ。詳言すれば、国家の独立自主を護持し、その利益を保護し、もって固有の道徳、言語、宗教、風俗、習慣等いわゆる一国の文化を守り、国民の福利を保つとともに、進んでは、国民が理想とし使命と信ずる主張の、貫徹を期せねばならぬ。以上消極、積極の要求はもとより、正義人道を念とする輿論の支持を受くるものたるを要し、しかも譲ることのできない限度が現実あるべきである。しかるに前章に述べたとおり、世界はそれぞれ感情や文化を異にし、物質的境遇を異にする各国家の対立であり、しかも各国家は、いずれも自己発展の本能を有する人類の集団であるので、その各々が、叙上の要求を持して立つとき、そこに衝突の起こることは、とうてい避け難い。何となれば、甲が信じて、その使命なりとなすところは、必ずしも乙の認容するところとはならず、また乙が国家生存上、必至のしかも最小限の主張なりとなすところのものも、丙はこれを不公正なる利己的欲求と見るかも知れぬ、というふうに「国家の正当にして最小限度ならん」と考うる要求も、これを客観すれば「挑発」「抵抗」とも見らるるからである。ここにおいてか、国家はその要求、換言すれば、国是の貫徹を、保障するため、威力を必要とするのである、この威力をもってする国是貫徹の、保障が、いわゆる国防であると思う。すなわち国防なる詞は、国家の要求に対する威力保障なる概念の抽象的表現であろう。

国防ということは、以上述べたとおり抽象的概念であるが、さてこれを具体的に考察すれば、他との威力的抗争すなわち、戦争ともなれば、威力抵抗の力すなわち戦争力ともなるのである。

其二　国防と軍備

抽象的概念たる国防が、方法論的観察において、戦争力であるとするならば、この国防〔と〕軍備との関係はいかなるものであろうか。

国際聯盟の軍縮委員会では、軍備の意義が問題となった。その研究に従えば、軍備はこれを平時と戦時とに分かちて考え、平時から存在する武力および手段を平時軍備といい、戦時利用せらるる武力および手段を戦時軍備と称し、一般は後者を説明するにあたり、「現時の戦争は国家総力の、統合を要求するにより、一国の全資源そのものが直に、軍備とは言い得ないが、軍備の解釈においては、戦時利用し得る資源を、未来の軍備として大なる考慮を払わねばならぬ」と言っている。その是非はしばらく措き、方今《ほうこん》のごとく有事にあたり、一国の総資源を挙げて、戦争の遂行に供する趨勢においては、いわゆる平時軍備と、戦時軍備との間に、大きな開きのあることは争われぬ事実であり、いわゆる戦時軍備なるものが、国家資源の大小豊否と、ある程度まで比例するものたることも否むべからざることである。

吾人の見をもってすれば、軍備とは、直接武力を構成するところの諸施設の一切を称するものと思う。すなわち軍にとり入れられ、訓練され、編成されたる人馬、軍需諸品、軍事諸設備等の全部が軍備であってこれらを造り出すべき諸資源を直に軍備なりとは称し得ない。鉄は山ほどあってもそれは力ではない。しかし軍備たり得べき未来を有する各種資源にして、軍の要求に合するごとく均斉に発達し、整備されており、しかもこれを必要に応じ容易に統合利用すべき準備を整えておく場合は、これら資源は、比較的速に軍備と化し得るのであって、一定の条件(時の問題をも含む)をもって、これを軍備の中に胸算することは不可ではないと思う。そこで、具体的に観た国防、すなわち戦争力なるものは、以上の軍備と、直に軍備たり得べきものとを合計したものであると観るのが、現代国防の趨勢においては、至当の見解ではなかろうか。換言すれば国防の完備とか、軍備の充実とかいうことは、平時軍備と、動員計画と、しかして国家総動員の準備計画とが、かれこれ関連して、整頓することであり、これらの綜合の力が、戦争力、すなわち戦時武力であると思う。さらに別の言い方をもってすれば、広義の意味における軍備と、具体的に観た国防とは、だいたい一致するものと思う。

其三　国防軍備に関する謬見

前述のとおり、現に軍備として存するものと、将来速に軍備たるべきものとを合して、これを軍備と汎称するならば、この広義の軍備と、具体的に観た国防とは、きわめて近邇《きんじ》したものとなるが、平時軍備と国防とは同一ではない。したがって平時軍備の大小をもって、直にこれと比例的に戦争方の大小、国防の完否を測定する訳にはゆかぬ。いわゆる軍縮の難関は、そこに存するのであり、平時軍備の完璧を期するの他面において、戦争力の強大を策すべく、国家総動員の準備計画を緊要とする所以もまた、そこにあるのである。

しかして平時軍備と、国防との開きは、国の地位境遇の異なるに従って変化する。たとえば米国のごときは有事にあたり、まず平時から存する軍備によって国土を防衛し、厖大なる戦時軍備を、必要に臨んで構成する方針をとっている。守るに易き国土の地理的位置と、国内に存する無限の資源とは、何の苦もなく、この方針を遂行せしめ得るであろう。したがって仮に戦争力の九割を、戦に臨んで構成することが可能であるなら、残る一割だけを平時軍備としておけば足るのである。しかし誰もがこれを真似するわけには参らぬ。仏国などは、四周にいざといえば真にその喉を扼《やく》すべき強国と隣しているが故に、戦争力は、開戦とともに速にこれをある程度までに達せしむるのでなくては、国土の守りすらなし能わぬ。したがって必然的に平時軍備の充実に多くを依存せねばならぬのである。我が国は単に国土の防衛に止まらず、国民が生きんがために、必要なる物資の流入をも確保せねばならない。これを戦時急造の武力に頼るならば、戦争準備成らざるに、すでに早く国家の生存が脅されるであろう。ここにおいてか米国のそれのような開きを、平時軍備と戦争力との間に、存せしむることはできない。

以上のごとく平時軍備と、戦時軍備とのいずれに重点を置くべきかは、それぞれ国情に立脚して定めらるるものである。しかるをもしその国の如何を顧みず、平時軍備のみをもって、国防の全部または大部分なりと速断するならば国際的には各国戦争力の判断を誤り、不公正なる軍縮論に耳を藉することとなり、国内的には自己の平時軍備を、単純に爾他のそれと比較して大小を論じたり、あるいはまた国家総動員準備を閑却したりするような誤に陥る。これと反対に、国の地位境遇を忘れて、徒らに戦時軍備の構成を夢想し、これに依存して、平時軍備の必要を忘るるがごときは、妄もまた甚だしい。しかしながら動《やや》もすると、国民の国防などという、耳触りのよき口頭禅に酔いて、平時軍備を軽視する者のあることは遺憾である。

また戦時軍備構成の背景たる、一国資源の豊否のみをもって、直に戦争力の大小なりと、考うるのは宜しくない。たとえば甲において、山にある百の鉄が、二ヵ月にして砲弾と化し、乙にありては、五十しか鉄はないが、一ヵ月で砲弾に化するとすると、国防の上からは、後者の方がよい場合もあるであろう。また物理学で運動のエネルギーが、$\frac{1}{2}mV^2$であると同じように、力は、資源およびこれが統制組織法と、ある係数との相乗積ともいい得べく、資源の大小はすなわち力ではない、ここに小資源国の国防上の妙機を求めねばならぬと思う。資源の総量において、著しく寡かった中央同盟側が、聯合国に対してよく四年有余の国力戦を、続け得た点などは、大いに参考に価するのである。

これを要するに、国際すなわち戦争力の大小は、必ずしも単独に平時軍備の大小に比例するものでもなければ、無条件に資源の大小に比例するものでもない。また戦争力形成に要する時間の長短を、考慮外に置いて、戦争力の大小を云為するも、それは無益である。しかして国防の要義は、四囲の情勢と、資源の関係とを考覈《こうかく》して、所望の戦争力を、所望の時期に形成し得るごとく、軍備を決定し、軍の動員、国家総動員等諸般の計画を策定するにある。この間に慎重に綜合的観察を欠いたならば、軍備も国防も論ぜらるべきでない。

第三章　国家総動員論

其一　戦争の進化と現代の国防施設

戦争は、時代とともに、進化して熄《や》まない。君主や英雄の名誉欲、野心などによって、戦争が誘発されたのは、過去の歴史であって、国家の行為に対して全国民の意見が、反映する現代においては、戦争は国民の自覚にもとづいて、行わるることとなってきている。すなわち戦争は国民的性質を有するにいたり、そこに現代戦の靱強執拗性が胚胎しているのである。一方文運の進歩は、工芸科学の発達を招来し、軍制、兵器、交戦法の変革を生み、なかんずく交通通信の発達は、交戦兵力と、交戦地域とを、著しく拡大し、戦争の規模は、ここに格段の増大をいたしたのである。さらに国際政治経済の複雑化は、単なる国家対国家の戦争をして、数国聯盟の角逐にまで、拡大するの趨勢を馴致せんとしつつある。

かくして戦争は、真剣執拗そのものとなり、その規模範囲はますます拡大をいたしつつあるのである、別の言葉をもってすれば、現代の戦争は、本質的に国民戦であり、形式的には国力の角逐であるといい得よう。

叙上戦争の進化に応じて、国防施設もまたみずから変革せざるを得ない、その実相は、過ぐる世界大戦を通じて、明にこれを看取し得るのである。すなわち往時のごとく単に平時軍備に加うるに、軍動員計画をもって戦時武力を構成し、これを運用したのみでは、現代国防の目的は、達し得られない。——特殊の部局戦の場合、または文字どおりの速戦即決が行われ得る場合は、もとより別だが——必ずやさらに進んで、いやしくも戦争力化し得べき、一国の人的物的有形無形一切の要素を、統合組織運用して、真個国《しんこ》を挙げての戦争力を、発揮するの施設を立て、ここにはじめて国防施設の完備を、称《とな》うることができるのである。換言すれば、国家総動員の準備計画なくしては、現代の国防は、完全に成立しないのである。

現代国防施設として、国家総動員準備計画の必須であることは、以上述べたとおりであるが、これをもって、常設軍隊に代わらしめようという、観念の誤りであることは、已《すで》に述べたところであって、国の位置境遇により、みずから大小の差こそあれ、次の目的のための一定施設の常設軍備は、絶対に必要がある。

イ　国策遂行の平時的保障

ロ　咄嗟《とっさ》の場合における国土の防衛、必要なる資源、地点の掩有《えんゆう》占領

ハ　国家総動員の擁護

念のため再びここに附言しておく。

其二　国家総動員

一　世界戦と国家総動員

世界大戦は、前に述べた現代戦の特質を備えたものであった、そこで主なる交戦列国は、いずれも

国家総動員を敢行した。

すなわち、原料、材料、燃料、成品ならびに工業を統制し、食料農産をも統制按配《あんばい》して、全産業を、国家の一貫せる意思の下に活動せしめ、もって外は巨大の軍需に応じ、内は国民の生活を保障し、水陸の交通もまた大部政府司掌の下に運営し、国民の配置職業分配をも、これを戦争遂行にもっとも有効なるごとく規正し、財政、金融、教育、社会施設などまた戦時の要求に適合するごとくその態様を変え、工芸科学のごときにいたりても、斉《ひと》しく戦争に最大の寄与をなさしむるごとく、これを統制し、情報宣伝事業また一途にこれを統一実行したのであった。一言にしてこれを蔽えば、全国家社会を挙げて、平時の態勢から戦時の態勢に移し、一国の権内にあるあらゆる有形無形人的物的要素を挙げて、これを組織統合運用し、もって軍の需要を充たすとともに、国家の生存国民の生活を、確保することに最善の方途を悉《つく》したのである。

もっともあれほど、大規模にかつ深刻な動員を、行うということは、もとより何国も予想していなかったので、事実の準備は、実施に対比して、九牛の一毛といわんか、否むしろ皆無という方が、適当であった位である。したがって各国における総動員の実施は、一事ごとに必要に迫られては、逐次応急的に行われ、前後施設の重複、扞格《かんかく》、各方面の事業の不統一、あるいは措置の不徹底、不適当といったようなことは、とうていこれを免れ得なかったのであった。ために経費においても、労力においても、はたまた時においても、無駄が多く、戦争力の発揮は、不十分勝ちで、遅延もし、しかも不経済で、なおまた戦後の復興の容易という点などを、考慮する余地ははなはだ尠《すくな》かったのである。

以上世界戦における苦い経験は、列強をして現代の国防施設において、国家総動員準備計画の必須不可欠なるを痛感せしめ、さてこそ、いずれの国も、戦後復興に多忙を極めている時から、夙《はや》くすでにこの準備計画に著手することとなったのである。この間の消息は、吾人の筆舌よりも、歴戦国当事者の述懐乃至《ないし》所論が、雄弁にこれを物語っている。その一、二を紹介すれば次のとおりである。

独逸カールスルーへ商業会議所会頭ドクトル・ウェークリーネンの意見書の一節には、

戦争に対する経済上の不準備は、這次戦において遺憾なく暴露した、また戦争中における経済動員は中央官庁の分立により、すこぶる円滑を欠いた、将来経済動員に関する業務は一中央官庁において統一管掌するを要する、

とあり。また独逸工業動員の創始者ラーテナウの言に徴するならば、

経済上十分な準備なくして、新たに戦闘を開始するがごときは、断じて許すべからざるものである。いま次の戦において、強制的に行われた動員は、将来なるべく自動的にかつ動揺なく、行われることに配慮せられねばならぬ、一般の経済的動員計画はこれを作製し、かつ絶えず補修せられねばならぬ、

とある。

さらに一九二三年六月米国陸軍省の産業動員に関して発表した公文によると、産業動員の適切な計画が、戦時いかに大なる経済的節約であるかは、指摘するの必要はないが、大戦中政府の各部は、協同を欠き、互いに競争を行い、非常に混乱を来し、ためにある工業は、実行不可能なる多数の命令を受けたるに反して、ある工業は、平時作業の突然の休止によって没落した。……適当に考察せられた産業動員計画は、かくのごとき事件の多くを避けることができる、

といい、なおその翌一九二四年には、米国政府の産業動員法案提出に際して、陸軍次官は次のごとく説明している。

将来の戦争においては、全国の老幼婦女や資源および資金のことごとくを挙げて、勝利の獲得に努めねばならぬ、工業のみで戦争に勝つことのできないのはもちろんであるが、軍の戦闘能力に致命的価値を有する軍需品補給に失敗があれば、戦はついに敗北に終わることを免れない。仏国、伊国等の当局もまたほとんど符節を合したようなことをいっている。

二　列国の国家総動員準備

列国は、総動員準備の万全周到を期するため、多くは必要の中央機関を整備し、また必要に応じ特別の地方管区、地方機関をも設けようとしており、一方には、本動員の準備実施に関する法律を制定し、官民を挙げて秩序正しくこの事業の歩を進めつつあるのである。

試しに列強の国家総動員に関する準備機関、ならびに実施機関を掲げると第二表のとおりである。また第三表およびその属表は、仏国国家動員法案により戦時総動員を実行するため、いかなる機関を設くるか、その機関の体系、組織、任務は如何であるかを、一覧表としたものである。第四表は、同じく伊国国家動員令にもとづく動員機関、ならびに業務系統一覧表で、第五表は、米国産業動員法案にもとづく動員機関、ならびにその業務一覧表である。

これらの諸表の示すとおり、各国がいかに総動員の準備機関の整備に、努力しつつあるかは、察知するに難くない。

次に列強の国家総動員に関する法規について、一瞥してみよう。

仏国は、世界大戦の苦き経験に鑑み、戦後軍制の改革、整備に努力し、一九二四年一月十日には、国家総動員法案が、議会に提出され、本年（昭和二年）三月上旬いよいよ下院を通過した。これによると、大要、戦時仏国国民は、男女を問わずいずれも直接または間接に、国防上の義務を課せられる、政府は、物質強制取得の権限を有する、動員の準備ならびに実施のために、中央および地方の経済組織に関する施設をなす、というようなことを規定してある。当局はこれを説明して、いかに国際協調、平和政策などと唱えても、結局戦争は不可避である。しかしてその期間の長短に関せず、軍人と軍人との戦の域を脱し、国民の全部、資源のすべてを挙げて、戦争に従わねばならぬ。したがって国家の組織は、有事の際に処して支障なきよう、あらゆる機関を網羅して、準備せられねばならない。また戦時国家機関の編制は、平時の政治行政経済に適合させて、平時状態より戦時状態に移ることを、容易ならしむるとともに、国防の業務のため、平時の活動に支障なからしむるを要する、ということを基礎観念としてこの法律が編まれているのであって、これにより一国の有形無形一切の資源を、政府の手によって統制按配するというのが、本法の本質である、と言っている。

次に伊国国家動員令は、すでに法律として制定せられたものであって、きわめて簡単ではあるが、仏国の法案とほとんどその内容を一にし、第一条においては、政府は国家を戦争に適する組織に変更し得るごとく、平時よりこれを準備するの任務を有すと規定し、第二条において総動員の意義を明に定めている。

米国では、一九二四年初頭、下院議員によって、まず産業動員法案が議会に提出せられ、さらに一九二六年一月には、上院議員キャッパー、下院議員ジョンソン両氏から、国家総動員法案が、両院軍事委員会に提出された。これはいずれも戦時大統領に国家資源取得運用の権能を賦与して、総動員実施の基礎を確立せんとする趣旨のものである。

列国は以上のごとく法規の制定、機関の整備に関連して、著々《ちゃくちゃく》準備計画を進めており、ことに米国のごときは、あるいは産業大学を設けて、総動員の要員養成を図り、六千有余の民間工場について、周密な工業動員計画を定め、時にまた総動員演習を行うなど、外部に表れた施設だけでも目醒ましいものがある。

そもそも欧米列強は、已《すで》に一度総動員を体験している、したがってこれが必要を感ずることも深く、その将来に対する計画のごとき、吾人のそれに比し、著しく容易であるべきはずである。なかんずく米国のごときは、他に遅れて参戦せるため、この間静かに他国のなせるところを観察し、一通りの準備を整えて、半ば準備的に総動員をある程度まで実行した貴い経験を持ち合わせている。これら諸国が孜々《しし》として総動員の準備計画を進めつつあるの秋《とき》、体験のない我が国が、晏如《あんじょ》として時を過ごすがごときは、国防上寒心すべきことであると言わねばならぬ。

三　帝国における国家総動員準備

列強の総動員準備は、前述のとおりである。さて顧みて我が国のそれは、今日までいかに行われしや、今日いかになりつつあるや、以下その梗概を述べたいと思う。

世界大戦にあたり交戦列国が、著々国家総動員を実行するや、我当局においても適時これが研究に著手し、夙《つと》に将来戦に対する準備として、国家総動員準備を切要とするの結論を得、大正九年頃にはだいたいの具体案をも得るの域に達したのであるが、これより前、露軍の崩壊に関連しあるいは帝国軍を動かすことなきを保し難き情勢に際会したので、不取敢《とりあえず》軍需工業動員準備の必要を感じ、大正七年軍需工業動員法の制定を見、これに関連して内閣に軍需局設置せられ、関係各庁にあるいは必要の機関を附設し、または所要の増員を行ったのである。

そもそもこの軍需工業動員法は、主として軍需品の調査、これが取得ならびに軍需工業の奨励に関する事項を規定せる法律であって、未だもって国家総動員の全般にわたる基礎法規なりとは称し難いのであるが、本法の制定ならびにこれに関連する諸機関の設置は、国家総動員一部の準備を具体化せる第一著歩であったのである。

爾後軍需局は内閣統計局と合併せられ、国勢院の設置を見、同院第二部もっぱら軍需工業動員法施行に関する事項の統轄の事務を管掌し、関係各庁はこれと連繋して業務を進め、工業動員準備の一部を徐《おもむ》ろに進展しつつあったのであるが、大正十一年の行政整理に際し国勢院はついに廃止せられ、その事務の一部たる軍需資源の調査および軍需工業奨励に関する事務だけが、時の農商務省（目下は商工省）に移管せられたのであるが、その結果軍需工業動員の基礎たる軍需資源の按配統制に関する中心さえも失うにいたったので、臨機の措置として陸海軍合議のうえ、時の内閣に諮り大正十二年陸海軍軍需工業動員協定委員を設け、両者各自の軍需工業動員計画に資するため、軍需資源の分配に関し協定を進めるという、応急姑息の手段をとりつつ今日にいたったのである。

かように我邦においては国家総動員の一部たる工業動員に関し、比較的夙《はや》く準備に著手したのであったが、わずかにその一端を具体化せるのみで、夙く已に頓挫し、この間列国は著々その施設を進めるという情況であって、国防上遺憾禁ずる能わざるものがあったのであるが、輓近《ばんきん》にいたり会々《たまたま》機運熟し、議会においては国家に総動員準備機関設置を欠くべからずとするの議論熾《さかん》に起こり、進んでこの種機関の設置を要望する建議をも見るにいたったのである。ここにおいて政府は、不取敢《とりあえず》第五十一議会に国家総動員機関設置準備のため必要なる予算を提出し、その協賛を経、昨年晩春以来内閣に国家総動員機関設置準備委員会を設置し、将来設置すべき総動員準備機関の組織、任務、業務遂行の方案及《および》該機関と、各庁以下との連絡等に関し慎重なる研究審議を遂げ、その成案にもとづき総動員準備機関（資源局並資源審議会）設置に必要なる予算は、第五十二議会の協賛を経、先般これが官制の発布を見るにいたり、ここに準備業務の基礎ようやくその緒に著いたのである。

そもそも国家総動員準備計画業務は、きわめて多岐広汎であらゆる方面に関係を有し、ほとんど国政の全般にわたっているので、一省一局のとうてい専掌し得る限りではなく、それぞれ関係各庁において分掌すべきであるが、各庁間における業務の連絡協調に任じ、かついずれの庁にも分掌せしめ難い事項の執行に任ずるため、特別の一中央事務機関を設くるの必要があり。かつこの事業の本質に鑑み広く衆智を萃《あつ》め真個挙国一致を期するため、べつに官民合同の一大諮詢《しじゅん》機関を設置することが緊要であるというのが、前顕準備委員会における結論の大綱であったので、この趣旨にもとづき内閣の外局として資源局、また内閣総理大臣の諮詢機関として資源審議会が設けらるることとなったのである。そこで、いま方《まさ》に緒につきつつある我邦国家総動員準備機関の体系組織任務等の大要を、具体的に述ぶれば次のとおりである。

一　国家総動員準備機関の体系

国家総動員準備機関は中央機関および地方機関に大別され、中央機関は統轄事務機関、諮詢機関および執行機関より成る。

二　中央機関

1　統轄事務機関（資源局）

中央における国家総動員業務の連絡統一に任ぜしむるため、内閣の外局として事務機関たる資源局を置く、その組織および処務事項の概要は左表のとおりである。

資源局の組織及業務の概要

<table>
<tr><th colspan="2">編制</th><th>処務事項</th><th colspan="2">分課</th></tr>
<tr><td rowspan="2">専任</td><td rowspan="2">長官　勅任
書記官　四
事務官　二
陸海軍上長官又は士官各一
統計官　一
技師　二
判任官　一八</td><td rowspan="4">人的及物的資源の調査、培養助長及統制運用に関する事項の統轄並これが為必要なる事項の執行の事務</td><td>総務課</td><td>資源の統制運用に関する制度施設の研究及必要なる法令の準備立案に関する事項</td></tr>
<tr><td>調査課</td><td>資源の現況調査並戦時需給調査に関する事項</td></tr>
<tr><td rowspan="2">兼任</td><td rowspan="2">参与　若干
関係各庁勅任官の中より之を命じ局務に参与せしむ
事務官　若干
関係各庁高等官の中より之を命ず</td><td>施設課</td><td>資源の培養助長及これが統制運用を容易ならしむる為の平時施設に関する事項</td></tr>
<tr><td>企画課</td><td>戦時資源の統制運用に任ずる機関の整備計画並資源の補填配当その他統制運用の計画に関する事項</td></tr>
</table>

註　本機関と過去における軍需局および国勢院との相違点を挙ぐればおおむね左のようである。

資源局と軍需局および国勢院との相違点

軍需局および国勢院

（一）主として軍需充足の方途を講ずるを目的とす
（二）軍需工業動員法（軍需品の調査取得およびこれが保護奨励等に関する事項を規定す）の施行事務を統轄す
（三）ある程度まで執行業務を掌《つかさど》りために関係各庁管掌業務との分界動《やや》もすれば明確を欠けり
（四）軍需局、国勢院時代は大戦直後にして欧米列強においては未だこの種特設機関ほとんどなかりき

資　源　局

国家総資源の統制運用を全うして軍需および民需を充足するの準備計画を進むるを目的とす
広く国防に関係を有する一切の人的および物的資源の調査、統制、運用等に関し連絡統一の事務に任ず
執行業務はなし得る限り在来の関係各庁をしてこれに任ぜしめ、資源局は主として事務の連絡統一に当たるを旨とし、やむを得ざる場合のほか執行事務を掌らず
いまや列強多くは産業動員乃至国家総動員に関する機関を特設しあり

2　諮詢機関

真に挙国一致の実を全うし、かつ各方面の識能を羅致するため、内閣総理大臣の諮詢機関として資源審議会を置く、その組織および任務の概要は次のとおりである。

資源審議会の組織および任務の概要

組　織

総　裁　内閣総理大臣

副総裁　二　人

勅命によりて選任せらる

委　員　三十五人以内

関係官庁勅任官、貴衆両院議員、民間の実業家、その他識者中よりこれを任命す

臨時委員　特別の事項を調査審議するため必要あるときこれを任命す

任　務

一　内閣総理大臣の諮詢に応じて人的および物的資源の調査、培養助長および統制運用に関する重要なる事項を調査審議す

二　前項の事項に付き内閣総理大臣に建議することを得

註　曩《さき》に軍需局、国勢院存在の当時、軍需工業動員法により設置せられたる軍需評議会は主として軍需工業の保護奨励および軍需工業動員法施行による損害賠償等に関する諮詢機関であって、本機関とその趣を異にしている。

3　執行機関

（1）執行事務は原則として当該関係各庁これに任じ、唯いずれの庁にも分掌せしめ難き事項およびとくに直接執行を有利とする事項に限り資源局これに当たる

（2）各庁は力《つと》めて現在職員をもって業務を処理し、やむを得ざるものに限り将来増員を行う

（3）業務達成上なし得る限り民間諸団体等と連絡しこれが利用を図る

三　地方機関

1　差し当たり各庁に隷する現在地方機関をもってこれに充てる

2　中央機関におけると同様、力めて現在職員をもって業務を処理し、やむを得ざるものに限り将来増員を行い、若はとくに地方機関を新設する

3　業務達成上、なし得る限り民間の諸団体等と連絡し、これが利用を図ること中央機関におけると同じ

以上のごとく遅れたりとはいえ、準備のための陣容ここに成り、施設を進むるの第一歩を踏み出すこととなったのは、国家のため寔《まこと》に慶幸の至りである。

四　国家総動員の範囲内容
附　諜報宣伝戦

国家総動員の精確なる範囲、内容は将来帝国における国家総動員準備業務の進捗に伴い、慎重なる討議攻究を遂げ、はじめて具体的に決定せらるべきものであるが、過去戦役における実績を探ねてその概要を描けば次のとおりである。

一　人員の統制按配
軍の要員を完全に充足するほか、国民の能力に応じ、これを適時適所に按配し、もって全国民の力を戦争遂行上もっとも有効に統一利用する、これがためたとえば左のごときことを行うもので国民動員とでも称すべき性質のものである。
1　軍需補給ならびに国家機関の活動および必須民需品の生産に欠くべからざる各種要員を速に充足し、かつ絶えずこれを補充するため必要なる措置を講ず。
2　開戦当初必然的に生ずる失業者の発生防止の方法を講ずるとともに、失業者を迅速適当に処理す。
3　婦人、老幼、不具者等の適正なる利用を図る。
4　軍部内外人員の流用に関する措置をなす。
5　前各号の目的を達するためには国民愛国の至誠に訴うるほか、職業仲介機関の体系を整備しその十分なる活動を要求し、要すれば労役義務制を採用す。

世界戦において各国は、軍の動員については、予ての計画にもとづき迅速確実に実行し得たけれども、広い意味での人員の動員については、順調に行われなかった点が少なくない。すなわち始めにはぜひ民間に残しておかなければ、民需品の補給や国民の生活に支障を生ずべき人々をも、一切無差別に軍の中に召集するの誤を犯し、後にはまた召集を猶予すべき人員の銓衡《せんこう》に適切を欠いて、国民間に義務の負担の公平を害するの弊を生じたなども一例である、これらについて、将来はもっとも慎重公正に処置するの必要がある。

次に開戦とともに生ずべき経済上の恐慌、ある種の産業の手控、中止等に原因して、戦争初期において多数の失業者を生ずることは大戦の経験の訓《おし》ゆるところであって、将来戦においては努めて失業者の発生を防止し、一方速にこれを処理するの準備計画を必要とする。

また労力の不足を補うためには、種々の施設を要するが、婦人の力を利用せんとせば、託児所の設備の完成が必要であり、不具者利用のためには、医療器械、体操オルトペデー、メジコメカニック等の応用、あるいはこれに適する職業用の器具の選定など、種々の施設を試みねばならないというふうに、種々複雑なる附帯業務も発生する。

軍部内外人員の流用に関する措置としては、強健なる男子のことごとくを無条件に軍に収むることなく、ある場合には軍人を軍部外の業務に融通使用したり、また軍事上の要求これを許す限り兵員の代わりに婦人老幼等を軍隊内の業務に引きあてるなども必要であろう。

第五項についていえば、これらの職業分配の関係を適当に律するためには、まず国民愛国の至誠に訴えまたは政府の勧誘奨励により、必要の方面に必要の労力を得るごとく努め、これがためには、大に職業紹介機関を整備しこれを活動せしめねばならぬが、いよいよ労力に不足を告げ、または重要なる方面に労力の供給が十分でないという事態が発生するにいたれば、遅滞なく、国家の強制権によって、強制的に労務に服させることが必要となる。かくして従来国防の義務は兵役に限られてあったのが、将来においては一層拡大され、国防に関係ある他の労務にも必任義務的に従事せねばならぬこととなるのである。

二　生産、分配、消費等の調節

これは産業動員とでも名づくべきものであって、軍需品の供給に違算なきを期し、かつ必須の民需を充たすため生産、分配、消費、輸出入等を調節することがその内容である、これがため必要なる事業を列記するとおおむね次のとおりである。

1　開戦に伴い起こるべき産業界の急激なる変動を防止、恢復するため必要の方策を講ず。
2　戦時必需の原料、燃料、動力等の給源を確保し、かつこれが輸送配給を適当に規正す。
3　大量生産に適するごとく、必要に応じ産業組織の改変を行い、また手工業、家庭工業の統一的利用を図る。
4　必要に応じ工場の新設、増設、模様換えおよびこれが管理、使用、収用等を行う。
5　必要に応じ規格、制式、様式、方式等の統一を行う。
6　未利用資源の開拓を行いまた土地利用法の転換、工場の転化等、生産機能の転換を行う。
7　代用品、廃品の利用および要すれば既成品の再用策を講ず。

8　占領地等における原料の取得、産業の利用を適当に行う。
9　戦時必需成品の配給を円滑ならしむるの措置を講ず。
10　所要に応じ戦時必需品その他の消費を制限し、不要品の生産を制限するため必要の措置を講ず。
11　必要に応じ物価および労銀の公定、暴利の取り締まりを行う。
12　所要に応じ輸出入を規正す。
13　重要なる産業施設の警備を十分ならしむ。

右の中第三項にいわゆる大量生産に適するごとく産業組織を改変することは、きわめて必要なる事業であるが、これがためには平時の準備が肝要である。独逸の工業動員が、順調に実施せられたることは、世に定評のあるところであるが、その原因は独逸平時の産業組織に負うところがはなはだ大である。すなわち彼《か》の国独特のカルテルが非常に発達していったことがそれである、このカルテルがいずれの国にも適当であるとはいえぬので、プールなり、リングなり、トラストなり、あるいはシンヂケートなり、いずれにても、国情に適する産業の大組織を平時から採用し、産業上にも国防上にも一挙両得を策することは誠に必要であろうと考える。

また第五項の規格統一についていえば、我が国においては戦争の教訓により工業品規格統一委員会が設けられ、工業品の規格は著々統一の歩を進めつつあるが、ここにいうのはさらに規模と範囲とを大にし、工業品に限らず各種の規格、制式、様式、方式を力《つと》めて統一するの意味である。米国のごときは戦時船舶すらも標準型を作って、同型の船の大量生産を行ったのである。我邦では官庁ごとに用字法や文書の様式などまで異なっているが、これらは能率増進上から統一の必要がありはすまいか、陸軍における用語のごときも、止むを得ざる術語は別としてなるべく普通一般の用語と一致せしむるの要があると信ずる。

第六項の土地利用法の転換とは、たとえばなくても我慢のできる茶の畑を麦畑に代えるとか、公園や庭園などを食糧品生産の畑に化するとかいうような類いである。諾威《ノルウエー》皇室が大戦当時宮廷の芝生を耕して馬鈴薯を植えられたことや、独逸英国辺りで道の両側に野菜を植えたなどはその一例である。未利用資源の開拓とは、平時においては採算上から利用せられない資源であっても、戦時においては戦争の絶対の必要からはこれを無視して作業を始めねばならないようなことをいうのである。たとえば貧鉱の利用などその一つである。

第七項の代用品、廃品の利用については、世界大戦間にその例がすこぶる多い。紙製の衣服、木製の靴、藁交じりのパン、街路樹の果実から食用油の採取などと、種々人口にも膾炙《かいしや》している。我が国でも理化学研究所あたりでは、救荒植物の研究を行って、饑饉時に備える準備をしているが、これらを推し拡めると戦時の食糧問題解決に大なる貢献をなすであろう。既製品の再用とは、独逸が戦時銅の不足を補うべく、平時から種々形を変えて国内に保有しておいた、たとえば屋根の瓦や食器や鐘などを鎔解使用したごときを指すのである。我が国においても戦時不足を愬《うつた》えるようなものは、なるべく形を変えて経済的に保有し、有事の際これを兵器に使用し得るの途を考えておくことが国防上必要である。

第八項の占領地等における原料の取得、産業の利用を適当に行うことはもちろん必要であり、ある場合においてはこれが作戦上の一つの目的として数えられた場合をも見出し得る。独逸がいかにこの点に大なる注意を払うたかはかの白耳義《ベルギー》における占領地行政、対羅馬尼《ルーマニア》作戦を観ても明らかである。

第十項は所要に応じ戦時必要品その他の消費を制限し、不要品の生産を制限するために必要の措置を講ずるということであるが、必需品中の必需品たる食糧についてもっとも徹底したのは食券制度である。大戦中は中立国たとえば瑞典《スウエーデン》のごときにおいてすら、麵麭《パン》砂糖などはこの制度で消費を規正した。すなわち当時該地にあった吾々も切符を毎週の初に受領しこれによって分配を受けたのである。旅行者も同様で国内通過の所要日数に応じて、国境で食糧の切符を分配せられ、ホテルでもレストランでもこれなくしては、食糧を得られなかったのである。時に旅行者がこの命の綱を紛失したりするので、吾々は日常の用を節して若干の予備を蓄え、これらを粗忽《そこつ》にして不幸なる人に提供した追憶もある。

三　交通の統制

空、水、陸一切の輸送機関ならびに各種通信機関を戦時の要求にもっとも適応するごとく一途に統制し、最大の能率を発揮せしむるためのものであって交通動員と称せられるものである。これにはおおむね左のごとき処置を講ずる。

1　各種輸送設備の増補、新設、変更等を行う。

2　必要に応じ輸送機関の所有権移動、国籍変更を禁制す。

3　空、水、陸の輸送連絡および陸地輸送における水路、鉄道および路上輸送の連絡を円滑ならしむる措置を講ず。

4　必要なる輸送に支障なからしむるごとく、運輸諸能力の按配および輸送の規正を行う。

5　輸送力増加節約のため所要の措置を講ず。
6　交通線および輸送機関の愛護、保全、修繕に違算なきを期す。
7　輸送物件需要の緩急に応じ、輸送優先順序を規正し、または輸送賃金を斟酌す。
8　各種通信機関の新設増補を行う。
9　各種通信機関を統制し、通信機能の経済的利用、全能の発揮、検閲の容易確実に便す。
10　機秘密保持のため交通の取り締まりを行い、また交通機関の警備武装を十分ならしむ。

四　財政ならびに金融に関する措置

戦費その他戦争遂行上欠くべからざる資金を迅速的確に調達し、かつ金融市場を攪乱しないため財政ならびに金融上必要の措置を講ずる。

これを例示すれば左のとおりである。

1　力めて財界の変動を避けつつ戦初応急の資金を調達し、かつ恐慌に対し所要の方策を講ず。
2　戦費財源の決定を適当にし有利なる方法によりその調達を図る。
3　正貨準備の擁護ならびに拡大を図るため必要の手段を講ず。
4　国民経済なかんずく戦時必需産業に対する資金の供給を豊かにし、要すれば特殊の金融制度を設定し金融の円滑を期す。
5　戦地において使用する軍用貨幣に関する措置を講ず。
6　外国払いに対し適当なる規正を行う。

第二項については独逸のように公債政策に重点を置くか、英国のごとく租税を主とするかは、国々によって差違はあるが、これらの財源を適当に定め、十分なる戦費を捻出することは、当局の準備の周到と大なる手腕とにまつべきである。第四項の、戦時における金融の逼迫を緩和し、これを円滑ならしむる手段としては、独逸の実施せる戦時貸付金庫の制度のごときは、大に研究の価値あるものと信ずる。独逸はかなり古くから毎戦役に必ずこの制度を実行しているが、要するに平時には担保に供し得ないものでも構わず、有価物は広くこれを担保として金を融通せんとするものであって、独逸では、開戦と同時に中央はもとより地方の各要地に一斉に貸付金庫を設立したが、もちろん平時十分の準備のあったものと思われる。

五　その他の措置

前各号のほか有利に戦争を遂行するため必要なる一切の措置をなす。たとえば教育、訓練をして戦時の要求に応ぜしめ、学術、技芸を国防の目的に統合利用し、労働争議の防止、解決を図り、各種救護、扶助、国民の保健、衛生上戦時必要なる施設をなす等がそれである。

前各項の事業を実施するためには開戦の前後においてあらかじめ準備計画するところにもとづき必要の法規を制定、公布し、かつこれが業務に任ずべき機関を整備若《も》しくは新設するを要し、爾後戦局の進展に伴い要すればこれらを補備改訂する。

そもそもこの国家総動員の実施は国民に対し極度の犠牲的奉公心を要求するものであるから、これが円滑有効なる遂行を期するためには、戦争の目的を明にして常に民心の帰嚮《ききよう》を一にし、一致戦勝に向かって邁進するの気概を振作し、かつ逐日累加するところの艱苦《かんく》欠乏と敵手の企図する有害なる宣伝とに対し、意気の頽廃を防ぐの手段方法を講ずることがきわめて必要である。この国民精神の緊張鼓励はじつに総動員の根基である。すなわち前各項に述べたところに対比してこれを民心動員あるいは精神動員とでも称し得べきものと信ずる。

さていわゆる民心動員のため各国は熾《さかん》に宣伝を利用し、また対手方国民の精神を弛廃《しはい》せしめ、広く世界の同情を求むるなどのためにし、辛辣にこれを応用した。この宣伝とおよびこれと密接の関係にある諜報とは、現代戦における重大なる要素である、以下これに関し若干説述してみよう。

軍事が一、二将帥の意志によって専断され、外交が宮廷相互若はその側近者のみで操られた時代には、単独間諜の活動もしばしば一国の大事を司配し得たが、時代が進んで、政治も外交も軍事も、国家全般の組織的行為となった今日においては、諜報勤務もこれに対応する組織を必要とするにいたったのである。すなわち諜報勤務は国家的に一途に統制せられ、一定の脈絡系統を追うて編み立てられねばならぬのであって、かくて探索の網は、秩序整然対手方に向かってその探究の歩を進めるのである。この組織的諜報は欧州大戦前においても、ある程度には行われていったものであるが、大戦を一期として、いよいよ完備の域に進み、水も漏らさぬ精巧振りを発揮するにいたったのである。

大戦間における諜報の一端を見るに、各国は諜報の中枢機関を設け中立諸国その他における大公使館をその分派機関として平時の数倍数十倍に当たる増員を行い、軍事はもとより各方面の専門家を配属し、その下に多数の諜報者を使用して対手国の軍事、政治、経済、産業、技術、社会事情などあらゆる方面にわたり探査に力めたのである。また各要地には間諜事務所を設けて、各地に分派される間諜からの情報の蒐集に当たらしめ、各地に間諜学校を創設して教育し補充するという有様であったのである。さらに戦場では、間諜は飛行機によって敵線を超えてその後方に卸され、約束の時に指定の場所から再び飛行機に収容されるいわゆる飛行機間諜や、多数の伝書鳩を携えた間諜が、落下傘で自由気球または飛行機上から敵の背後に飛び下り、探り得た情報を鳩に託して自軍に通信する使鳩間諜などもしばしば用いられ、また飛行機によって伝書鳩の群や、報告用の小気球を敵軍の背後の自国民または我に好意を有する者の間に投下し、これを利用して情報を聯合側へ送らせるというような新法も案出されたのである。

かくして獲得せられた諜報は、遠距離のものは、あるいは特使により、あるいは書信により、または有線無線の電気通信によって、通達せらるるのであるが、その方法手段は慎重巧妙を極め秘密の保持にはとくに入念の手段が講ぜられたのである。たとえば精巧なる印刷術を利用して、特使用の旅券を贋造《がんぞう》したり、書信には商用なり、日常の用務なりが綴られているが、それがことごとく約束の諳号であったり、ある方法で処理すると文字の顕れるような特種な薬液で文章を綴ったり、新聞広告と見せて実は秘密の通信であったり、妙策の限りを尽くしたのである。一方また対手の諳号を判読する方法はきわめて秩序的に研究せられ、これだけでも一の科学を成すとさえ称えられ、戦後これが研究はますます盛んに行われつつあるのである。

諜報勤務の規模が拡大せられ、その手段が巧妙を極むるとともに、これに対抗すべき防衛策もまたしたがって緊要の度を高めその巧拙は勝敗に重大なる影響を有つこととなったのである。対敵諜報防止策の上乗なるものは、国民全部が諜報に関し、必要の知識を有し、相戒めて対手の乗ずべき機会なからしむるにあることはもちろんで、世界大戦間、交戦諸国があるいは刊行物にあるいは活動写真に、盛んにその対手の巧妙辛辣なる諜報勤務振りを公表したのは、依ってもって国民の警戒を厳ならしめんとした用意にほかならぬのである。消極的の防衛策としては、外人行動の制限、ならびにその監視国境出入者の厳密なる検査、新聞その他刊行物の取り締まり、通信の禁制、検閲などが通有的に各国ともに採用されたのである。これらはいずれも通り一遍ではなく、科学的に、しかも徹底的に実行されたのである。

この組織的諜報は、平時においてもむろん実行せられつつある。しかも従来のごとく単に軍事上の狭い範囲に限らず、今日においては資源諜報ともいうべき広範囲に広められ、現に某国は我が国の資源の動態、静態を精密に調査すべく、あらゆる方法を講じ組織的に諜報を試みつつあるの現況に徴するに、大いに慎重なる対策を講ずるの要がある。

次に宣伝であるがこの宣伝が大規模に戦争目的に使用されたのは世界戦がその嚆矢《こうし》であって、無形の新武器として、戦線といわず国内といわずあらゆる方面に普《あまね》く、かつ根強く喰い入って有形の武器よりもある意味においては遥に恐るべき威力を発揮したのである。

宣伝は対内対外両方面に行われかつ攻撃的に、はたまた守勢的に行われたのである。対外宣伝はさらに〔中〕立国の好意好感を求めんがため、中立国民を対手とするものと、対手国民の精神思想を萎《い》靡《び》頽廃せしめんがため、対手国民を対手とするものとの二つに区分されるのであるが、世界大戦において各国はいずれも対内宣伝のためには、通信局、公報局ともいうべき統一的中央機関を設け、対外宣伝にもまた必要の機関を特設し、いわゆる宣伝戦に火花を散らしたのである。中立国を活動舞台とする宣伝戦のごときも、すこぶる激烈であって活動写真館のごときも、聯合側と同盟側とが互いに巨額の費用を吝《おし》まず、買収の競争を行うというような有様であった。聯合軍側ことに英国が戦争掉尾《とうび》の一手段としてとった方法は、この宣伝にほかならなかったのである。かの倫敦《ロンドン》タイムス社長ノースクリフ卿が首相の懇請を容れて、宣伝省の総裁となったのは一九一八年の二月であったが氏は本部をクルユー侯の提供した邸内に置き、主として敵国の弱点を捕らえこれに乗ずるごとく、政府の意思を体して計画的に攻勢宣伝戦を開始したのであった。すなわち墺匈《オーストリアハンガリー》国に対してはその二重帝国の弱点につけ込み独逸に対しては、その経済孤立の悲境を利用してこれに適する各種の宣伝資料を作為し、かつ聯合側の戦備はいよいよ整い戦意はますます固く独墺側が適時和を講ずるのでなければ、ついにまったく覆滅するであろうというような意味合いを、巧に宣伝文に綴り各種の手段でこれを疲弊困憊した独墺国民の間に撒布したのである。しかしてこれらのパンフレットの数は六月に百七十万、九月に三百七十万、十月に五百四十万と註せられ、原稿から印刷されて独墺人の手に四十八時間で、渡り得るというような速度のレコードをも示したのである。

　独墺側にとってこの宣伝が非常の痛手であったことはもちろんであった、クルユーハウスといえばいまなお独人等が戦慄するというのは、強《あなが》ち誇張でもないようである。独逸側は遅れ馳せながら防勢的逆宣伝に従事したが、その効果は思わしからず、ついに外に戦勝を誇る国軍も、後方から潰れる頽勢を如何ともすることができず、ついに革命まで到達した次第である。宣伝の恐るべきはもって知るべきであろう。

　戦後この宣伝の利用はいよいよ研究せられ、かの露国のもって唯一の武器とするところのものが、これであることは周知のことであるが、爾他《じた》の諸国においても、種々の目的のために巧妙なる宣伝を用い春風駘蕩《たいとう》の平和生活を営んでいる国民の周辺には、絶えずこの宣伝の魔の手が活躍していることを、忘れてはならぬと思う。

五　国家総動員の準備施設

国家総動員の準備施設はきわめて広汎多岐にわたり、もとより俄《にわか》にその外廓内容を定め難いのであるが、列国の施設を参照帰納するにおおむね左の数項を出でないようである。

一　資源調査について

資源の調査は、総動員計画の策定上緊要なるのみならず、各種資源の大小、長短を比較計量し不足資源の増補、培養策を立つるためにもまた欠くことができないのであるから、適切周到なる方法によって、これを詳密に実行することが必要である。調査、統計事業の不振なる帝国の現況においてこのことはとくに焦眉の急というべきである。

本調査は人員、原料、材料、燃料、動力、産業、交通、社会、居住その他必要なる事項にわたりその静態、動態を明にし、その範域は必要に応じこれを国外にも及ぼすを要する。また平時における現状を調査するのみならず、有事の際における需給関係を考察することも緊要である。ただし調査は必ずしも新規にこれを行うを要せず、まず従来各方面において行われつつあった諸調査を統一整理し、その足らざる部分に対して新たにこれを実行すれば良いのである。

二　不足資源の保護、増補、培養について

国家総動員の成果を十分ならしむるため、これが客体たる各種資源を充実整備することの切要なるは論をまたない、しかしてこの資源の充実整備は需要と供給との均衡を目途として実行せられねばならぬ。これがまず戦時における軍需ならびに国家の生存および国民生活上の需要を算討し、これと前《ぜん》顕《けん》調査にもとづく供給とを彼此比較計量して各種資源につきその過不足を審定し、不足資源に対しては一般経済上の要求と調和を保ちつつ、これが保護、増補、培養の策案を立て緩急に順い、逐次これを実行することが必要である。その手段を挙ぐればおおむね左のとおりである。

1　不足天然資源の愛護、開拓
2　不足生産機能および交通機関の保護、培養
3　不足物料に対する代用品および廃品利用の研究
4　不足物料の経済的保有およびやむを得ざればこれが貯蔵

以上不足資源の助長、培養は、天然の恵に浴すること少なく、文運の進歩に五歩を遅れた我邦においてもっとも重要のことであるが、誠に主要軍需不足資源と支那資源との関係を一覧表に作製すれば、別表（第六表）のとおりである。これを仔細に観察せば帝国資源の現況に鑑みて官民の一致して向かうべき途、我が国として満蒙に対する態度などが不言不語《いわずかたらず》の間に吾人に何等かの暗示を与うるのを感ずるであろう。

また不足資源中生産機能の保護培養としては、国産の愛用がこれに寄与するところのはなはだ大なるを感ずるものである。いずれの国においても、今日国産の愛用が、祖国に対する重要なる義務なりとの観念が瀰漫《びまん》している。のみならず国によっては、法規の力をもって国産を奨励するということまで実行している。我が国においても最近この声が高くなってはきつつあるが、なお未だ舶来品崇拝の陋習から脱却せず、この点については生産者の努力もむろん必要であるが、消費者も国家産業の助長

は直に国防上に重大なる意義を有することを反省し、いわゆる総動員の見地より国家奉仕に精進するを要するものと信ずる。

三　戦時総動員の実施を円滑ならしむるため必要なる平時施設の実行について

有事に際し資源統制按配《あんばい》の事業を円滑ならしむるの準備に資し得べき諸般の施設、たとえば左のごとき事項は平時において努めてこれを実行することが必要である。

1　戦時総動員実施の局に当たるべき人員の養成
2　職業仲介機関網の整備
3　各種規格、制式、方式等の統一、単一化
4　各種管区の整理
5　産業、交通、金融等組織の整理改善
6　国防に関する科学研究の統制
7　総動員に必要なる法規の改正および制定
8　災害に対する応急準備制度の設定
9　正当なる国防観念の普及徹底

先般来実行せられている現役将校の配属による学校教練の振作および青年訓練所の施設などは、総動員に関するもっとも意義ある平時施設の一である。蓋しこれらの施設は不十分浅薄なる軍事上の知

識または技能を、附与するという目的より生まれたものでなく、国民として健全なる精神と肉体とを鍛錬せんとするものであって、精神鍛錬の方面では規律、節制、共同団結という観念を助長養成し、さらに堅忍、剛毅、持久というような諸徳の涵養《かんよう》を期するものであり、これらの精神要素ならびに健全なる体軀は、じつに国家総動員に緊要不可欠のものであるからである。

四　総動員計画の策定について

総動員の整然たる実施を期するためには、軍の動員にその計画のあるごとく、必要の計画をあらかじめ策定しておくことが必要であろう。すなわちまず戦時における各方面の需要額に対する不足資源補塡の方法を決定し、かくして需給の均衡を保たしめ、その総額を各方面の需要に対し配当し、しかしてこれをもっとも有効に統制、按配するの方法等を立案せなければならぬ。この見地にもとづき、おおむね左の諸項に関し計画立案するの必要があるものと思われる。

1　不足資源をいかにして補塡すべきや
2　軍民各方面の需要に対し、資源をいかに配当すべきや
3　総動員実施のため、戦時いかなる機関を設くべきや
4　総動員施設の警備をいかにすべきや
5　いかなる方法により資源を組織、統制、運用すべきや
6　宣伝、反宣伝その他民心作興鼓励のため、いかなる方法をとるべきや

五　戦時総動員に必要なる法令の立案について

総動員の実施に必要なる法令は、きわめて多種浩瀚《こうかん》であって、その中平時より必要なるものはあらかじめこれを制定公布すべきであるが、平時より制定するを不利とするもの、またはその要なきものは、有事に際し直に制定公布し得るごとく、なし得る限り平時においてあらかじめ研究起案しておくことが必要である。

以上述べた国家総動員の準備は、単に現存資源を有事に際しいかに統合運用すべきやの諸計画を立つるに止まらずして、国防に関係ある一切の資源を精査し、不足資源を保護増強し、かつ戦時資源の統制利用を容易ならしむるため、平時より各般の施設を行うものである。したがってこれら施設にして進捗せんが単に戦時の国防目的を達成するために効果あるのみでなく、平時においては国力の統制に利用し得べく、その他財政経済産業および社会生活上に及ぼす利益甚大なるものがあるであろう。何となれば調査統計の完備は各種政策をして正確なる数字に立脚することを得しめ、不足資源に対する助長政策、産業組織の改善、各種制式、様式、規格、方式等の統一単一化は直接産業経済界に好影響を与え、職業仲介機関の整備、各種管区の統一、廃品代用品の利用、非常応急準備制度の設定等は社会生活の刷新向上に貢献するところ大なるものあるべく、さらに国家総動員準備の完成は著しく巨額を要する軍需品の死蔵を節するの結果を招徠し、かつ有事の際における国家総動員の実行を容易確実ならしめ、したがって開戦後速に偉大なる戦争能力を発揮するを得、自然、戦争期間を短縮し国力戦における速戦即決の要義に合し得べく、ために戦費を著しく減少し、財政上にも良果を伴うものということができるからである。

其三　結　言

吾人はいかに平和に愛著を有《も》つも、いまの時代においては戦争は不可避であり、国防の必要は絶対である。しかして現代戦に応ずる国防施設において、国家総動員の準備計画を欠くときは、国防完全なりとは申されぬ。世界の列強いずれも総動員の準備に専念しつつあるは故あるかなである。我が国も遅れたりとはいえ、いまやこの準備計画にその一歩を進めたことは、聊《いささ》かその意を強うするに足るものがある。しかし本事業の前途には幾多の困難が横たわっているように考えられる。この困難に打ち勝ち、広汎多岐なる本事業を完成するには、軍人官吏という限られたる一部局の者がいかに努力しても、その力のみによって成就し得ざることは明らかであって、必ずや官民上下左右各方面の者が一心一体となり、不断の努力を傾けねばならず、かくしてはじめて現代国防の目的を遂げ得べきであると信ずる。そこで我が国民たる者はまず良く総動員なるもののいかなるものであるかを理解し、この理解にもとづいて自己の地位職守に稽《かんが》え、おのおのその分に応じ、いかにせば本事業に最大の貢献をすることができるかを考え、著々これを実行していくことが必要である。最後に国民の国防に対する義務と責任とは往時に比し著しく拡大せられたものであることを高唱して本講を終わることとする。

（遠藤二雄編『社会教育講習会講義録』第二巻、義済会、一九二七年）

第二表

列強国家総動員準備中央機関概見表（大正十五年五月）

国別		仏国
最高決裁機関		大臣会議
最高諮詢機関	名称	高等国防会議（一九二一年改正）
	組織	○議長　総理大臣 ○議員　外務、内務、大蔵、陸軍、海軍、公業、殖民の各大臣 ○陸軍及海軍高等軍事会議の副議長は発言権のみを有す
	任務	○政府の決心決定に必要なる諮詢機関にして戦争指導の為の準備研究資料蒐集等を掌り政府の決心を採るべき判断の資を提供するを任とす ○平時に於ける主要なる任務は戦時之に指定すべき任務の直接準備に在り ○資源分配に関して供給者たる大臣の決定に就き需用者側大臣より上訴したる場合に於ては之が決裁意見に付大臣会議の諮詢に応ず
審議又は補助機関	名称	研究委員会（現在）
	組織	○委員長　総理大臣 ○委員長は副委員長を指命するの権を有す 副委員長は通常閣員以外より選定せらる ○委員、各省の一代表者を含み陸軍省よりは参謀本部長及第一次長を海軍省よりも之に準し外務省よりは政務及通商局長を代表者とす 書記局長たる将官は評議員として列席す ○委員を五班に区分す
	任務	○高等国防会議の討議に附する諸問題を研究調査す ○委員会内各班の任務左の如し 第一班　戦争の指導 第二班　戦時に於ける全国民の編制組織 第三班　交通 第四班　一般補給並製造 第五班　航空
事務機関	名称	常置書記局（現在）
	組織	○内閣に直属を一官房と四班に区分す 此の班は研究委員会に於ける班の区分と同様にして唯航空を第四班に併合しあるを異なりとす ○書記局と内閣次官と協定の上関係の大臣及次官の指命する将校若は文官（各省代表者）を以て組織す目下書記局長官は「センリー」将軍なり ○役員は専任を希望しあるも財政の関係上各省予算内より代表者を出しあり 其の組織左の如し 陸軍省　佐官　六 　　　　経理文官　一 海軍省　佐官　四 　　　　造船技師　一 公業省　土木技師　二 　　　　鉱山技師　一 其他関係省代表　一
	任務	○高等国防会議及委員会の討議に附すべき問題の蒐集 ○各委員会の業務を統一整理し各委員の報告作製に協力 ○高等国防会議の意見に基く政府の決議を各関係省に通告し且之が実施の情況を明にす ○各省代表者は其の主管事項に関し業摂す
業務の概要		○総理大臣若は他の一大臣は其の問題に就て常置書記局に研究を命じ書記局は之を研究の上報告を作製し且書記局長官は関係研究委員会（班）の会合を申請し本問題を提案す 研究委員会は更に研究の上報告を作製して書記局に与え書記局の関係班は再び之を調査研究し尚必要に際しては理由を附して高等国防会議に提議す ○並に於て高等国防会議は大統領主宰の下に開催せらる、其の決議事項にして政治財政に関し或は法律の制定を要する時は閣議の形式に依り此の問題を追究す 若し此の問題が単に陸軍のみに関し財政にも軍に関する立法にも関係せざる場合にては陸軍大臣は自ら高等国防会議に出席しあるを以て該決議の実施に関し自ら責に任ず ○小なる問題に関しては高等国防会議を開催することなく書記局長官は首相の同意を経たる上其の決議を各関係省に通報す（既決原則に基くものの実施適用に関する問題等は此の比例に拠る）

米国	伊国
閣議ならん	閣議ならん
国防会議（一九一六年八月裁可国防条例による）	国防最高会議（一九二三年六月創）
○議長 陸軍卿 ○委員 陸軍、海軍、内務、農務、商務の各卿 （註）法律として効力あり相当に活動しありしも前内閣以来休止の姿勢にあり	○議長 総理大臣 ○議員 外務、内務、大蔵、陸軍、海軍、殖民、経済の各大臣、航空高等委員長 ○軍事参議官、会議々長、海軍将官会議々長、空軍総司令官、空軍経理総監は発信権を有す ○諮問機関 A 軍事参議官会議 B 海軍将官会議 C 航空高等委員会 D 国家総動員準備委員会 ○事務局
主として軍需の統一及工業動員に関する事項の管理研究及之が実施に関係する勧告を大統領及所管大臣になす即ち 1 国家の安寧福利の為工業及兵資の統一 2 輸送、交通機関の整備 3 集中を迅速ならしむる為公私の連絡協調	○戦争に必要なる機関の編制準備並国家諸機関の協力を律するに最も緊要なる諸問題を議す
補助機関	国家総動員準備委員会（現在）
○顧問委員 国防委員会の顧問たらしむる為には大統領の任命に依り委員数は七名以内とし工業資源等に対し特に専門知識を有する経験家を以てす ○附属委員 特別なる研究をなす為其の補助となすものにして経験家を雇傭し又は無報酬にて従事する特別なる資格者より選入す ○陸海軍聯合軍需委員会（一九二三年六月創設） 会長 陸海軍次官 委員 陸海軍将校 十委員会に区分を各委員会には各分科委員会又は次級委員会に分る 陸海軍両省戦時所要軍需品及補給品の調弁を計画し以て戦時に於ける両省の競争重複を避け迅速且経済的に其の需要を充足せしむ	○長 総理大臣の奏請に依り勅命せらる ○委員 参謀本部長、海軍軍令部長、空軍総司令官、空軍経理総監、伊国々立銀行総裁、国有鉄道総監、国防最高会議事務局長、商船移民両委員会及関係各省より出す代表者一名宛計十一名、教育及経済に関係ある大団体の代表者十一名、科学、工業、農業、商業界の権威者十名 ○国防最高会議の諮問に基き戦争の必要に応ずる為国家総資源の編成準備利用方法を研究す
陸軍次官局	国防最高会議事務局（現在）
組織省略	○国防最高会議内に在り 組織の詳細不明
産業動員に関する平時業務担任は主として陸軍省内陸軍次官局に於て管掌しあり	○総理大臣の命令に基き国防最高会議の議題を整理し文其の決裁を関係各部に通報し且之が実施の責に任ず ○国防最高会議の決議に依り国家総動員に必要の業務を準備す ○国家総動員準備委員会の事務局を兼ね該委員長の命を承け各分科間の連絡に任ず

英国
閣議
国防会議（一九〇四年創設）
○議長（首相代理） ○議員 陸軍、海軍、大蔵、外務、殖民、印度、空軍の各大臣 陸軍参謀総長、海軍軍令部長、空軍参謀総長 ○常設にあらず必要に際し召集す
○英本国、印度及属領の国防に関し一省又は一政府の権限を超越し他の省又は他政府に関係を有する一切の事項を協議議決す ○一九二〇年三月開催の国防委員会は国防に関し海陸空軍の協同動作を研究し国防省又は其の他の手段を以て陸海空軍統轄に関する機関の設置するの可否を研究するに在り
国防分科委員会
一時常設せしも一九二三年以来廃止せり
現在事務機関設置しあらざるか如し

備考

一　本表は列強に於て国家総動員に関する統制及準備業務を担任する為各省以外に特に設置せる中央機関を掲示したるものとす

二　列強共に本表中機関以外に国家総動員に関する地方機関あり（英国を除く）

第三表

仏国国家動員法案に基く動員機関並資源統制系統一覧表

綱要

一　戦時国家の要務を国家防禦と国家の生存維持の二方面と認む（第一条）
二　陸海軍動員に優先権を与うることを絶対必要と認む（第四条説明）
三　国家の全能力及全資源の利用並諸機関に対する之が配当を確立す（趣旨説明）
四　国民に対しては最小限度の束縛を以て有形無形の生活を確保せしむ（趣旨説明）
五　国家動員は国全般の軍国主義化にあらず厳格なる軍紀は全国民の行動に適用せられず（第二条説明）

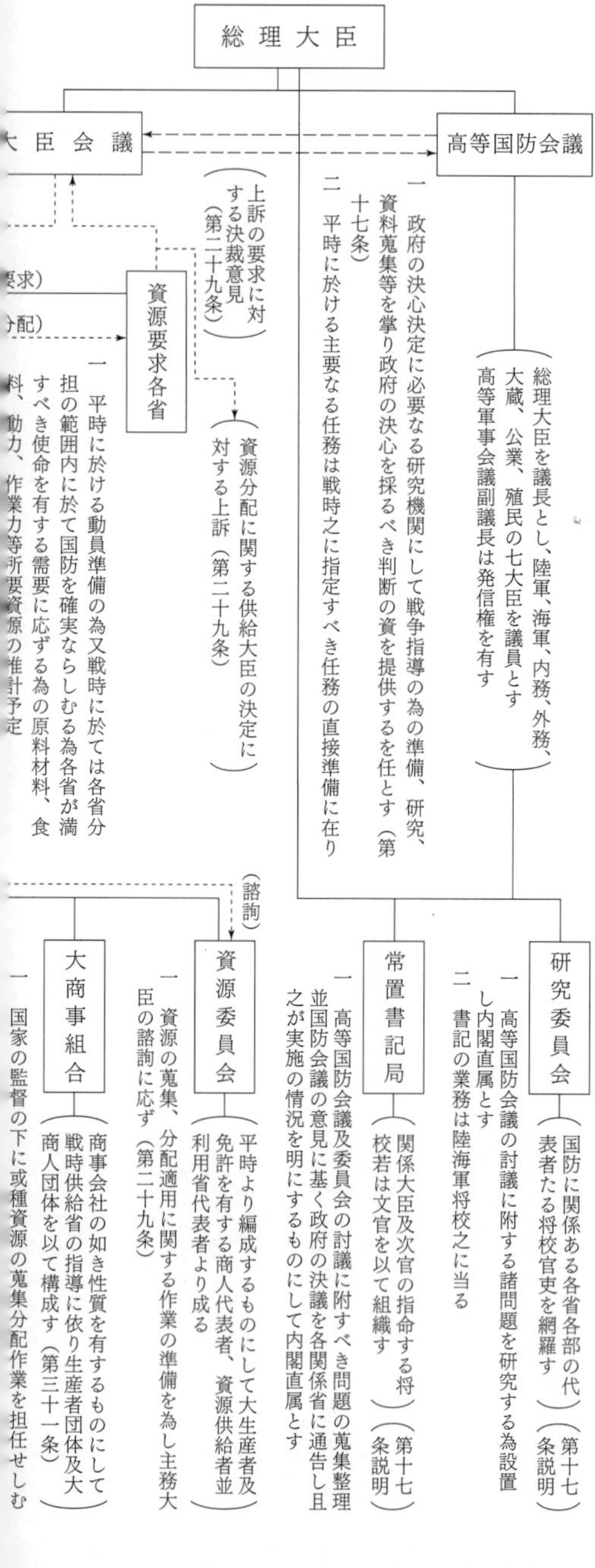

総理大臣
高等国防会議
（総理大臣を議長とし、陸軍、海軍、内務、外務、大蔵、公業、殖民の七大臣を議員とす高等軍事会議副議長は発信権を有す）
一　政府の決心決定に必要なる研究機関にして戦争指導の為の準備、研究、資料蒐集等を掌り政府の決心を採るべき判断の資を提供するを任とす（第十七条）
二　平時に於ける主要なる任務は戦時之に指定すべき任務の直接準備に在り
大臣会議
（上訴の要求に対する決裁意見（第二十九条））
資源要求各省
（要求）
（分配）
（資源分配に関する供給大臣の決定に対する上訴（第二十九条））
一　平時に於ける動員準備の為又戦時に於ては各省分担の範囲内に於て国防を確実ならしむる為各省が満すべき使命を有する需要に応ずる為の原料材料、食料、動力、作業力等所要資源の推計予定
研究委員会
（国防に関係ある各省各部の代表者たる将校官吏を網羅す）（第十七条説明）
一　高等国防会議の討議に附する諸問題を研究する為設置し内閣直属とす
二　書記の業務は陸海軍将校之に当る
常置書記局
（関係大臣及次官の指命する将校若は文官を以て組織す）（第十七条説明）
一　高等国防会議及委員会の討議に附すべき問題の蒐集整理並国防会議の意見に基く政府の決議を各関係省に通告し且之が実施の情況を明にするものにして内閣直属とす
（諮詢）
資源委員会
（平時より編成するものにして大生産者及免許を有する商人代表者、資源供給者並利用省代表者より成る）
一　資源の蒐集、分配適用に関する作業の準備を為し主務大臣の諮詢に応ず（第二十九条）
大商事組合
（商事会社の如き性質を有するものにして戦時供給省の指導に依り生産者団体及大商人団体を以て構成す（第三十一条））
一　国家の監督の下に或種資源の蒐集分配作業を担任せしむ

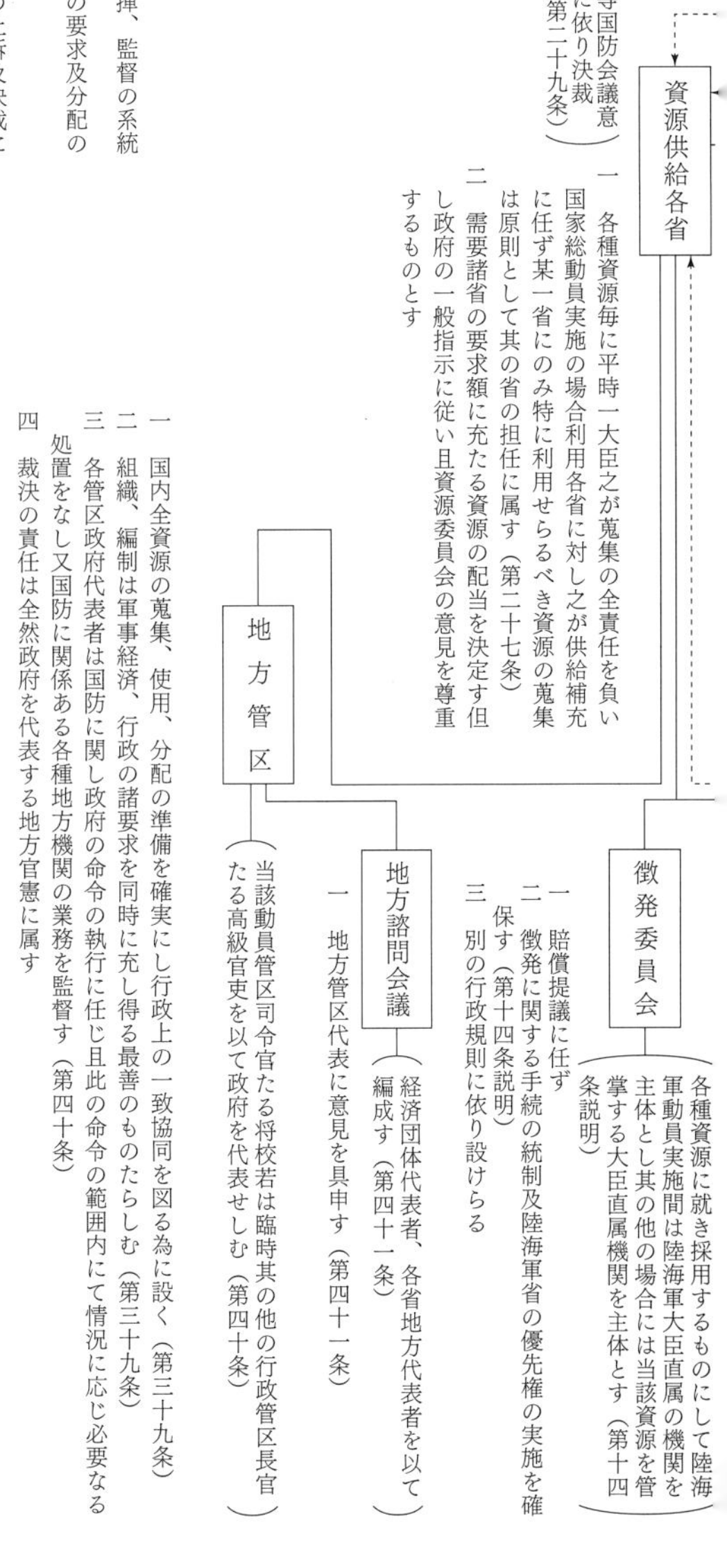

資源供給各省
（高等国防会議意見に依り決裁（第二十九条））
一 各種資源毎に平時一大臣之が蒐集の全責任を負い国家総動員実施の場合利用各省に対し之が供給補充に任ず某一省にのみ特に利用せらるべき資源の蒐集は原則として其の省の担任に属す（第二十七条）
二 需要諸省の要求額に充たる資源の配当を決定す但し政府の一般指示に従い且資源委員会の意見を尊重するものとす
徴発委員会
（各種資源に就き採用するものにして陸海軍動員実施間は陸海軍大臣直属の機関を主体とし其の他の場合には当該資源を管掌する大臣直属機関を主体とす（第十四条説明））
一 賠償提議に任ず
二 徴発に関する手続の統制及陸海軍省の優先権の実施を確保す（第十四条説明）
三 別の行政規則に依り設けらる
地方諮問会議
（経済団体代表者、各省地方代表者を以て編成す（第四十一条））
一 地方管区代表に意見を具申す（第四十一条）
地方管区
（当該動員管区司令官たる将校若は臨時其の他の行政管区長官たる高級官吏を以て政府を代表せしむ（第四十条））
一 国内全資源の蒐集、使用、分配の準備を確実にし行政上の一致協同を図る為に設く（第三十九条）
二 組織、編制は軍事経済、行政の諸要求を同時に充し得る最善のものたらしむ（第三十九条）
三 各管区政府代表者は国防に関し政府の命令の執行に任じ且此の命令の範囲内にて情況に応じ必要なる処置をなし又国防に関係ある各種地方機関の業務を監督す（第四十条）
四 裁決の責任は全然政府を代表する地方官憲に属す

凡例

―― 隷属、指揮、監督の系統

↑↓ 資源統制の要求及分配の系統

⇡⇣ 需要大臣の上訴及決裁に関する系統

備考

一 国家総動員として準備すべき範囲並各省担任業務に関しては別紙「仏国国家動員法案に基く各省担任業務一覧表」を参照すること

二 本法提案当時（大正十三年一月）に於ける仏国平時内閣左の如し

総理、外務、司法、内務、陸軍兼恩給、海軍、大蔵、殖民、文部、公業、商業、農業、労働、荒廃地、衛生の各大臣

三 陸軍高等軍事会議は国防用兵のことに関する諮詢機関にして組織の概要左の如し

議長（陸軍大臣）――副議長（戦時野戦軍司令官）――議員（野戦軍司令官を主とす）

第三表属表

仏国国家動員法案に基く各省担任業務一覧表

機関	業務	摘要
各省関係事項	一　各省は平時に於ける動員準備の為又戦時に於ては各省分担の範囲内に於て国防を確実ならしむる為次のものを推計予定す（第二十六条） 1　各省が充たるべき使命を有する需要量 2　右需要に応ずる為原料、食料改造製産品、器具、動力、作業力交通法（運輸及連絡）及其の他の所要資源 二　資源供給の為には各種資源毎に平時より一大臣之が蒐集の全責任を負い国家動員の場合に於ては利用各省に対し之が供給補充の責任に任ず 某一省のみ特に利用せらるべき資源の蒐集は原則として其の省の担任に属す（第二十七条） 三　資源統制の為には若し其資源が其の量に於て需要諸省の要求額に充たざるときは各需要諸省に配賦すべき配当は供給責任者たる大臣に依り定めらるるも之が為同大臣は政府の一般指示に従い且資源委員会（資源に関する各大臣の諮問機関）の意見を尊重するものとす（第二十九条） 四　資源分配に関して供給者たる大臣の定めたる決定に就き需要者側大臣より上訴することを得、但し此上訴要求は大臣会議に提出せられ同会議は高等国防会議の意見に依り決裁するも此要求の裁決前は供給者たる大臣の決心を中止せしむるを得ず（第二十九条） 五　戦時国防に必要なる資源準備を負担せる各大臣は平時より諮問に任ずる委員会（所謂資源委員会）を編成し資源の蒐集、分配適用に関する作業の準備を為す	国家総動員として準備すべき範囲左の如し（第四条） 一　陸海軍動員 二　交通機関（運輸及連絡）の整理運用 三　経済上の計画 先ず各種軍需の要求に応ずるの準備を為し次に国家の一般所要及民間の避くべからざる需要を充足すべき処置を講ず 四　社界問題の準備 戦争の為国民と相互或は国民と国家との関係を律する法律規則に加えらるべき改変の準備 五　智的資源の利用に関する研究準備 国防を有利ならしむる為国家の全智能を統制し且学者の戦時任務を予定す

六 国家の精神的活力を保証する為に必要なる研究準備
七 戦時設立を予想せらるる新組織の動員基幹部の構成（第三条説明）

陸軍省	一 陸軍の動員準備及実施の監督（第四条） 二 陸軍司令官は政府の指導に基き作戦の一般指揮を採る（第二十条） 三 交通諸施設の警戒保護の責に任ず（第三十二条）
海軍省	一 海軍の動員準備及実施の監督（第四条） 二 海軍司令官は政府の指導に基き作戦の一般指揮を採る（第二十条） 三 全海面に亘る国旗（船舶）の保全に任ず（第三十二条）
（交通）省	一 軍隊の要求、国家一般の所要及民間の要求に対する各種交通機関（運輸、連絡）の統制（第三十二条）
（工業）省	一 数省共同使用の工業製産品の製造分配の統制（第三十三条）
（食料）省	一 軍隊の要求及民間の主要需要を満すべき補充食料品の蒐集分配及食料品工業の統制（第三十四条）
労働省	一 作業力（労働省）の調査、蒐集、配当並一般監督（第三十五条）
（輸入省）	一 軍隊の要求国家一般の所要並民間の主要需要を充す為の輸入に関する貿易事務の統制（第三十六条）
殖民省	一 其の権限内に在る領土の全資源に対し第二十条乃至第三十六条（戦時に於ける経済組織）の区処適用に依る決議の実施（第三十七条）
外務省	一 外国に於ける政治経済、精神的問題の管掌（第二十五条） 二 封鎖に関する規定、封鎖を実施する為各省の指導統制及之が実施の指導（第二十五条）
備考	一 本表機関中省名に括弧を附したるものは固有省名にあらず単に仮設の省名にして平時担任を定めず戦時に臨み特に一大臣をして管掌せしむべき業務を代表記載せるものとす 二 国家動員機関として各省の外高等国防会議、研究委員会、常置書記局、資源委員会、大商事組合、徴発委員会、地方管区等あり其の業務に就ては別表「動員機関並資源統制系統一覧表」を参照するものとす

二巻国防二五八次四

第四表

伊国国家動員令に基く動員機関並業務系統一覧表

綱　要

一　国家総動員は国家を戦争に適する組織と為し得る如く平時より之を準備する為にして左の三項を主眼とす（第一条及趣旨説明）

(1)　国家の政務、民間業務並戦争工業が軍部動員実施の為に杜絶せざること

(2)　工業原料品、食料其の他諸般の資源が遺漏なく且有利に使用せらるること

(3)　国民全般が戦時各自の為すべき任務を平時より了解すること

二　国家動員を軍部動員と軍部外動員とに区分す（第二条）

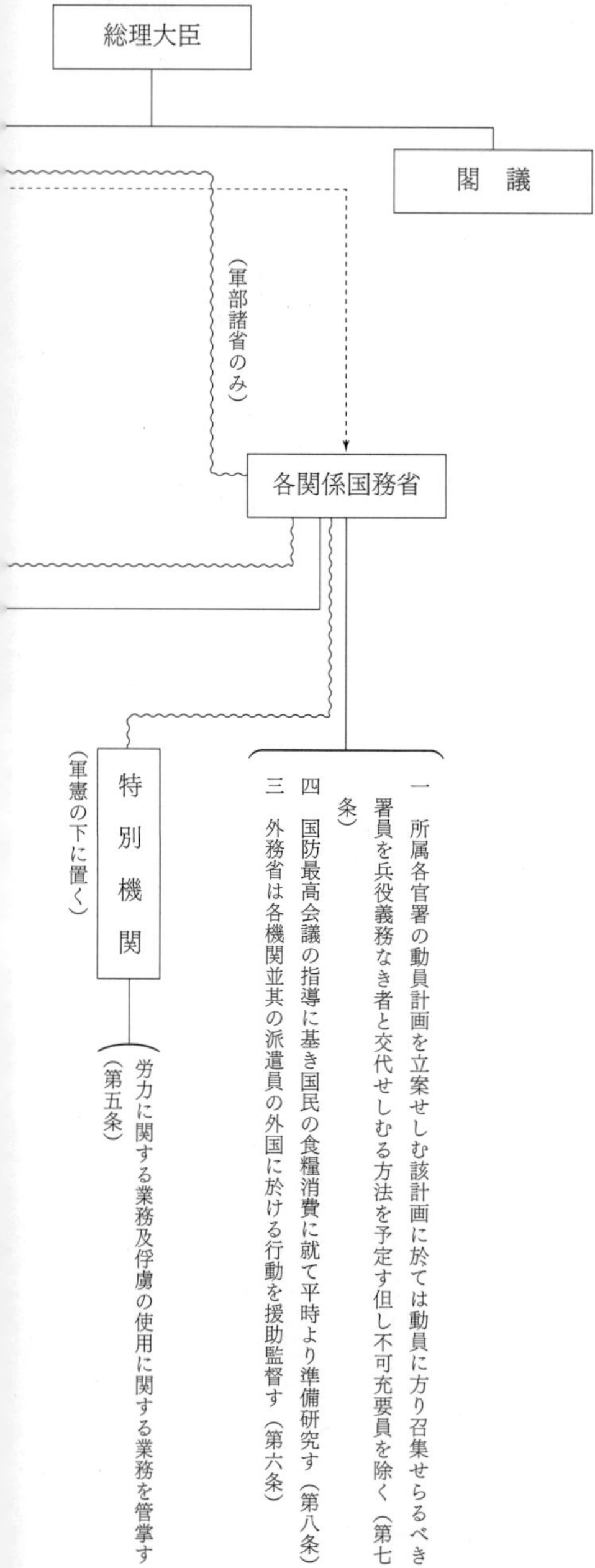

総理大臣
閣　議
（軍部諸省のみ）
各関係国務省
一　所属各官署の動員計画を立案せしむ該計画に於ては動員に方り召集せらるべき署員を兵役義務なき者と交代せしむる方法を予定す但し不可充要員を除く（第七条）
四　国防最高会議の指導に基き国民の食糧消費に就て平時より準備研究す（第八条）
三　外務省は各機関並其の派遣員の外国に於ける行動を援助監督す（第六条）
特別機関
（軍憲の下に置く）
労力に関する業務及俘虜の使用に関する業務を管掌す（第五条）

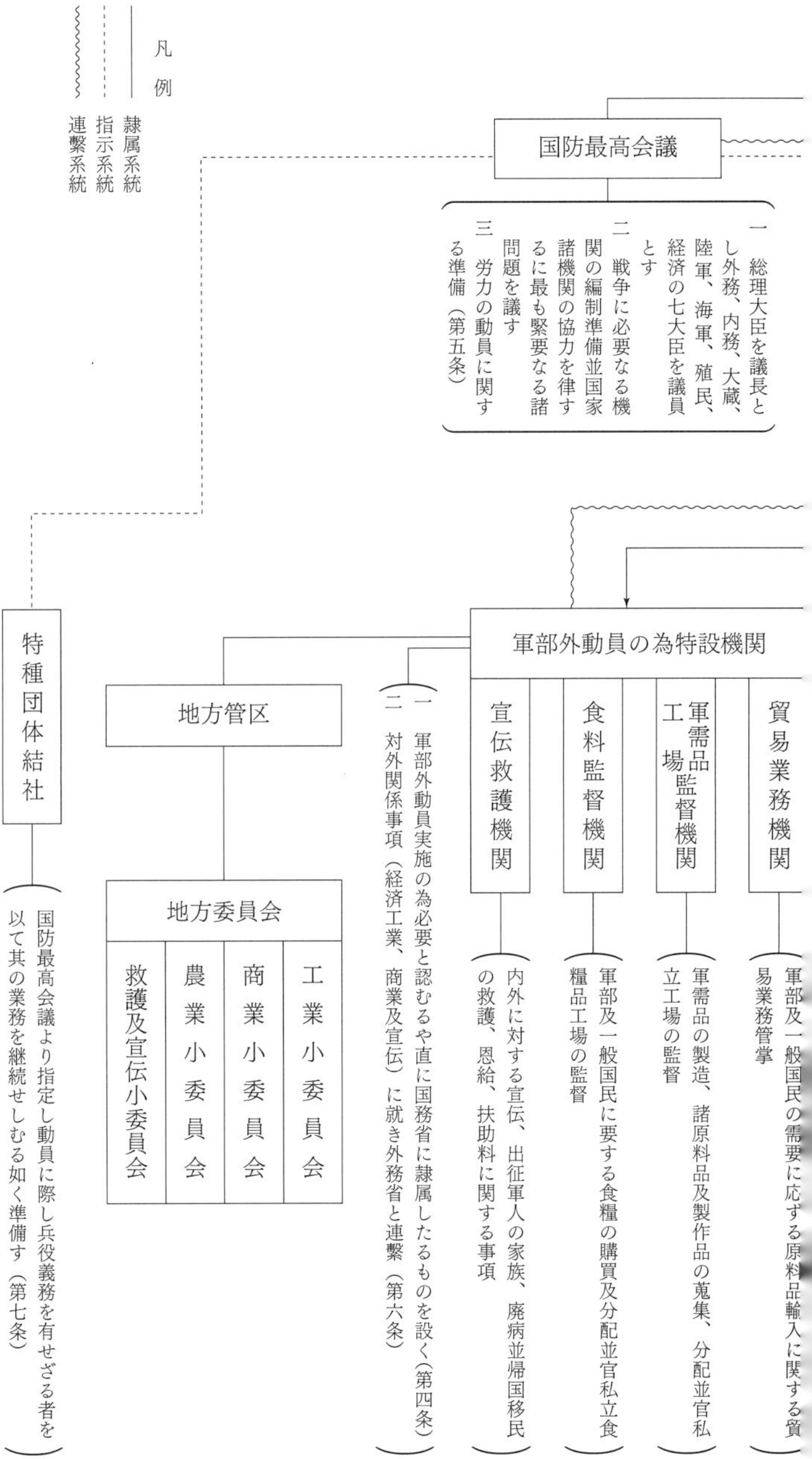

一 総理大臣を議長とし外務、内務、大蔵、陸軍、海軍、殖民、経済の七大臣を議員とす
二 戦争に必要なる機関の編制準備並国家諸機関の協力を律するに最も緊要なる諸問題を議す
三 労力の動員に関する準備（第五条）
軍部外動員の為特設機関
貿易業務機関
軍部及一般国民の需要に応ずる原料品輸入に関する貿易業務管掌
軍需品工場監督機関
軍需品の製造、諸原料品及製作品の蒐集、分配並官私立工場の監督
食料監督機関
軍部及一般国民に要する食糧の購買及分配並官私立食糧品工場の監督
宣伝救護機関
内外に対する宣伝、出征軍人の家族、廃病並帰国移民の救護、恩給、扶助料に関する事項
一 軍部外動員実施の為必要と認むるや直に国務省に隷属したるものを設く（第四条）
二 対外関係事項（経済工業、商業及宣伝）に就き外務省と連繋（第六条）
地方管区
地方委員会
工業小委員会
商業小委員会
農業小委員会
救護及宣伝小委員会
特種団体結社
国防最高会議より指定し動員に際し兵役義務を有せざる者を以て其の業務を継続せしむる如く準備す（第七条）
凡例
隷属系統
指示系統
連繋系統

備考

一 伊国国家動員令は一九二五年六月法律として発布せられたるものなり

二 国防最高会議の諮問事項を研究する為国家総動員準備委員会あり又此等の事務を管掌する為国防最高会議事務局あり

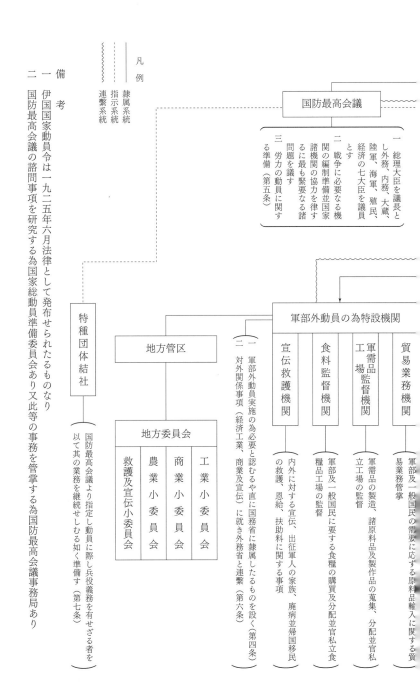

第五表

米国産業動員法案（一九二四年下院議員提出）に基く動員機関並業務一覧表

二巻国防二五八の次五

大統領

国防会議

一　陸軍卿を議長とし陸軍、海軍、内務、農務、商務、労働の六卿を議員とす
二　総動員に関する最高諮詢機関にして大統領並所管大臣に対し主として軍需の統一及工業動員に関する事項の管理、研究及之が実施に関係する勧告をなす
三　国防会議の顧問たらしむる為専門知識を有する学者実業家等を以て組織する顧問委員会を附属す
四　本会議は一九一六年制定せられし国防法（一九二〇年改正）に依りて設立せられしものにして戦後も相当に活動しありしも前内閣以来休止の姿勢に在り

行政各省

（戦時行政各省は需要者の側に立ち戦時産業局等の戦時機関は供給者の位置に立つ関係に在り）

戦時通商局

全輸出入に関する監督統制及戦争により輸出入に影響を有する諸外国との互恵政策の実行等に任ずる行政的機関なり

食料統制局

食料供給組織の制定。食料商品価格の決定並之が分配に関する規定の制定及実行。農産食料品最低価格の決定其の他食料に関する一般統制に関する実行機関なり

価格決定委員

一　軍需品の価格。行政命令によりて布告せらるる戦時重要食料及其の他生活必需品の価格の調査及決定。原料の価格及一般国民用工業生産品価格の調査及決定をなす
二　本機関は正当なる生産の奨励、不当高価なる生産の阻止等により不当利得者を防止し国民に対して正当なる価格を保証すべき行政機関にして委員長は大統領の承認を経て価格の決定権を有し強制手段を採用するの権を有す

戦時産業局

一　産業上特種の知識を有するか又は戦時産業局の任務実行に関し特に資格ある若干の委員（大統領任命）より成る

二　産業施設の新設。資源の開拓、工業転換。資源の経済的保存。生産、配給並不足資源に対する取得優先順序の決定。其の他産業に関する統制に任ず

三　戦時産業局長は価格の決定を除く外凡ての問題に対し大統領の承認を経て最後の判決権を有し戦時産業統制の為本動員法案其の他により設けらるる凡ての機関の業務を監督するものとす

「註」　戦時産業局は戦時工業局とも翻訳しあり

戦時産業局以下各機関とも戦時必要と認むるに至りしとき大統領之を設立するものにして委員或は統制官は大統領の任命に係り各機関は必要に応じ輔佐官、属官、書記及顧問を置く

燃料統制官

一般市民の需要、工業殊に軍需工業の要求を考慮し各種燃料分配の統制。燃料生産の増加並貯蔵手段の決定及必要に応じ燃料価格の決定布告をなす等燃料の統制に任ず

戦時動力委員

予想需要に応じ得る如く動力、生産の増加。動力生産用燃料の経済的使用並同燃料輸送力の保持。動力の分配等に任ず

戦時労働統制官

兵員以外の労力の補充、分配、利用に関する業務官民工場に於ける労銀、労働時間等の画一労資間争議の調停。特業教育の実施。将来起るべき重要工業に対する予備労働力の状態調査等一般労働の統制に任ず

備　考

一　下院議員提出の産業動員法案に依れば国家の全資源を結合して戦争に使用し又戦争による負担を全国民及工業界、経済界等に均等に分配する為大統領に戦時九名以内の委員（各種社会の代表者）より成る戦時会議を創設するの権を与えんとす蓋し該会議の編成及任務より考察するときは恰も国防会議顧問委員会に相当するものにして同委員会を独立せしめ大統領直属となさんとする案なるが如し

の関係一覧表

昭和一二年六月二十三日

べき概数 北支那	中支那	需給に対する観察
相当にあり	頗る多し	本邦鉄鉱埋蔵量は概して貧弱なるを以て勢い資源の開放を高唱し資源豊富にして且つ近き支那に之を求めざるべからず故に資源の開発に努力し尚現在に於ける採掘設備を拡張を要すると共に内に在りては砂鉄精錬を完成するを以て目下の急務とす砂鉄精錬は八幡製鉄所及久慈製錬所（松方幸次郎氏経営の常盤商会）外一、二の会社に於て研究中なるも未だ所望の域に到達せず
多からず	相当に在り	支那殊に満蒙に於てすら鋼生産殆んど皆無なるか如き景況にして朝鮮に於ても亦僅に兼二浦製鋼所を有するのみにして年産僅に数万瓲を算するに過ぎず換言すれば本邦近隣の大陸には殆んど製鋼能力皆無なりと謂うも敢て過言にあらざるが如き有様なり 国防上満鮮に製銑設備の拡張及製鋼設備の新設若は拡張をなすは極めて肝要なりとす 又帝国内に於ては経済上の影響は基本工業とも謂う可き製鉄業に迄及び其の不振甚し茲に鉄鋼政策上一大英断を要する時機にして官民合同一致協力して之が発達に努力せざるべからず
殆んど無し	僅　少	

第六表

主要軍需不足資源と支那資源

品目／区分	鉄鉱	銑	鋼
軍事上の用途	武器、弾丸その他凡百の器具、機械用		
帝国生産概況	内地に於て数年前約四十万砘を産出せしことありしも現今漸く七万砘を産出するに過ぎず 朝鮮は約三十五万砘を産す内地砂鉄原鉱の埋蔵量頗る多く今迄知り得たる分のみにても数億砘を下らざる如きも其の精錬法は目下研究中に属す又鉄鉱は現今百数十万砘を支那海峡殖民地等より輸入をなしあり	年産は内地約五十七万砘朝鮮約十万砘計七十万砘に過ぎずして尚約四十万砘を米、英、独等より輸入す	鋼材として約百数十万砘を産するも尚約五十万砘を米、英、独等よりの輸入に俟つ情況なり
利用 満蒙	目下産額多からざる埋蔵鉱量頗る多く鞍附近のみに於ても数砘を下らざるものの く殊に満蒙鉄鉱の欠の一たる貧鉱のこと還元焙焼法の発明にい益々有望視せらるに至れり将来其の設備を拡張て年産数十万砘乃至十万砘を得るの計画あ	目下生産額多からず山製鉄所に於ては将百万砘の拡張計画あやに仄聞するも其の現は未だ未定なるもの如し	僅少にして殆んど問とするに足らず

多からず	多し	湖南省は支那最大の鉛産地にして其の埋蔵量頗る多く唯設備を拡張せば供給可能の域に達すべし
原鉱は多少埋蔵せられあるが如きも現在産額無し	多し	支那に於ける錫産額は南支那を以て最大とす戦時南支那より錫取得可能なりとせば供給可能なるか如きも中支那以北に在りては不十分なり
現在殆んど無し	多し	支那に於ける亜鉛の産地は湖南省を主とし其の産額の一部を取得せば供給十分なり
現在殆んど無し	多し	支那に於ける銻の最大産地は湖南省にして其の産額は我不足資源を補うて尚余りあり
現在殆んど無し原鉱は多少埋蔵せられあるが如し	目下産額多からず然れども原鉱は頗る多く埋蔵せられあるが如し	中支那にては湖南省、南支那にては貴州省に最も多く産す原鉱埋蔵量頗る如く嘗ては数十瓩乃至数百瓩を産出せしことあり目下は次第に衰微の景況にあり生産設備を増加せば不足額を補い得べし

鉛	錫	亜　鉛	銻	水　銀
弾子、弾身の外電池に用い又強酸を用うる工業に使用す雷汞の代用に用いらるる窒化鉛	弾丸頭、雷管用 合金用 ブリキ用	黄銅原料として薬莢、火具及部品等の外トタン用其の他合金用	弾丸内弾子 小銃弾身等に配合	爆薬（雷汞）用
大約年産数千瓲を算するも尚約十数倍量を濠洲及米国、英領印度等より輸入しつつあり	大約年産数千斤を算するも尚約八倍量を支那及海峡殖民地等より輸入しつつあり	大約年産数千万斤を算するも尚且其の二倍弱を濠洲、加奈陀、米国及支那等より輸入しつつあり亜鉛鉱としては露領亜細亜及支那よりの輸入を主とす	年産約数十万斤を算せしことありしも数年前より減少して現今殆んど産出なく目下約百数十万斤を支那及英国より輸入しあり支那よりするものを主とす	数年来殆んど算出なく現今約五十万斤を英、米、支、伊等より輸入しあり
目下生産多からざる埋蔵鉱量相当に在り連山関西南青城子は下産額年僅に四三〇に過きざるも鉱量は大なるものとの説あ	現在産額無し京奉線沿線錦州附近は多大の鉱量埋蔵せれありとの説あり	僅少殆んど無し	現在殆んど無し	現在生産なし但し莫大なる原鉱埋せられありとの説あ

山東省に多少の原鉱を産す		多し 優良炭多し	油田は多少発見せられたるが如きも未だ調査試験中
アルミニューム含有の鉱物相当に埋蔵せられあるが如きも其の含有量及埋蔵量等未だ不詳		頗る多し殊に優良炭に於て然り	同上
満洲に於ける原鉱を利用せば相当量の補給を得べきも尚未定に属す 本工業助長の気運漸く旺盛ならんとしつつあるは誠に慶賀すべき所なるも電力高価なるは其の発達を妨害すること甚し速に電力安価を策するを必要とす	満洲に於ける原鉱の精錬法を成立せしめば多量のマグネシュームを供給し得べし マグネシュームは之を他の金属と合しエレクトロンなる合金を成形しアルミニューム合金に優るとも劣らざるものなりと称せらる 故に一方アルミニューム精錬工業の発展を図ると共に前記マグネシューム精錬工業を成立せしむれば特種軽合金用原料を補給し得るに至らん	1 戦時不足額は殆んど満蒙及北支那のみにて補足し得るが如し然れども骸炭用優良炭の一部は中支那より取得するを要すべし 2 本邦骸炭製造設備は副産物回収能力少き旧式に属するも鮮からず機を得る毎に新旧の変更を要するのみならず優良骸炭の不足を補い且つ広く一般燃料問題解決の一助として電力使用及電力安価供給を図らざるべからず	支那資源に依るも目下供給著しく不足の状態に在り速に燃料国策の樹立及之が実現を必要とす

アルミニューム	マグネシューム	石　炭	石油
航空機発動機機体、螺旋機眼鏡、飯盒、水筒用自動車部品	発火剤、照明剤等の外前記アルミニュームと同用途に供せらるる特種軽合金用	動力、熱発生、瓦斯発生、冶金	飛行機、自動車、船舶の燃料
目下一千瓩製造の計画中現在は約五、六千瓩を米国、瑞西等より輸入しつつあり	目下生産殆んど無し	大約三千数百万瓩を産出し輸出入共大なる差なき情況なり然れども優良石炭に乏しきの感あり将来は輸入漸次増加するやの傾向あり関東州、支那、仏領印度支那よりの輸入大なり	帝国最近の年産額大約百、数十万石にして年々約七百万石を輸入す米国よりの輸入最大なり
満洲にアルミニュー原鉱の多量を埋蔵せれあること最近発見られ目下南満洲鉄道式会社に於て支那当と交渉中の由	マグネシューム原鉱満洲、大石橋附近に億瓩の埋蔵量あり世中に有数のものなり称せらる	頗る多し	撫順頁岩油目下計画中のものは産約十七万石にして来其の五倍即ち約八五万石に増加する予なりと云う

頗る多し		塩は満蒙及北支那よりの取得を以て概して自給し得る見込なり
相当にあり	相当にあり	支那資源のみにては供給不足なるも再用代用品利用等の方法により補足の途あるべし
多　し	多　し	中（北）支那及満蒙よりの取得を以て供給の見込十分なるが如きも尚之が代用品の研究を必要とす
相当にあり	多　し	帝国殊に満蒙に於ける此種資源の助長培養を策すると共に木材パルプ等之が代用品の研究を必要とす
同　上	僅少にして而も資質劣る	戦時満蒙馬の徴用利用を要すること大なるも資質之に適するもの充分ならざるを以て目下軍部及満鉄に於て之が調査及改良事業に努力しつつあり、将来同地に於ける馬産の刷新は国防上一急務なりとす

那資源に関係深きものにつきて其の主要なるものを掲げしものなり

塩	羊毛	牛皮	棉花	馬匹	備考
糧食用 工業用	被服防寒用	被服用 調革用	火薬原料 被服品用		(1) 本邦主要軍需不足資源は右記品目のみに限らざるも本表は特
大約数億万斤を産するも尚約年二、三億万斤を輸入しつつあり 関東州、支那、西班牙を最とす	国内産出殆んど見るべきものなく年々約数千万斤を濠洲及支那等より輸入しつつあり	年々一千数百万斤を輸入しありて国内生産は其の数分の一に過ぎず 支那、米国を最とす	国内産額は僅に数千万斤に過ぎずして年々大約十億数千万斤を印度、米国、支那等より輸入しつつあり	帝国の馬数は大約百数十万頭にして近来其の増加率著しく低下し大なる変化なきものの如し 年々数十乃至数百頭を露領亜細亜、白国、米国等より輸入しつつあり	
頗る多し	相当多し 其の助長培養改良施宜しきを得ば其の供を著しく増加し得べ、	相当にあり 助長培養施設宜しき得ば其の供給額を著く増加し得べし	僅少	数は相当に多きも資劣等のもの多し	

国家総動員準備施設と青少年訓練

国家総動員準備施設と青少年訓練

陸軍歩兵中佐　永田鉄山

国家総動員準備施設と青少年訓練事業は、最近における国家的施設として重要なるものの中に数えることができると思う。世の中には国家総動員という意味を国民総動員という意味に解して国家総動員はすなわち国民総動員ということである、したがって国家総動員準備というのは国民総動員の準備をすることであるという考えの下に、青少年訓練というのは、とりもなおさず青少年を武装することである、青少年に軍事教育の一部を施すことである、そうして一朝有事の際には日本の男子のすべてが武器を執って立つことのできる準備をしておくことである、すなわち国民総動員の準備である、すなわち国家総動員の準備である、かくいう意味に解釈をして青少年訓練すなわち国家総動員準備であるというふうに考えている人が多いように思うが、この考えは違っているように思う。なるほど、国家総動員準備ということと青少年訓練との間には密接離るべからざる関係があって、青少年訓練は国家総動員準備のある部分を占めているのであるが、青少年訓練イクオール国家総動員準備というのは違った考えのように思う。なぜ違っているかということは、国家総動員ということの意味、ならびに目下行われつつある青少年訓練事業なるものの真の意味を解釈すればおのずから判ることと思う。ついては、いまから第一に国家総動員ということはいかなることを意味するか、ならびに国家総動員準備というのはいかなることであるかというだいたいの意見を述べてみたいと思う。

世界大戦における国家総動員の回想

国家総動員という事柄は過ぐる世界大戦において始めて行われたというてもよいほどで、それ以前の戦争においても国民は戦争の遂行ということにできるだけ協力し、また国家の物的の資源をも戦争遂行に都合のいいように利用、統制するというようなことは、ある程度まで行われたが、これはきわめて一部分であって、このたびの大戦において交戦各国が行ったいわゆる国家総動員の規模なり、あるいはその深さなりは過去の戦役における実況と比較すべくもない。もっとも過去の戦役においても、ことに我が国が関与した戦役において、国民は正しい名の戦争の下に挙国結束して立ち、無形の方面においてあらゆる貢献を戦争遂行のためにいたしたということは顕著なる事実であって、この挙国一致して戦争の遂行ということに専念努力したというういわゆる無形方面における国家総動員は過去において、ことに我が国においては十分にしかも徹底的に行われたと考えることができ、日露戦役の当時でもよく挙国一致ということが唱えられたが、しかしこれは主として形而上の方面であって、形而下のいわゆる物的資源の総動員という意味合いにおいては、他の各国の戦においても我が国の過去における戦においても、とうてい過般の世界大戦に比較すべくもない程度である。そこでこのたびの世界大戦において国家総動員がいかに行われたかということをきわめて簡単に述べてみるなれば、だいたい次のようである。

国民動員の瞥見

まず人についていえば独逸《ドイツ》は動員下令とともに八十万の平時の軍隊を四百七十万に拡張し、仏蘭西《フランス》は七十五万から四百六十万に増加したのであるが、かくのごとき大軍に対する兵員の補充に相当の苦心を要したということは何人にも想像ができようが、かく多数の健全な壮丁を軍に送ったうえに、さらに驚くべき多数の軍需品を国内で製造せねばならなかったために、この方面に著しく多数の職工労働者を必要とし、なお衣糧その他国民必要品の生産にも一定の労力を欠くことはできなかったのである。かく戦争遂行のために多数の人員を必要とした反面において、戦争の進展に伴い多数の男子が戦の犠牲として漸次減っていく状況の下にこれらの人員を適当に統制、按配する事柄はかなり困難な事柄であったのである、この人員の統制按配は国民動員とも名づけていわゆる国家総動員の一部である、この必要な兵員を捻り出し、なお戦時、とくに必要なる労力を供給するということのために各国は最初の間は勧誘し、奨励というような尋常な方法で処理をしていたが、ついにはかような尋常な手段では十分な統制按配ができないので独逸が卒先していわゆる国民労役法を制定し、労役の強制によって国家の意のごとく国民を使うような施設をなし、列国もおおむねこれに準ずるような制度を執ったのである。

工業動員の一班

さらに軍需品の方面はどうであるかというと、兵器の進歩、兵員の増大、戦争期間の延長ということに伴って軍需品の使用量は非常な多額に上り、一例を挙げてみれば砲弾の消費は全戦役を通じ英米約三億、仏蘭西《フランス》約五億で、日露役における日本の消費弾百万に較べると雲泥の差がある。爾余《じよ》の軍需品も推して知るべきである。したがって開戦前に各国が準備した兵器弾薬のごときは瞬く中に消尽し兵器製造所はできるだけ拡張した。しかしそれ位のことにて十分であるとは思いも寄らなかった次第である。そこで大戦開始後各国はいずれも挙《こぞ》って普通の工場を軍需品工場に改変するやら、軍需品製造に必要な原料の配給を規定するやら、職工の養成補充に全力を注ぐやら、眼のまわるような努力をして軍需品の補充を図ったのである。これがいわゆる工業動員であって、この工業動員が深刻に行われた結果、工業以外の産業、商取引もまたこれに関連して統制さるることとなったのである。すなわち軍需品原料の供給を豊かにするためにこの原料が他の不急の産業方面に持ち出さるることを避け、同時に不足原料を補うため建築物その他すでに成品となっているものを溶解再用する施設が必要となってきた。燃料にあってもその生産を増加する一方においてはあるいは灯火を節約させるとか、あるいは風呂の使用回数を制限するなどして燃料の節約を行ったのである。また戦時急ならざる工業を他の戦時必須の工業に転用させるために奢侈《しゃし》品の取引を禁止し、これが製造を中止さすというようなことも行われたのである。たとえば独逸等では時計工場は砲弾の製造、染料工場は火薬製造に転用させ、銅で造った屋根板、寺の鐘などは武器に鋳造され、公園のベンチなどの寝台として徴発されるという有様である。燃料節約のため街灯は消され、日光を利用するため夏には時計を一時間進めるということまで行われたのである。かような事柄によってその程度も手段も異なっているが、国家の一貫した意志によって戦争遂行という一の定った目標のために行うという遣口《やりくち》はその軌を一にしているのである。

交通の統制

水陸両方面の交通も平時のままではとうてい戦争を全うすることができないので、これまた戦争遂行に都合のよいように統制され必要の処置が施されたのである。いわゆる交通動員がそれであって、多方面にわたって種々な施設が施されているがその詳細は省略する。

戦時食糧政策

次で戦争遂行にもっとも肝要な事柄は食糧を完全に供給することである。空腹は戦争のために第一の障碍である。現に世界大戦における露独の崩壊もある程度までは国民の空腹に源を発するというも差し支えあるまい。したがって各国共大戦間軍の給与に違算なきを期したことはもとよりだが、国民自身もまた食糧問題について努力したことは世人の耳目になお新たなるところである。ことに治にいて乱を忘れ、平時経済の方面ばかりに腐心して戦争経済を考えの外に置いた国には、大戦開始後日を経るに従って食糧難の悩みに四苦八苦するを免れなかったのである。各国の戦時執った食糧政策について検討してみることは興味の深いことであるが、ここには単に国家が戦時食糧問題解決のため執った細部の手段の一、二を指示していかにこの問題が真剣であったかを追想するの資に供するに止めよう。

各国の執った方法は大別して食糧消費の制限と、これが生産増加の二方面を出でないのであるが、消費制限のためにあるいは「肉なし日」を設け、あるいは砂糖の消費日量を定め牛乳使用者に対しその量に制限をつけるなど種々の手段を講じたが、もっとも徹底した手段は食券制度であって、パン、砂糖、バタ、肉類など日々の食糧に対し官より国民に切符を渡して、これを引き換えにこれら食糧の一定量を支給する方法である。今は昔の追憶であるが、大戦当時欧州にあっては中立国すら食糧難のためこの食券制度を採用したもので、私のごときも瑞典《スウェーデン》においてこの制度のもとに一定食糧のあてがい扶持で二年間過ごしたのである。旅行者等は国境で国内通過に要する予定日数に応じてパンの切符砂糖の切符を貰い受け、宿屋、料理屋等で食事する際一々これと引き換えに命の糧を得るということや、人を訪問する際に、砂糖持参というようなきわめて切り詰めた生活振りをしたものだが、心なき旅行者がパンの切符を失って我々の大切な食券の一部を割愛してやったなどの思い出もある。生産増加の方面では牧場を畑にしたり、公園や路傍の荒地に馬鈴薯を栽培したり、バルコニーに豚や兎を飼わせたり、種々の方法を講じ食糧の不足を補うため種々の研究を遂げ、街路樹の種子を子供に拾わせて食用の油を絞り出すことまでやった。中立国であった諾威《ノルウェー》の皇室は卒先して宮廷の芝生を潰して馬鈴薯を植え、国民に範を垂れさせられたというようなエピソードもある。農業労働力の不足を補うことも人力欠乏の折柄大問題であって、独逸等では文部当局から訓令を出して農繁期に学生生徒に農事の手伝いをさせ、また農耕用馬の不足を緩和するため配属軍隊の軍馬をもこれに使用することにした、すなわち馬すら軍事に鞅掌《おうしょう》する一面、農耕に貢献しなければならないというような状態であったのである。かくのごとく列国はいずれも食糧問題に全力を傾けたが、その窮乏の状は今日想像も及ばぬ程度で、とくに四面封鎖の中にあった独逸等は一九一六年の冬を「蕪《かぶ》の冬」と呼んでいまも思い出の種となっている。当時独逸は麦粉や馬鈴薯が欠乏したので国民は蕪を主食として冬を過ごさなければならなかったのである。

この試練を欠く我が国民

余事ながら一言しておくが、かく苦痛を体験して欧米国民はその間測るべからざる精神上の宝物を握り得たとも考え得られるのである。これはやがて戦後各国が将来国運を進展させていくうえにも基礎となり基調となり得る次第であってこの点の試練、体験に欠けている、日本はある意味においては非常な不幸である。すなわち大戦当時国家総動員下の欧米諸国民は物資上の欠乏と苦闘を重ね、しかも毎日のように父兄、子弟等死傷の凶報に心を痛めつつあったのである。すなわち国民の大部分は喪服を纏いつつ哀愁の裡にしかも最大の生活苦を忍びよくその試練を堪えてきたのである。幸か不幸か我が国民は当時戦争惨禍の外に超然として思い掛けない経済好況時代を迎え、滔々《とうとう》として成金気分に浸り何の屈託もなく栄華の夢を貪っていたのである、欧米諸国民が着々戦争の創痩から脱却し日に月に復興しつつある今日、我が政治にも経済にも何の方面にも行き詰まりの状態の下になお奢侈、享楽の夢から醒めきれないでその日、その日の生活に喘いでいる有様を目の辺り見てかれこれ思い浮かべ無量の感慨に打たれる。

財政金融およびその他の動員

以上述べた外交戦各国はその財政、金融をも動員して戦争の遂行を容易にし学術、技芸なども国防、国民生活維持の目的に応用するためこれが統合利用を図り、なお戦時匆忙《そうぼう》の際であるにもかかわらず戦傷病者、および遺族等の扶助、救護その他の社会的救護、施設にも深甚の注意を払ったのである。

以上は国家総動員の一端を略説したのであるが、いずれの国も戦争以前において戦争がかくも大規模となり、かくも期間が長びくとは誰れしも予想しなかったところなので、この国家総動員に関して準備の整っておった国は一国もなかった。したがって戦争の進むにしたがってこれら国家総動員上の施設は逐次必要に迫られては一ツの施設を樹て、また必要によって他の施設が生まれるという有様で、いわゆる応急的弥縫《びほう》的であって整然たる国家総動員が行われたのではなかった。したがってこの間彼此の施設が相扞格《かんかく》したり、あるいは力が重複したり分散したりして、時間のうえにも物質のうえにも大不経済を受けることを免れなかったのである。

国家総動員の基調

そこで国家総動員というのはいかなる意味であるかということを一言にしていえば次のとおりである。

国家総動員とは有事の際国家を平時の態勢から戦時の態勢に移し、国家の権内にあるあらゆる人なり、物なり、金なり、あるいは機能なりの一切を挙げてこれを戦争遂行にもっとも都合のよいように按配する事業を指すのである。換言すれば国力全体を挙げ、国民の全能を絞り、これを適当に統合組織して軍の需要を満たすとともに、国家国民の生存を確保してもって戦勝を期する事柄がすなわち国家総動員である。

なお一言附加しておくが、この国家総動員は人的、物的両方面の資源を統制、按配して国防の目的を達成することであるが、これが基調となるべきものはすなわち国民精神であって、この国民精神の緊張が欠けておったなれば総動員を行うことは夢にも思われない。名づけて精神動員とでも言おうか、国民精神を極度に緊張させ、砥礪《しれい》するということはきわめて必要であって、世界大戦間においても各国は外、対手国に対する極度の悪宣伝に苦心し内、国民の思想を常に健全、剛健に保持するということのうえに苦心を払ったのである。

将来の国防と総動員

要するにこの国家総動員は将来の国防上離るることのできない緊要な施設である。世界大戦は近代の戦争の本質が国民戦であり、科学戦であり、経済戦であり、はたまた宣伝戦であることをもっとも明瞭にもっとも雄弁に吾人に訓《おし》えてくれた。陸海軍によって将来の国防を保障しようというような考えは徒《いたず》らに過去を追憶するものであって、将来戦を語るものではない。そこで国防の目的を将来に達成しようというには国家総動員の準備施設というものを欠くことができないのである、従来軍備が平和のために必要であるという見方もあったが、この見方を正しいとするなれば将来の平和の保障は軍備に加うるに、国家総動員の準備施設をもってしなければならない。すなわち国に国家総動員の準備施設がなかったなればば平和の保障ということは得て望み難いのである。

総動員の準備施設

しからば国家総動員の準備施設というのはいかなることであるかといえば、まず第一に総動員の客体であるところの人、物、金、交通、産業などの諸設備、これらを数量的にも質の方面においても増進するということが必要である。すなわち一言にして悉《つく》せば国防に必要な資源を保護、増強するということがもっとも必要である、この国防資源の保護、増強ということを行わんがために、まず何が不足し何が余るというようなことを十分に調査しなくてはならない、いわゆる国防資源の調査がそれである。この種類の調査が比較的よく行われておったところの欧米諸国においてすら世界大戦においては調査の不十分に原因して国家総動員の施設を進めていくのに非常な苦痛を嘗めたのである。我が国のごときこの調査、統計事業の振うておらない国にあっては、この資源調査ということは焦眉の急であるように考えられる。

次に間接に国家総動員の準備として平時からつとめて実行しておかなければならぬことはたくさんある。たとえば有事の際に総動員の計画実行の衝に当たるべき人員を養成しておくこと、各種の方式、制式、度量衡、規格などを統一、単一化しておくこと、あるいはまた大量生産を容易ならしむるため産業を大組織に進めておくこと、職業仲介機関を整備しておくこと、数え来れば多々あるのである。

最後に万一国家に緩急の起こった場合いかに総動員を実施するかということに関して平時からあらかじめだいたいの見当をつけておくこともまたきわめて望ましいことである。こうした計画を樹ておかなければ過ぐる大戦において列国が嘗めたような不用意にもとづくあらゆるゴタゴタを繰り返さなければならぬ。

総動員準備の齎す効果

きわめてだいたいを述ぶれば以上のような事柄が国家総動員の準備施設であるが、これらの準備施設を十分にしておくということは国防上きわめて望ましいことである。否国防上欠くべからざることであるが、これらの準備施設は単に国防の見地のみならず他の方面に種々の利益を持ち来すのである。すなわち前述べた資源調査のごときはこれが完成するにおいては諸般の政策――産業政策、交通政策――なりあるいは社会施設なりが正確な数字の基礎の上に適確に確立されるという結果を来すのである。それからこの国家総動員を容易ならしめる施設として数えあげた各種の組織、規格などの単一化というようなことは経済方面にもきわめて有益なことであって、これが遂行されるなれば経済上の利益は蓋し甚大であろうと思われる。また国家総動員の施設が十分にできていれば万一のことがあった場合、国家総動員の実行がきわめて容易、確実である。したがって戦争の初めから多くの戦争能力を発揮することができ、自然戦争の期間を短縮しいわゆる速戦即決ということが求めやすくなるので、戦費を著しく減ずるという効果を齎すのである。のみならずこの準備が完成したなれば軍が平時から戦時のために死蔵しておかなければならぬ作戦上の資材の数量を著しく減ずることができるのであって、この意味において軍事費の厖大を防ぐ結果となるのである。軍需品を巨額に要する将来戦に対してもし総動員の準備が進んでおらないものとすれば、著しく多額の軍需品を平時から死蔵しておかなければならぬのであるが、この事柄がよほど緩和されて不生産的方面にも国費を著しく減少する結果となるのである。

列国の現況と吾人の覚悟

世界の諸強国はこのたびの大戦においてすでに一度国家総動員なるものを実行して経験を持っているので、将来必要に迫ってこれを実行することは比較的容易かつ準備計画なども速にできるはずであるが、そのかつて準備なくして行った辛い経験から戦後の復興に眼をまわしている時機にも拘わらず、いずれの国も着々として国家総動員の準備施設を進めつつあるのである。すなわち米国、仏国のごときいずれも国家総動員に関する法律案を議会に提出してこれが協賛を求めることに努力しつつあり、伊太利のごときすでに国家総動員法なるものが上下両院を通過し確定法律となっている。その他総動員の施設に関していずれの国も着々進捗させつつあるのである。過去における経験を欠いている我が国において速にこれが準備計画を進めることの必要なるは改めて述ぶるまでもないことである。

由来国防は国民全員がその責に任ずべきであって、ことに国家総動員による国防のことは独り政府の施設のみに頼るべきではなく、軍部の計画のみによって万全を期し得べきではない。もとより軍部として軍の動員なり作戦計画に万違算あるべきはずなく政府としても必要な国防施設につき毫も怠ることはない。しかし国家総動員は国民全部が将来戦の本質はいかなるものであるかということを詳らかに察し、これに対しいかにせば国民として国防の責を頒ち得べきかという方面より省みてこれが覚悟を極めなければとうてい完全を期し得ないのである。我が国民に義勇奉公の血の流れていることは疑うの余地はない。ただいかにせば緩急に際して奉公の誠をいたし得べきか、平素何をなすことによって国防に貢献し得るかという点を研究して、みずから省み深く心に期するところがなくては口に一旦緩急に際して義勇公に奉ずるということを唱えてもその実を挙げ得ぬであろうと思う。前にも述べたとおり国家総動員の基調たるべきものは国民精神である。しかしてしからば精神の方面における修養なるものは国民個々としては国家総動員にもっとも有力に貢献することの一事でなければならない。

総動員と青少年訓練との関係

青少年訓練の経緯

国家総動員に関しては以上述べたところでだいたい概念が得られたと信ずるが、次に国家総動員と青少年訓練事業との関係について一言してみたいと思う。

我が国において最近企てられた青少年訓練事業はこれを大別すれば二つになっている、すなわち一つは現役将校の配属による学校教練の振作、他の一つは学校におらない他の一般の青年に対する訓練すなわち訓練所の施設がそれである。この学校教練の振作と言い非在学の青年に対する訓練事業と言い、いずれもその目的とするところは同一であって輓近《ばんきん》、なかんずく世界大戦後世間の風潮に何となく面白くない点がある、これはなんとか引き締めていかないと国家の前途が懸念される、それには次の時代の国家を双肩に担っていくところの青少年の身神を鍛錬していくということが一番よい手段であろう、現に外国でも大戦後盛んに青少年訓練事業を起こしている、我が国が独り手を懐にして傍観しておってはならないという考えが期せずして識者、先覚者ならびに当局の頭の中に浮かんだのがすなわちこの青少年訓練事業の起こされたそもそもの動機である。そこで大正十二年頃から青少年訓練事業という事柄をいかにして具体化していくかという問題が当局の間で研究され、その訓練の手段としては兵式訓練の方式で進もうではないかということの結論を得て漸次具体化しつつあったが、たまたま大正十二年精神作興に関する大詔を拝することになって当局者はますます決心を固め、かくて大正十三年の春に全部の青少年訓練事業を一度に始めるということは財政その他の関係上からかなり困難であるからこれを二ツに別けて、まず第一には学校で従来やっている教練を振作し、第二段として学校におらぬ青少年に兵式訓練を施すというように進んでいこうではないかということに岡田文部大臣と宇垣陸軍大臣との話が纏まって、大正十四年からまず現役将校を学校に配属して従来から行われた学校教練に活を入れて一層これを振作するということになったのである。すなわち曩《さき》の文部大臣森有礼氏によって明治十九年に起こされた学校教練が時代の流れに従って動《やや》もすればその真髄を失って形骸のみを残しているという弊に堕しているのを、一新振作しようというのがこの企てであったのである。この施設はすでに実行されその成績はむしろ期待以上に良好であるので、引き続いて予定どおり他の学校におらない一般青少年の訓練をもはじめようではないかというのでそれぞれ適当の手段が講ぜられて、本年度から一般の青少年の訓練事業が始められるのである。

青少年訓練の目的とその総動員準備に資する所以

最近企てられた我が国の青少年訓練事業はかような経緯によって実現したのであって、これによって想像し得るごとくその目的とするところは立派な国民、立派な人民を作り出すために青少年の身神を鍛練しようというのである。しかしてこれが手段方法として兵式の訓練方式が採用されたのである。すなわち国民に不完全な軍事専門教育の一部を施してきわめて不完全なる兵隊の卵を作ろうというような浅薄な趣旨から起こった施設ではなくて、どの方面にも活動のできる有為な国民、健全な人民を作り出すというのが真の目的である。したがって有事の日に何人でも直に剣を執って立ち得るという準備を軍事技術的の方面から附与しようというのではなくて、平戦両時を問わず国家に十分貢献のできるような精神と体力とを有する人材を養成しようというのがその趣旨であるのである。かような意味においてこの施設は国家総動員準備の一つであると観ることができるのであって、国民を戦時誰も彼もが戦線に立ち得るような形而下の準備をするという趣旨において、すなわち国民総武装に資するという意味合いにおいて国家総動員と深い関係を持つというのではないのである。

社会教育的設備としての青少年訓練

いわゆる軍教にあらざる所以

世の中では動《やや》もすると諸外国の中で軍事予備教育を青年に施している国々のあるのを見て、我が国の青少年訓練事業もこれと同一轍のものであるとのみ考えているものがあるがこれは誤りである。いずれの国もみなその国々の立場が違っているので、ある国では軍事予備教育を施すことが有利でありかつ必要としておっても、ある他の国においては軍隊教育を延長して国民に及ぼす必要もなく、これが得策でもなく、むしろ他の方面に目的を置いて青少年を訓練する方が有利であるという国もあるので、各国の訓練事業が必ずしも目的を一にしているのではない。我が国の訓練事業は我が国の国情なり国家の境遇なりに即した施設であって、以上縷々《るる》申し述べた意味合いの訓練施設である。我が国は国家の境遇、地理的関係、国防資源の関係などによって万一国家に緩急があった場合には開戦劈頭《へきとう》から一定数の精兵と、これが補充に要する兵員とを必要とするのであるが、これら戦士を養成するにはこれに適するように整理された環境、言葉を換えていえば兵営の中で、十分に整頓された教育設備の下で教育を施すのが時間的にも、物質的にももっとも経済であって、その効果ももっとも大である。もしこの教育の一部を青年の所在地ごとに行うとしたならば教官なり、教育設備なり、教育上資材のため多額の費用を要し、しかもその教育の効果たるや蓋《けだ》し不完全なるを免れないであろう。また戦争の際には嘗《かつ》て軍隊において教育を受けた男子だけでは兵員が不足をして他のものを兵員とし使用しなければならぬ場合があるであろうから、これらに対する準備として平時から一般の国民に軍事教育の一部を施しておくのが有利ではないかという考えも起こるが、無理をして不完全な戦闘技術をしいて教えておくよりは、むしろ同じ時間で立派な精神と体軀とを鍛っておき、必要に応じてこの素質のよい青年を兵営に迎え入れて、必要な教育を前に述べたような要領で施す方が却て得策ではないかと考えられる。後方から弾の続いてこないたくさんの兵隊を戦線に並べるということは無意味なことであって、国防資源その他の関係上将来の戦争においても男子の全部が戦線に立つというようなことはあるまいと思われるから、国民中の男子全部に薄っぺらな軍事専門の技術を教育しておくということは意義がはなはだ薄いように思われる。かような次第で我が国においては軍事専門教育の一部を青年に施すことはその必要がなく、むしろそれに費やす時間と経費とをもってどの方面にも伸びていかれる立派な青年を作りあげることに努力する方が遥かに有意義であると思われる。

兵式の訓練方式採用の趣旨

もっとも我が国の兵制は国民皆兵制であるから国民としてはある程度まで軍事の常識を備えておく

のは欠くべからざることでまた将来国家総動員が行われるものとして、その場合にたとえ戦線に行かないまでも国内にあって国家総動員のいずれかの方面の仕事に携わる国民は相当の程度に軍事なるものを理解しておくことはきわめて便利である。かような見地から必要な程度の軍事なるものを体得しておくことは国民としてこれまた努むべきことであって、青年訓練に兵式訓練の方式を採用することはたまたまこの目的をも収め得る結果となる。これ青年訓練に兵式訓練の方式が採用された一つの理由であると思う。

なお青年の身神を鍛錬するためにしいて兵式の訓練方式をとらずとも他に適当の方法があるではないかとの議論がある、これはもっともであるがしかしながら兵式訓練そのものは国民精神の鍛錬、なかんずく規律、節制、剛毅、忍耐、服従の諸徳および協同団結というような精神を養成し、また国家的観念を明徴にし犠牲奉公心を涵養《かんよう》し、時勢に照らし我が国民性に鑑みて青年の磨かねばならぬ以上各種の徳力を備えあげるに都合のよい方式であるということや、その他この訓練方法は津々浦々いずれの土地でも特別に種々の設備を施すことなく何人に対しても立派に行い得るという性質を備えているというような事柄が、この訓練方式をとった他面の理由であると思われる。

これを要するに一般青少年訓練事業なるものは産業の方面にも、国防の方面にもその他あらゆる方面に対して従来より良材を送り出すことを目的として起こされた施設であって、また左様な結果を伴うべきものである。従て今日の各方面における国家の行き詰まりを打開していくには緊要欠くべからざる施設と思われる。

純然たる社会教育事業

以上述べたとおりこの青少年訓練事業は軍事的施設ではなく純然たる社会教育事業の一部であって文部大臣の主管に属することはもとよりである。陸軍としては単に訓練の手段として兵式訓練の方式が採用される意味においてこの施設に関係を有しているに止まると言っても宜しい。世の中には在営年限がこの施設に関連して短縮されるので青年訓練すなわち軍事予備教育ではないかという考えを持った人がたくさんあるが、これも正しい考えではない。青年訓練の期するところは青年の身神を訓錬して立派な国民、公民を作り出すのであるからその訓練の効果は各方面ともに等しく享くべきである。すなわち産業の方面においても交通の方面においてもはたまた軍事の方面においてもいずれの方面においても訓練の効果を享くべきものであって、この意味において陸軍も軍隊教育上の負担の一部を軽減されることとなるので、この問題に関連して在営年限短縮の事柄が議せられることとなった次第である。すなわち軍事の一部を体得したが故に在営年限を短縮するという意味合いでなく、軍事教育を建設すべきその工事の基礎が従来より立派になるという意味合いから、ある程度の年限短縮を青少年訓練がその結果として持ち来らすのである。もっともこの訓練には時間に限りもありその軍隊に及ぼす効果にもおのずから限度があるので、これのみによって数ヵ月も在営年限を短縮するということは考え得られないことであるので、数ヵ月の年限短縮を敢行するためにはなお他の施設もぜひ必要である。すなわちこの訓練に期待し得る効果と相まって軍隊教育の程度を今日以下に低落しないために欠くことのできない施設、および一年次分の兵員しかおらない数ヵ月における軍隊自体の運営、自活、その平時的任務の遂行などにも差支を来さないような必要な施設を軍隊内に行うことは欠くべからざることで、これら両々相まって始めて数ヵ月の短縮ができるのである。かくして多年国民の輿論であった兵役の負担軽減が行われる段取になったのである。

この訓練に対しては現岡田文部大臣は非常な期待を寄せており、また現宇垣陸軍大臣もまた国務大臣の一人としてこの施設が有終の美を完うすることを切に希われておられる。これは国民の軍事能力増進というような狭い意味からではなくて、大局の国家的見地から切にこの施設の成功を祈っておられる次第である。

終わりに臨み本年（大正十五年）四月発布されたる青年訓練所令第一条には「青年訓練所は青年の心身を鍛練して国民たるの資質を向上せしむるを以て目的とす」とあり、またこれと同時に発表されたる岡田文部大臣の訓令中に左の一項がある。

青年の心身を鍛錬して健全なる国民、善良なる公民たるの資質を涵養するは我が国内外の情勢に鑑みすこぶる緊切なるを覚ゆ、しかるに現下青年教養の施設は逐次発達の趨勢にありと雖、なお未だ十分ならざるものあり。これ今回青年訓練の制を定め一般青年に対して適切なる訓練を行わんとする所以なり。しかも本訓練の結果は兵役に服する者に対し在営年限の短縮を伴うが故に、その国家産業の進展に及ぼすべき効果もまたすこぶる大なるものあるべし。

また昨年末我が宇垣陸軍大臣が師団司令部附少将に対してなされたる口演の一節に曰く。

予の考えをもってすれば、青少年訓練なる一大事業が国家国民の克く受け容るるところとなるや否や、ならびにこれが閫国《こうこく》の民人によって真摯真剣に取り扱わるるや否やは、直にもって国運の盛衰消長を画する重大なる試判的の意義を有するものと確信している。換言すれば本訓練を快く受け容れこれを大成し得ざる国家国民の前程は最早光明乏しきものであると思惟する。

はたまた国防の見地よりせば、（中略）国家総動員により挙国皆兵の真義に透徹した戦争の行わるべき近代国防の要義（中略）に稽《かんが》うる時は、将来の国民教育には良民良兵主義の徹底を期し、大なる意味における国防の完璧を期することが喫緊の要事であると信ずる。（中略）

予は叙上の見地に立脚して、曩《さき》には青少年訓練実現の第一段なる学校教育振作のために最善の努力を払い、いままた近く国家の施設として行われんとする一般的青少年訓練事業の助成促進に専念尽力しもって劃時代的の一偉業たり教育史上の一大新施設たるこの国民訓練の大成を期している次第である。

この訓令といい、この口演といい、両々相まって青年訓練の精神を明らかにするものであって、このうえ吾々において蛇足を添える必要はない。

×　×　×　×　×　×　×

これを要するに、前申し述べた国家総動員の準備施設を進めること、ならびに青少年訓練事業を完全に進めていくこと、これらは現在の国家の行き詰まりを打ち開いて国に洋々たる前途を持ち来らすということに種々の意味において大きな貢献をするものであろうと確信する。

（沢本孟虎編『国家総動員の意義』、青山書院、一九二六年）

国家総動員

国家総動員

陸軍省動員課長
陸軍歩兵大佐　永田鉄山

目次

列国のそれと我邦のそれ
準備施設と計画
資源調査
不足物的資源の保護助長培養
不足物的資源の補塡（国外資源の利用、廃品、代用品の利用等）の研究
人的資源に関する諸準備
資源の統合運用を容易ならしむるための諸準備
諜報宣伝戦に関する対策
動員計画
法規的準備

六　結　辞

一　緒　辞

私はただいま御紹介のありました永田大佐でございます。全国各地から御集まりになりました在郷軍人会関係の柱心でおありの皆様方に一場の御話を申し上げますことは、私のまことに光栄に存じますところでございます。しかるところ多忙な常務に追われておりますので、充分の準備もできませずこの壇に登りましたような次第で、御期待にそうような充実した内容を申し上げることのできませぬのは、まことに遺憾に存ずる次第でございます。御手許へ要綱を差し上げてあるはずでありますが、だいたいその要綱の内容の順序に従って申し上げます。まず序論といたしまして国防ということの全般に関する私の意見を申し上げ、本論といたしまして国家総動員に関する事柄を申し上げたいと思います。

この序論すなわち国防全般に渉りますことを皆様に申し上げますのは、いささか釈迦に説法のような感じがいたしまして、百も御承知のことを繰り返して申し上げるような次第でございますが、順序といたしまして概略を申し上げたいと思います。

本論の国家総動員、これに関しましても今日まで言説のうえに文書のうえにしばしば公表されておりますから充分御承知のことと存じますので、私の申し上げますこともすでに御耳にされ御目に触れたことが大部分であるかと考えます、べつに新味のあることを申し上げることはできますまいかと考えます、あらかじめ御含みを願っておきます。

二　平和運動に対する観察

第一に平和運動に対する観察について私の考えを申し述べたいと存じますが、御承知のとおり世界大戦を一期といたしまして、平和運動が劃時代的に高調いたしてきております。はたして永久平和なるものが来るであろうか、あるいはかかる公算があるであろうかということにつきまして、検討をいたしてみたいと思うのであります、まず国家間に紛争の原因が有るか無いかということから調べてまいりたいと存じます。

戦禍の原因に関する探究

第一は経済上の問題についてであります、御承知のとおり各国の人口密度には著しい相違がすでに現状においてあり、さらに人口の増殖率は国において著しい差がありますので、人口の疎密の差異がますます甚だしくなるということは想察に難くないのであります、したがいまして人間の移動が起こるというのも当然の結果であろうと思います。その移動は経済的の福祉をなるべく均等に得させたいという趣旨が主でありましょうが、とにかく人間の移動が起こるのであります。しかるに現代の趨勢とでも申しましょうか、疎なる方面において密なる方面からの移動を遮《さえぎ》るという事実があります以上、そこに国と国との間の紛争が起こらないということは断言できなかろうと思うのであります。

さらに資源の分布の状態を見ますれば、資源の分布の状態は、人口の疎密に必ずしも比例しておらぬことは御承知のとおりであります、また資源の分布の状態は必ずしも需要と一致しておりませぬ。したがって生きんがための要求、各国民が生存を護持しよう、生存を営《いとな》もう、そうして均しく天恵に浴そうという考えからして、そこに経済的の機会均等を欲求する国際運動が起こるということも当然のように思うのであります。のみならず人間は慾望を持っておりますので、より善き生活を営もうという考えからして、あるいは天然資源の争奪をやる、あるいは市場の拡張をやる、あるいは関税保護政策をとるというような関係からして、各国の政策が衝突するというようなことも当然あり得ることのように思うのであります。由来《ゆらい》人間の経済上の利害の分界とでも申しましょうか、利害の境界線は、必ずしも縦の国境ではなく、また必ずしも社会階級の層でもなく、非常に複雑な曲断面を成すように思うのであります。しかしながら国と国との間というような完全なる有機組織体と有機組織体との間、あるいは団結のきわめて密接なる民族と民族との間に経済上の衝突が起こるということは、当然予期してよいように思うのであります。

以上は経済上から見た観察でありますが、第二に民族的感情ならびに思想について観察してみますると、御承知のとおり各民族はそれぞれ異なった感情を持っております。生活、習慣、風俗、文化、道徳がおのおの特色を持っております、大和魂を亜米利加《アメリカ》人に解釈せよと申しましてもおそらくできますまい。かつて独逸《ドイツ》のルーデンドルフ将軍はある日本の将校に対して、次のように申したことがあるそうであります。「諸君がいかに独逸を研究されてもおそらく独逸魂というものは解らぬであろう」、これはもっとものことのように思うのであります。仏蘭西《フランス》のグスターフ・ルボンという人がかつて「人々はおのおの同じ言葉を用いておってもその言葉の意味は各人によって必ずしも同様に消化されない」と申しております。まことにそのとおりでありまして、たとえば「正義人道」と申しましても、我々日本民族の頭で消化される正義人道という意味と、他の国人の頭で消化される意味とは、そこに自然相違があるだろうと思うのであります、すなわち各国民の民族的の感情思想の相違から起こる当然の現象と思うのであります。かように異なる民族的感情を持っておりますので、この感情が激発するところそこに衝突が起こるということも睹《み》易い道理のように思います。人は元来神様ではありませぬで、純正な理性の判断によるものであっても、その間に異同のあるのは免れないように思います。ましてそれに感情が加わるにおいて主張が異なり、そこに衝突が起こるということはもっとも睹《み》易い事柄のように思います。御承知のとおり思想も国によって異なっております、ノルマン・エンジェルがかつて次のようなことを申しております。「将来思想とか観念とかいうもののために国と国との間に紛争が起こることはなかろう。なぜならば思想問題の分界線は国と国との間でなくて国民の間にあるから」。がこれらは楯の一面のみを見た議論のように私は観察するのであります。現に欧羅巴《ヨーロッパ》大戦におきまして、各国それぞれ国内において国民の間に思想の衝突がありましたが、さて国家至上主義を奉じております独逸と、概して自由民主主義を奉じております聯合国側がついに戦を始めたのであります、そうしてこの戦が起こるや各国内の思想の争いは熄《や》んだのであります。またボルセビック［ボルシエビキ］は一つの思想を奉じているのでありますが、このボルセビックと他の国との間に、思想に原因した紛争が絶えないのであります。なおまた国によってあるいはモンロー主義とか、あるいは白人濠洲主義とか、あるいは亜細亜《アジア》モンロー主義とか、もしそういうものがあるとしますならば、これらは国民の層と層との間の思想の問題ではありませぬで、政治的の国境を分界にした問題のように思うのであります。かような次第でありまして、各国の思想の相違にもとづく紛争衝突というようなものもあり得ることのように思うのであります。

第三には社会的の発達についてでありますが、他国の統治を受けている民族、もしくは他の圧迫を受けている被圧迫民族、これらが社会的の発達に伴いまして、他の統治から免れよう独立しよう束縛を脱しようというようなことにもとづきまして、国と国との間に紛争が起こるということも当然あり得ることのように思うのであります。

さらに同一民族の間、同一国民の間において階級的の争いが盛んになってきたことは御承知のとおり現代の現象でありまして、これはマルクスの唯物史観をまつまでもなく、実際いま起こりつつある現象であります。これは国の中の階級間の問題でありますが、この紛争がやがて文化の発達の程度の異なる、あるいは文化の異なる国と国との間の紛争を導き出すという虞れも非常に多いのであります。かように考えてみますと、社会的発達に原因して国際間の紛争が起こるということも、ありやすい事柄のように思うのであります。

以上述べました三つの外に、なおある国家が権勢慾、名誉慾とでも申しましょうか、こういうような慾望を逞《たくま》しゅうするというようなことによって紛争の起こることもありましょう。また奇麗な言葉で申しますと、神秘的観念の暗示とでも申しましょうか、自己民族の優越観から他を征服しようというような考えを、ある国ある民族が起こさないとも限らないと思うのでありますが、そういうことによって起こる紛争というようなものも起こり得るように考えます。文化と文化の衝突ということも、考えてみますればありそうに思うのであります。宗教の相違にもとづく紛争というようなことも、これまた無いではないように思うのであります。かように考えてみますと国と国との間の紛争の原因は多数にあるのでありまして、その各々について考えてみますと、時勢の進運に応じてあるいは薄くなったり濃厚になったり、色々な変化はありましょう。すなわち事により時機によりまして異なるでありましょうが、要するに人が人であって神様になり得ない間は、どうしてもかような紛争の根を絶《た》つことはできぬように思うのであります。

平和運動の過去現在将来

そこでかように紛争はあるのでありますが、さてこの紛争が戦争を見ずして、平和の間に解決ができるかできぬかというのが、次に検討せねばならぬ問題であるのであります。永久の平和は人生の終局の理想であるという考えからいたしまして、なるべくただいま申し述べましたような紛争を取り除けたい、それができないまでもその紛争を平和の間に解決して戦争を避けようというのが、申すまでもなく平和運動の要約であります。その平和運動なるものの過去ならびに現在はどうであるか、将来はいかに成り行くものであろうかということにつきまして、私の考えを一通り御耳に入れたいと思うのであります。

一体戦争というものが本質的に善であるか悪であるかということにつきましても、古来すでに種々の議論があるようであります。ある人は善なりとし、ある人は悪なりとする。さらにまた戦争を客観して、戦争は人生に害毒よりもより多くの利益を齎《もたら》すものである。また他の方面においては戦争は人生に利益よりも多く害毒を持ち来すものである。かように戦争の利害功罪について、古来種々異なった議論があるように思うのであります。お互い人類としても、あるいは国民としても、さらにまた軍人としても、戦争は善なりや悪なりや、また戦争の功罪如何という問題につきましては、相当研究を遂げる必要があるように思うのでありますが、この問題は大分複雑な問題でありますので、しばらく此処ではお預かりといたしまして、かりに戦争は善くないものである、悪である、戦争の人生に及ぼす影響の害の方が多いということを前提として、さてしからば永久の平和が迎え得るか得ないかということについて、簡単に研究をいたしてみたいと思うのであります。申し落としましたが、ただいま述べました戦争を是認する論者が古来すこぶる多いのでありますが、若干の例を挙げてみますと、ヘラクライトス、メイストル、ヘーゲル、ラッブルーヴン、ショッペンハウエル、バックル、ロエスレル、ソン、イライチュケ、イエエンヌというように、十指を屈するに足る有名な学者が戦争を是認しているのであります。

そこで平和運動が成功するものであるかないかという検討に移るのでありますが、この平和運動は御承知のとおりいまに始まったこと新しい問題ではなくして、昔から幾度か繰り返されている事柄であります。すなわちあるいは神の力によって平和の目的を達しようとしたこともあり、あるいは法の力によって平和を持ち来そうとした努力も絶えずあったのであります、前の方は宗教的平和運動、後の方は学理的平和運動とも名づけているようであります。これらの運動が繰返し行われて、現今においては世界戦争を劃して、戦後さらにこの運動が白熱して国際聯盟ができたという事情にあるのであります。この平和運動の紀元は何時からか詳しく存じませぬが、すでに太古からあったことは明らかな事実のようであります。支那の聖賢の教に『平天下百姓輯睦』というようなことがある、これがすなわち平和思想の現れであるように思うのであります。それから西洋ではプラトーの『理想国』における平和の理想というようなものもあり、仏教の法華経の中には『通じて一仏土たらん』というようなことがあり、その他猶太《ユダヤ》教基督《キリスト》教あたりが平和を理想としたことは御承知のとおりであります。しかるに平和を理想とした宗教そのものに原因して、戦争が起こったというような例もしばしばあるのであります。この宗教的平和運動は、今日まで必ずしも成功に歩を進めたとは申されないのであります。学理的根拠に立って平和運動を唱えた者も古来少なくないことは御承知のとおりであります、すなわち主として法の力によって永久平和を招徠しようというのであります。遠い古は姑《しばら》く措きまして、第十六世紀の末葉から第十七世紀の初葉にわたって学者において国際法なるものが研究せられ、法の力によってなるべく戦争を避けよう、またなるべく戦争を緩和しようという運動の起こってきたのは御承知のとおりであります。さらに進んでその法に権威あらしむるために国際聯盟を組織しよう、国際聯盟なるものが必要であるということも当時すでに唱道された事柄であります。すなわち一六三四年には仏蘭西の国王アンリー四世の宰相シュリーによって、国際聯盟計画が世に公にされております。その内容は十五の基督教国から代表者を集めて国際聯盟を組織し、各国の共通問題ならびに係争事件をそれによって処理していこう、聯盟に聯合軍を置いて制裁力を持たそう、最高の裁判所を置いて争議をそれによって裁決しようというのがその梗概であります。さらに降って第十八世紀になりますと、平和運動でもっとも有名な例のサンピエルが『永久平和草案』を出しております。その内容は国際聯盟案でありますが、要綱を申しますと、基督教国二十五ヵ国、なし得れば回々教の国をも加えて国際聯盟を組織しよう、そうして聯盟に加入している各国の常備兵額を六千に制限しよう、領土的の変化は禁止しよう、各国の内政に干渉はすまい、一切の紛議は仲裁裁判の調停に委《まか》そうというのであります。

以上国際聯盟は、今日の国際聯盟とだいたいにおいてその趣を異にしておらないのであります。さらに第十八世紀の末に現れましたカントの平和論、これはもっとも有名なものでありまして、今日平和運動に従事する人が常に研究の対象ともし参考ともしているのでありまして、カントが彼の独特の哲学観に立脚して、現実にも捉われず、空想にも堕せず、学理的の根拠に立って平和の理想を論じたのでありますが、このカントの平和論によりますと、彼は永遠的の平和というものを理想とは認めております。

しかしながらカントは永遠の平和の実現の第一の条件として次のようなことを提唱しております。すなわち国民のすべての意思を通じて、しかも少数の執行者によって真に理想的の賢明なる政治の行われる政治状態の現出すること。これを第一の条件としているのであります。ところでカント自身は、人間は一面理性的の存在であると同時に、他面利己的獣的の性質を帯びているので、この理想的の政治状態の現出は、おそらく不可能であろうというふうに喝破しているのであります。さらに彼は第二の条件として、自由国家から成る国際聯盟の必要を述べております。しかしながらこれに関してもカントは次のように述べております。国際聯盟によって平和の目的を達しようとするには、なるべく多くの国がこれに加盟することが必要である、しかしながら多くの国が加盟すれば加盟するほど、船頭が多くして船が山に上るというような悲哀に陥る虞が多いというふうに申しております。さらに第三の条件としては世界一家主義、すなわち世界が一家のようになるという主義を提唱いたしております。しかしこれについてもカントは、人類が一面世界共和的の自覚を有している半面において、非社交的また排他的の性情をも有している以上、成立はおそらく望み得ないというふうに申しております。

要するに以上の三つの条件とも、おそらく完全なる実現は困難であろうとカント自身は申しております。そこでカントは結論として、永久平和は理想である。しかしながらその実現は超時間的の問題である、すなわち達成はまず不可能であろう。しかしながら人類はこれを理想として、絶えずこれに接近するごとく努力する義務を有しているのである。かように論結しているのであります。平たく申しますと、『永久平和はおそらく実現はすまいが、しかしながら実現するかのように考えて、行動しなくてはならぬ』と申しているのであります。すなわちカントの議論によりますれば、結局永久平和は『敬虔なる願望』ということに了《おわ》るように思うのであります。言葉を換えて申しますれば、人間が神になるということはできないことであるが、しかし人間を神にするごとく努力する必要があるというのと同じ意味合いと思うのであります。

かように古来繰返し平和運動が行われ、平和論が提唱されまして、そうして世界戦の後においていまの国際聯盟が生まれたのであります。いまの国際聯盟は平和の目的を達成するために、正義と法と協同の力、この三つによって一切の国際関係を律して戦争を避けようというのであります。すなわち正義の観念によって暴力を排斥し、侵略主義を敵とする。国際間の紛争を平和的に解決するには法の力によろう、しかしながら法そのものには強制の力が無いからして、法をして権威あらしめるために相当制裁の力を認めよう。すなわち正義に則る法の忠僕といったような意味において、必要なる力を認めようというのであります。しかしながらこの国際聯盟が認めているところの力は超国家的のものではなくて、依然各聯盟国家の主権に従属しております。したがって国際聯盟が平和を解決する完全な鍵でないということは、ここに喋々申し上げるまでもないことと思うのであります。なお今日の国際聯盟においても、カントが申しましたごとく、現状においては全国家が加盟いたしておりませぬ。国際聯盟の目的を達するためにはなるべく多くの国家を網羅する必要がありますが、さて聯盟が殖えれば殖えるほど船頭多くして船が山に上るという結果に了ろうことは、今日までの国際聯盟の実績に徴しましても、一見明瞭であるように思います。なお平和運動の一つの現れとして例の軍縮運動がありますが、戦争は軍備あっての戦争ではなくして、戦争なるものを予期すればこそ軍備があるのでありまして、軍備を制限することによって戦争を避けようというのは、むしろ本末顚倒ではなかろうかと思うのであります。したがって今日の平和運動の収獲は、各国の財政的の方面に利益を齎す以外に、平和問題の解決には効果はきわめて微少なもののように思うのであります。かように見ますと、今日国際聯盟はできましたが、これは過去においてすでに繰返し繰返し提唱されたものが単に形を現したという、すなわち形式上の一進歩に止まって、実質において平和運動がその目的に接近したということは、不幸にして言われぬように思うのであります。

戦争不可避と国防の要

以上すでに充分御承知のようなことを長たらしく申し上げましたが、これを要するに結論といたしましては、今日なお永久平和は捉えてもおらず、将来も捉え得る目算が立たないということになるのであります。議論を離れて実際の方面で見ましても、第十九世紀以来すなわちナポレオン戦争以来世界大戦までの間において、日、英、米、露、仏、伊、独、墺《オーストリア》、土《トルコ》の九ヵ国の主なる外戦を調べてみますと、各国の戦争と戦争との間隔、すなわち平和の持続した年数の平均は、短いのは十年二ヵ月、長いのでも十七年七ヵ月しかないのであります。そうして以上各国の総平均を取ってみますと、平和の持続は十二年五ヵ月で、各国の戦争の継続した期間すなわち戦争の持続した年数を調べてみますと、短いのは平均一年三ヵ月、長いのは二年二ヵ月に及んでおります、そうして各国の総平均は一年八ヵ月となっております。さらに以上述べました九ヵ国の分をすべて一団と見て計算しますと、平和の時代が平均四年八ヵ月、戦争の期間が平均一年六ヵ月となっております、これは否み難い数字的の史実であります。なおホーマーリーという人の説に従いますと、歴史あって以来三千四百年、この間に平和はわずかに三百三十年、すなわち全期間の十分の一ということになっております。これを要するに歴史的に見ますと、歴史は平和と戦争との交錯でありまして、平和はむしろ戦争のための息抜き期間準備期間のようにも見ゆるのであります。世界戦争の後においてもすでに御承知のとおり一九二〇年には露西亜《ロシア》と波蘭《ポーランド》との戦争があり、一九二二年には希臘《ギリシヤ》と土耳古《トルコ》との戦争があり、また旧墺《オーストリア》匈《ハンガリー》帝国の帝王でありましたカール廃帝の復辟《ふくへき》運動に関聯して、ユーゴースラブ《［ユーゴスラビア］》、チェック・スロバック《［チエコスロバキア］》、ルーマニヤの三国が、欧羅巴《ヨーロッパ》戦争の動機になりました墺匈国がセルビヤに向かって発した最後通牒よりも、もっと峻烈な最後通牒を匈牙利《ハンガリー》に突き付けて、以上三国が動員令を発して中央欧羅巴に大動乱が勃発しようとしたことも御承知のとおりであります。かようにして彼の世界戦争の惨禍に懲りました欧羅巴人の間に、すでに戦後においてただいま申したような戦争は絶えないのであります。

以上は私の平和運動に関するだいたいの観察でありますが、かような次第でありまして、今日戦争の避くべからざることはやむを得ない実際の事実のように思うのであります。したがって国家を否定するか、あるいは国家存立の条件のある一部を否定しない以上は、戦争を対象としての国防が絶対に必要であるということは、動かすことのできないことのように思うのであります。そこでしからば国防の意義、方針、計画というようなものは、どんなものであるかという点について御話を進めたいと思うのであります。

三　国防の意義と現代の国防施設

およそ国がありますれば、国を存立せしめ、またその存立をして意義あらしむるということは当然の要求であります。すなわち国の権益を擁護し、国の理想使命を遂行するということは当然でありまして、これがために生ずる国の要求がすなわち国是となって現るると思うのであります。この国是なるものはもとよりいわゆる正義人道に則ったものであることが必要であり、また最小限の要求でなければならぬと思うのであります。しかしながらこの国是なるものは各国の主観にもとづくものであります。ところで前にすでに縷々申し上げましたとおり、世界は思想や感情や文化やあるいは物質的境遇のおのおの相違した各国の対立であります。かように異なった国々の国是そのものを客観的に観ました場合に、そこに齟齬《そご》のあるのは当然と思うのであります。一国の正しいと信じた国是が、必ずしも他から正しいとは認容されないのであります。

国防の意義

ここにおいてか威力をもって国是の貫徹を保障するということは、永久平和の来ておらない今日では絶対必要のことで、この威力をもってする国是貫徹の保障ということが、すなわち国防ということであると思うのであります。国防という言葉は、国是遂行の威力的保障というような概念を現したところの、一つの抽象的の表現であると思うのであります。これを具体的に観察しますと、すなわち戦争力とかあるいは国防施設とかいうことになろうと思うのであります。そうしてこの国防の対象はもとより戦争であります。

戦争の進化

そこで以上申し述べました国防の意義は、古も今も少しも変わりはないと思うのであります。しかしながらただいま申し述べました国防の対象は戦争でありますが、国防の対象である戦争そのものは時とともに進化して止みませぬ。ことに世界戦を一期として、戦争そのものの性質は一変してきたように思うのであります。古は一二の英雄やあるいは極く一部の支配階級の意思によって戦争が行われたということもあるようでありますが、これは過去の夢でありまして、今日のように全国民の意思が国家の行為に反映する時代においては、戦争は国民の自覚にもとづいて行われるというのが自然であろうと思うのであります。すなわち戦争の性質は国民的であると思うのであります。戦争がきわめて靱強にきわめて真剣執拗に行われるということは、すなわち戦争が国民的性質を帯びていることに胚胎しているのであります。その現れとして戦争の期間が長くなり、また戦争がすこぶる深刻になるということであるのであります。また文運の進化に伴って工芸が発達すると、これに関聯して軍制、兵器、戦法が革新を促されてまいるのであります。ことに交通通信の発達によって交戦兵力が著しく増大され、また交戦地域が著しく拡大され、なおまた兵器の進歩によって軍需品の量額が著しく巨額に上る。かようなことからいたしまして、戦争の規模がますます広大になるというのももちろんのことと思うのであります。また国際政治経済の関係がきわめて複雑になって来た関係から、従来は多く一国対一国の戦争であったのが、将来は数国対数国の聯合の角逐になるというような趨勢も、帯びてきつつあるように思います。かような次第で戦争の性質そのものは、古と今では著しく差があるように思うのであります。すなわち一言にして申しますれば、戦争の規模、期間はますます大きく長くなり、そうして戦争の性質がきわめて真剣、執拗、靱強になってきたと申して宜しいと思うのであります。さらに言葉を換えて申しますと、現代の戦争は本質的に見ますと国民戦であり、形式的に見ますと国力戦であるというふうに申されるかと思うのであります、先般の世界大戦は、ただいま私が申し上げましたようなことを如実に現していると思うのであります。

国防施設の変革

以上申し述べましたとおり、戦争の性質が変わってまいりますれば、したがって国防の施設そのものも当然変更を伴うものと思うのであります。往時は平時から整えてあります軍備にプラス動員ということによって戦時武力を構成して、それを運用するのが戦争の主体であったのであります。そうして平時軍備の構成ということは、主として固定予想敵を標準として立て定めるというふうであったのであります。しかるに現代の国防施設においては、戦争の進化に順応して軍備の建て方も変わってこなければならぬと思うのであります。がさらに軍備以外に、べつに国力戦を準備するところの総動員の準備計画がぜひ伴わなければならぬと思うのであります、すなわち戦争力を構成し得べき一切の資源、有形無形人的物的のあらゆる国内の資源をすべて組織運用して、最大の戦争力を発揮するという施設が必要になってきたように思うのであります。またかようになりました関係上、従来の国防は概して相対的のものであったのが――もとより今日の国防施設も相対的の性質は失わないのでありますが――ある程度までは国防の絶対性が増加されたとも申し得るかと思うのであります。

ただいま私の申しました国防施設の変化ということは、列国の今日の国防施設方針などを調べてみれば明瞭に解るのであります。一二の例を申しますと、仏蘭西《フランス》はヴェルサイユ条約の保障、敵国軍の本土侵入の防衛、海外利権の擁護、ならびに国家総動員の掩護、この四つの大きな事柄を目標として平時の軍備を定めております。陸軍軍備といたしましては、本国に歩兵三十二師団、騎兵五師団、航空兵二師団、其他総予備若干、この外に殖民地警備のために二十余万の常備兵額を定め、その配置は以上申し述べました四大目的に合するように立てられているのであります。すなわちきわめて優勢な常備軍を準備すると同時に、この常備軍は総動員の掩護をも目的としているのでありまして、これの掩護の下に総動員が営まれるのであります。総動員はなるべく迅速に徹底的に営もう、これを営むためには平時から充分な準備が必要であるというので、後にも申し上げますが国家総動員法というような法規を制定いたそうとし、また国家総動員を準備すべき各種の機関を設置して、孜々《しし》として準備計画に努めているのであります。

次に亜米利加《アメリカ》の例を申し上げますならば、亜米利加は開戦にあたりまして平時から常設してあります正規軍——正規軍は整備目標を九個師団に取っております——この正規軍をまず動員いたし、これに護国軍の十八師団および編成予備軍の一部を加えて、差し当たりこれで国境ならびに海岸の守備をしよう、そうしてこの軍の掩護によって国内の大動員を行おう、なおその間に国民の軍事訓練を完成しよう、海軍は本土の掩護を陸軍に委して独立作戦しよう、なお由来国防は単に国土の保安をするのみでは目的は達せられない、必ずや攻勢作戦によって敵軍を撃破せねばならぬというので、国内の大動員が完成したならば、大遠征軍を組織して攻勢作戦に出よう、というのが亜米利加国防の方針のようであります。すなわち常設軍備と国家総動員準備との両《ふた》つながら含んでいる国防方針であります。

ここに私共として注意しなければなりませぬことは、以上仏蘭西にしても亜米利加にしても、孰《いず》れも常備軍には国家総動員の掩護という任務を付せられておりまして、これは当然のことと思うのでありますが、両者の常設軍備には著しい懸隔があることであります。すなわち仏蘭西の方は大軍備を擁しておりますが、亜米利加の方は国力に比して非常に小さな軍備を持っているということは吾々の注目せねばならぬ点であります。がこれは皆様には申し上げるまでもなく、仏蘭西は御承知のとおり接壌国であります関係上、開戦劈頭から大きな戦争力を発揮して、戦略的攻勢によって国防の目的を達しよう、速戦即決をやろう、そうして総動員はこの速戦即決が目的を達せられずに、戦争が持久した場合の用に応じよう、なお戦争の進むに従って兵団を拡充する用に供しようという趣旨からして、常設軍備が大きくなっていると思います。これに反して亜米利加は地理的関係からして守るには非常に易いのであります。なおまた国防に関係を有している各種の資源がきわめて豊富であります。でありますからこの守るに易い地理的関係を利用して、少数の兵力をもってまず開戦劈頭の守備をなさしめ、しかる後有り余るほどたくさんある資源を組織統合して大動員を行って、しかる後悠々と遠征を試みよう。これは亜米利加の国家的地位、国の境遇からして当然のことと思います、すなわちそれぞれ国情によって国防方針が立てられているのであります。

かように国防の施設の内容が変更してきております関係上、今日では軍備の大小がすなわち戦争力の大小であるというようなことはもとより申されませぬ。かと申してまた国防に関係のある資源の大小が、すなわち戦争力の大小であるというようなことももとより申されぬのであります。また戦争力を形成するために要する時間の多少、ならびに手順の良否というようなことも、直接戦争力そのものの大小に影響を持つのであります。したがって国防の方針を定めます要義は、その国の地位境遇、比隣の状況、内国の事情、ことに内国の資源の状態などを考えまして、所望の戦争力を所望の時期に形成し得るように軍備と総動員準備とを立てるということに存するように思うのであります。孰《いず》れにいたしましても常設軍備を欠くことはできませず、総動員の準備施設も欠くことができず、両者相まって始めて国防が完きを得るのでありますが、さてその孰れに多くを依存すべきかということは、おのおのその国情によって違うということに帰結いたすのであります。

大層御耳だるいことを永々喋《しゃべ》り立てましたが、以上総動員の御話を申し上げます順序といたしまして、緒論として申し述べたのでありますが、以下本論に入りまして、国家総動員のことについて申し上げたいと思います。

四　国家総動員の梗概

史　実

申し上げるまでもなく、国家総動員は世界戦の産物とも申して宜しかろうと思うのでありまして、従来の戦役にはほとんど見ることのできなかった現象であると思うのであります。すなわち古の戦役においては、主として陸海軍のみによって交戦目的を達成して、国家社会の全般に渉《わた》って戦時特別の態様を執《と》ったというようなことはなかったのであります。が世界戦争は期間が長く、規模がすこぶる広大でありましたために、戦局の進展に伴いまして、国家社会全般を挙げて戦時の態勢に移ったのであります。すなわちまず戦争に直接必要のあります原料、材料、燃料、あるいは工業を統制し、さらにその統制の範囲を漸次拡張して、あるいは食糧農産物まで及ぼして、終には一国の全産業を国家の一貫した意思によって統一的に編成し、統合し、運用するというようなことになったのであります。水陸両方面の交通通信においても同様でありまして、これらの大部分は政府の司掌の下に移されまして、政府の一貫した意思に従って、最大の能力を発揮するように組織統制されたのであります。国民の配置でありますとか、あるいは職業分配というようなことをやはり国家の意思によって統制されまして、人の力を戦争遂行にもっとも有効に残りなく利用することに努めたのであります。労役強制というような制度が各国に施かれましたことは御承知のとおりであります。さらに財政、金融、教育というようなこともまた戦時の要求に応じて、その状態を戦時向きに引き直されたのであります。学術技芸というような方面も、戦争に最大の寄与貢献をするようにこれまた組織統制されたのであります。その他、外は諜報勤務とか、あるいは対内対外宣伝とか、救護衛生の施設というようなものも、これまた平時の態勢から戦時の態勢に引き移されまして、戦争遂行にもっとも有効なように統制されたのであります。一言にして申しますと国全般が戦時の態勢に移って、国のあらゆる資源が戦争遂行にもっとも都合の好いように統制按排《あんばい》されたのであります。はなはだ抽象的の申し述べようでありますが、詳細はすでに御承知のことと存じますので省略いたしまして、世界戦においてはただいま申し述べましたように、要するに一切の物が組織統制されて戦争力発揮に資するということになったのであります。がこの世界戦における国家総動員は、あらかじめ準備があって営まれたのではなく不準備の下に行われましたので、施設が多くは応急的弥縫《びほう》的でありまして、必要に引き付けられてはある一つの事柄を行い、さらにまた必要の生ずるに迨《およ》んで次の事柄を行うというようなふうに、逐次的に実行されたのでありますが、これを結果から見ますと、また綜合してみますと、いわゆる国家総動員を行ったということになっているのであります。

意義内容

この世界戦の教訓から帰納いたしまして、しからば国家総動員ということの意義はどうであるか、その内容はどんなものであるかと申しますれば、国家総動員の意義は次のような言葉で尽くせるように思います。すなわち一国の人的物的有形無形あらゆる要素を統合組織運用して、最大の戦闘力を発揮する事業であると申されようと思います。別の申し方にいたしますれば、国力戦をもっとも有効に遂行するために、国家社会を平時の状態から戦時の態勢に引き移して、一国の利用し得る人、物、金、その他無形の方向にも渉ってあらゆる要素を統合運用して、最大の戦力を発揮させることであるというふうに申されようかと思うのであります。

資源ということをしばしば申しましたが、資源と申しますのは人、人においては精神方面も体力方面も含みます。物、物は原料、材料、燃料、その他製品一切、進んでは各種の産業交通というような事柄、金融、財政、教育というような無形の事柄、その他の一切を指した非常に広い意味の言葉と御承知を願いたいのであります。

ただいまの申し方ではあまりに抽象に失しますが、さてその内容はどんなことであるかと申しますと、第一が人員の統制按排《あんばい》すなわち国民の統制按排であります。これは戦時非常にたくさんの需要のあります軍の要員を完全に充足すると同時に、国民をおのおのその能力に応じて適処に配当して、全国民の力を戦争遂行にもっとも都合の好いように配列するという事柄であります。欧州戦において各国が国民の配置、職業分配ということを適当に規正するために、あるいは職業仲介機関を働かせて自然的に目的を達しようと努め、それで目的の達成が困難となるや、ついに強制労役法というようなものを制定して、強制的に労力の配当を規定したことは御承知のとおりであります。その他人員の統制按排ということについて細部に渉りますと種々の処置があるのでありますが、これらは省略いたしまして、第二は生産、分配、消費などの調節であります。これは申すまでもなく軍需品の供給を充分にし、さらに他面において国民の生活、国家の生存に必要欠くべからざる物の供給を充分にするために、あらゆる物の生産、分配、消費を規定しようというのであります。世界戦において各国が原料、材料、燃料をあるいは国家の管理に移しましたり、あるいはその他の方法によってこれが使用を制限するというようなことをいたしているのは、すなわちこれの一つであります。あるいは工場の転換をして普通の工場を軍需品の工場に引き直すということによって、軍需品の生産を増加し、食糧の消費を節約するために食券制度と申しますか、切符制度で食糧の配給の制限をするというようなことも実施いたしております。極端な消費の節約としては、石炭のような燃料の節約のために、なるべく日光を利用しようというので、夏になると時計を一時間進めることにいたしておりますが、これらは消費節約の見地から出たことでありまして、その他に種々の施設を行う必要があるように思うのであります。工業動員、汎《ひろ》く申しますと産業動員というようなことは主としてこれに相当するのであります。第三には交通の統制でありますが、これは空、水、陸一切の運輸通信を戦時の要求に応ずるごとく統制して、最大限の能力を発揮させるにほかならないのであります。第四には財政ならびに金融に関する措置でありますが、これは戦争に必要なる費用すなわち戦費、その他戦争遂行上必要なる資金を、もっとも迅速にもっとも的確に調達する、なお金融市場の攪乱を避くるために、必要なる手段を講ずるというような事柄であります。

以上のほかなおもっとも有利に国力戦を遂行するためにあらゆる措置を講ずるのでありますが、その例を申しますれば、教育訓練を戦時の要求に適応するように引き直す、学術技芸を国防の目的にもっとも多く貢献するようにこれを統合利用する、戦時労働争議を防止し解決する、救護、扶助、保健、衛生というような施設を、戦時向きに引き直す、というような事柄がそれであります。これらがすなわち国家総動員の内容であります。

この国家総動員の内容なるものは、ただいまも申し述べましたとおり非常に広汎であり、かつ複雑多岐であります。この広汎にして複雑多岐なる事業を、欧羅巴戦においては事前の準備なくして各国が営んだのであります。その結果適当にこの国家総動員が営まれなかったということは想像にあまりあるのでありまして、列国はこの苦き経験を嘗《な》めまして、将来戦に対してはどうしても周到なる準備計画をもってこれに莅《のぞ》まなければならぬということに議論が一致している次第でありまして、これは当然のことと思うのであります。

次に国家総動員の準備に関して、稍々《しょうしょう》具体的に詳しく申し上げたいと思いますが、大分時間が長くなりましたので、十五分間ほど休ましで戴きまして、引き続いて五『国家総動員の準備』以下を申し述べたいと思います。

五　国家総動員の準備

列国のそれと我邦のそれ

休憩前の総動員の御話を続けます、国家総動員の準備についてでありますが、外国はこれに関していかに準備計画を進めつつあるか、続いて日本の準備計画はどう進みつつあるかという点について申し上げます。先ほども申し上げましたが、世界戦における国家総動員は不準備の下に行われましたので、各国はすこぶる苦い経験を嘗めております。すなわち応急的に実施いたしました結果、あるいは前後の施設が重複いたしましたり、扞格《かんかく》をいたしましたり、あるいは力が分散いたしましたり、したがって時間のうえにも、労力のうえにも、経費のうえにも無駄な費えをたくさん出しているのであります。かくして得た苦い経験にもとづきまして、歴戦各国はいずれも国家総動員の準備を将来戦に対して周到に立てなければならないという考えを持ちまして、戦争が了ると間もなく戦争の創痍を癒すに汲々営々たる間から、已《すで》に将来戦に対して著々総動員の準備計画を進め来っているのであります。この総動員の準備計画を周到に綿密にあらかじめ立てておかなければならぬということに関しては、歴戦各国の首脳者、ことに総動員の衝に当たった人々が異口同音に絶叫いたしております。亜米利加の食糧長官をいたしておりましたフーバーにしても、独逸の工業動員を創始いたしましたラーテナウにしても、あるいは英吉利《イギリス》の軍需大臣をいたしておりましたロイド・ジョージにしても、その他ルーデンドルフ、皆この必要を痛切に述べているのであります。

準備施設と計画

そこで列国の準備計画がどう進みつつあるかということについて、極くざっと二三の点について申し上げますと、仏蘭西においては一九二一年に高等国防会議というのを国家総動員の最高諮詢機関にいたしまして、これに必要なる研究機関および事務機関を附けまして、中央機関の体制を整え著々準備計画を進めているのであります。なおこの総動員の準備施設ならびに戦時におけるこれが実行をして充分にかつ徹底的ならしむるために、どうしても一つの基礎法律が必要であるという見地からして、一九二四年に政府から議会に国家総動員法案というのを提出しております。これは可なり長い日子を要しましたが、本年三月下院を通過して、いまや上院の通過を待っているのであります。全文四十五条から成っておりまして、要するに国家総動員の基礎法規でありますが、この法案の議会における討議に際しまして、下院の軍事委員長ポール・ボンクールという人の説明がありますが、これを申し上げますとだいたい法律制定の趣旨ならびに内容の梗概が窺われますので、それをただいまから申し上げます、ボール・ボンクール氏は次のように説明しております。

戦争はこれを絶滅することはできない、そうしてその期間の長短如何にかかわらず、古のように軍隊のみの交戦ではなくて、全国民全資源をもってする角逐に変わってきている。であるから国家は有事の場合には国力戦に適するごとく編成せられ、また国家総動員の準備には国家のあらゆる機関がこれに任じなければならない。戦時における国家の編成は平時の政治経済に適応せしめ、もって平時の態勢から戦時の姿勢への移り変わりを容易にすることが必要である。以上の基礎観念にもとづいて、仏蘭西国民はその男たると女たるとを問わず、また私人たると法律上の団体たるとを論ぜず、一律に直接または間接に国防上の義務を負担すべきものであり、また各個人団体はそれぞれ適任の仕事に使用せらるべきである。また国防に必要なる総ての物的資源は、政府において使用し得るごとく提供せらるべきである。ただし強制取得はやむを得ない場合に限り、努めて一般の営利的行為を妨げないような注意が必要である。

こういうふうに申し述べております。この法律の第四条を見ますと、この法律が何を規定しようとするかというだいたいが窺われるのでありますが、それの要旨は次のようであります。

国家動員の中の最も主なる行為である所の陸海軍動員は陸海軍省に於て準備せられ且つ其の監督の下に実施さるる

国家動員は以上の陸海軍動員の外に次のものを含んで居る

(一) 総ての交通機関（運輸及通信を含む）を軍事上の要求並に国家の一般の所要に適応せしむる如くに整理運用する事

(二) 経済上に於ては先ず各種軍需の要求に応ずる準備を為し次に国家の一般所要及民間の避くべからざる需要を充足せしむべき措置を講ずる事

(三) 社会問題に関しては戦時の為め国民相互或は国民と国家との関係を律する法律及規則の改正を準備する事

(四) 智的事項に関しては国防を有利ならしむる為め智能の利用を研究する事

(五) 国家の精神的活力を保障する為め必要なる研究を準備する事

こういうことを第四条に規定してあります。かような基礎法律を立てまして、もっとも徹底した国家総動員を有事の日に敢行するごとく、平時から方針を確立しようというのであります。

伊太利《イタリア》におきましても同様一九二三年に国防最高会議を新たに組織して、これを国家総動員の最高諮詢機関とし、なおもっとも有力なる国家総動員準備委員会というのを編成して、これに国防会議の諮詢に応じて、国家総資源の編成準備利用の方法を研究する任務を持たせてあります。なおこの二つの機関の事務を掌《つかさど》るために、これに事務機関を隷属させてあります。次で一九二五年の夏には国家総動員の基礎法律たる伊国国家動員法というのが、議会を完全に通過いたしているのであります。これは全文十五条から成る簡単な法律でありますが、それによりまして有事の際に全国家を挙げて戦争に適応する態勢に編成換えをするため必要なる事柄を、平時から充分に準備することができるようになっているのであります。政府はこの法律の規定によりまして、一旦緩急あった場合には、ただちに貿易、軍需品工業、食糧問題、宣伝、救護、労力統制、肥料配当というようなことに関する特別の機関を、某国務省に隷属させて設置することができるということになっております。なおこの法律においては、各省等が平時から国家総動員のために準備すべき基礎事項を規定してあります。

次に亜米利加は御承知のとおり、欧羅巴各国が準備なくして国家総動員を行いために大に周章狼狽した状態をよく観察しておりまして、しかる後戦争に参加しましたので、戦争参加前にすでに国家総動員に必要なる機関、ならびに法規の整備を一通り実行いたしたのであります。すなわち国防法を制定しまた国防会議、同顧問委員会というようなものを当時設立いたしております。この国防会議ならびに顧問委員会は今日もなお法律的には存在しておりますが、今日は活動を停止して、亜米利加の国家総動員準備は、同国の陸軍省が主体となって企画しつつあるのであります。が陸軍と海軍との軍需品の権衡を調節する機関として、陸軍省の外にべつに陸海軍聯合軍需委員会というものを設けて、両軍の需要の調節を計ることにいたしております。一九二四年には下院の議員から、やはり仏伊両国同様に、国家総動員の基礎法律とも申すべき産業動員法案というのを議会に提出しております。これはまだ通過いたしておりませぬが、引き続き一九二六年の正月には、上院議員のキャッパー、下院議員のジョンソンの両氏から、これまた産業動員法案というのを議会に提出しております。その内容は要するに有事の際には全資源統制の全権を大統領に委ねて、大統領の権能によって全資源を思うとおり統制しようというのであります。申さば白紙的全権委任法律案とでも申しましょうか、あらゆる総動員の権能を大統領に与えて、大統領をして処断せしめようというのであります。これはまだ通過いたしませぬが、現在は陸軍省とくに陸軍省内の次官局が主となって、産業動員の計画を著々具体的に進めつつあるのであります。すでに六千余の工場と陸軍との間に、有事の際にはただちに軍需工場に転換しようというような契約が成立いたしております。その他米国陸軍は産業大学を設立して、国家総動員の要員を養成するということもいたしております。前後二回にわたって国家総動員演習をやったことは、新聞等で充分御承知のとおりであります。なお亜米利加では中央機関の外に地方機関として全国を十四個の国家総動員管区に区分して、各管区には軍需品調弁に任ずる調弁委員会というものを置いて、委員長には地方のもっとも有力なる実業家を充て、なお委員としては先ほど申しました陸軍省の次官局の各関係の局から適任の将校若干を派遣して、この委員の組織内に加えております。なお地方の調弁委員の下には顧問委員会というのが附属されております、これらの顧問委員というのは、すべて自発的に産業動員計画の作成に参与する人達でありまして、むろん全部無報酬であります。一例を挙げて申しますと、紐育《ニューヨーク》の管区の地方顧問委員会では、亜米利加の製鉄協会の長をしており、また亜米利加の鋼鉄組合の委員長で、日米親善の功によって日本から勲二等を授けられておりますオーラブル・ゲリーという人が委員長をしております。かような有様でありまして、地方機関もすでに整備されて、中央地方相呼応して総動員計画が著々進みつつあるのであります。その他の各国においても、目下それぞれ準備計画を進めつつあります。

さて飜《ひるがえ》って我が国の総動員準備は今日までいかに進んできたか、現在いかなる状態にあるかを申し上げますと、これもすでに御承知のことと存じますが、世界大戦中に列国が著々この総動員を実行しているのを見て、我が国ことに軍部においては将来のために総動員の研究に著手しまして、大正九年頃には将来いかなる準備計画をせねばならぬかということに関して、具体的の成案を得る程度に進んでおったのであります。これより先露西亜の単独講和によって、独逸軍あるいは露軍あたりが東洋方面に進出しあるいは日本軍が西伯利《シベリア》方面抔《など》に出兵でもするような事態が起こるかも知れぬという考慮から、大正七年とりあえず軍需工業動員の準備に必要なる施設だけでも始めようではないかというので、例の軍需工業動員法が議会を通過いたしたのであります。この軍需工業動員法の制定に関聯して内閣には軍需局が設置され、また陸海軍省はもとよりその他の関係各省の中にも、軍需工業動員に必要なる機関あるいは人員を増加されたのであります。元来この軍需工業動員法と申しますのは、軍需資源の調査ならびに取得、軍需工業の助長奨励を内容としている法律でありまして、これは広い意味における国家総動員の全部の基礎を成しているものではないのであります。がこの法律のできたこと、ならびにこれに関聯して各種の機関ができましたことは、取りも直さず国家総動員の準備のある部分に手を染められたことであったのであります。その後軍需局が内閣統計局と統一して国勢院なるものができ、もとの内閣統計局は国勢院第一部、もとの軍需局は国勢院第二部として、第二部が主として軍需工業動員に関する事務を執ったことは御承知のとおりであります。爾来《じらい》国勢院は関係官庁と協調して、徐《おもむ》ろに軍需工業動員の計画施設を進めつつあったのでありますが、不幸にして大正十一年の行政整理によって廃止の運命を見たのであります。存続わずかに四年でありまして不幸にして倒れたのであります。したがってそのなした事柄も具体的の事柄はあまり多くはないのであります。これはまことに遺憾でありましたが、致し方がない過去の事実であります。そこで国勢院が廃止されますと、国勢院のやっておりました仕事の中で、軍需の調査は時の農商務省、今日では商工省の所管に移り、さらに最近資源局ができたのでこれの所管に移って生きております。なお軍需工業の助長奨励、この仕事も時の農商務省、引き続き商工省に移りましたが、この方は最近まで軍需工業助長奨励に関する予算が組まれておりましたが、最近商工省の一般の工業助成の予算の中に包括されて、ただいまでは実質は存しているとは申しますが、名とともに事実無くなったも同様の状態にあります。かような有様で国勢院が廃止されましたので、軍需工業動員の基礎である資源の配当というような事柄の中心点が無くなったのであります。資源の配当と申しますと、国民の需要としてどれだけの資源を使う、軍需としてどれだけの資源を使う、軍需の中では陸軍はどれだけ、海軍はどれだけ使うという割り当て、こういう中心が無くなったのでありまして、そこで陸海軍が軍需工業動員の計画を立てようと思いましても、各々の資源の割り前が明瞭でありませぬために計画の基礎が無い。そこで動員計画を進めてみましても、さて明確に己の資源の分け前が判らない。そこで両軍の計画が喰い違いを生じ同じ資源を両方で狙っているというような関係が生じますので、まことに不便であるということからして、大正十二年すなわち国勢院の廃止の翌年に、陸海軍軍需工業動員協定委員会を陸海軍の職員その他によって組織して、これで両軍の資源の配当に関する協定を遂げようではないかということになって今日にいたったのであります。がこれはもとより応急姑息の手段で、単に陸海軍だけの配当の問題で、その他の方面に及んでおりませず、またこの協定委員会は需要者と需要者が寄っての委員会でありますので、今日まで充分にその効果を挙げ得たとは考えられぬのであります。

かような有様で我が国は比較的列国に先んじて総動員の準備機関を整備いたしたのでありますが、不幸にして早く挫折してしまったのであります。ところが最近にいたりますと欧米各国は著々この準備を進めている。日本の方はこれに対して準備が不充分であるというようなことからして、第五十議会において、国家総動員準備機関というものが必要ではないかというような議論が、可なり囂《かまびす》しく起こったのであります。政府当局においても輿論のあるところに鑑み、また内外の情勢上この機関が必要であるという見地からして、第五十一議会にとりあえず国家総動員機関設置準備委員会というものの組織に必要なる予算を提出して、これが可決となりましたので、一昨年の春頃内閣で国家総動員機関設置準備委員会というものを組織して、その委員会において、将来総動員準備機関を立てるとしたならばいかなる組織体系のものを立てるか、またいかなる任務を与えるが宜しいか、各省との関係をいかにするが宜しいかという根本事項の研究をすることになったのであります。この準備委員会においてただいま申し述べましたようなことを研究して、その結果を総理大臣に具申して、それにもとづきまして、第五十二議会に愈《いよい》よ国家総動員準備機関の設置に必要なる予算が提出されて協賛を得ましたので、愈よ総動員準備機関が設立されることになって、先般官制の発布を見た次第であります。

そもそもこの国家総動員の準備計画と申すようなことは、先刻来縷《る》々《る》申し述べましたとおりきわめて多岐広汎でありますので、この全部の仕事を一纏めにして、某省もしくは某一局で掌るというようなことは、とうてい庶幾のできないことであります。この準備計画の仕事は、どうしてもそれぞれ関係のある各省等で分担して進むべきものであります。しかしながら各省等でそれぞれ分担して進めるには、国家総動員をかれこれ連絡統一する事務がきわめて必要であります。でありますからそういう事務に任ずる機関を置く必要があります。なおまた国家総動員は各方面の知識を集め、真に挙国一致してその準備計画に当たらなければならぬのでありますから、そういう意味合いに適合する機関を設ける必要があります。すなわち官民合同の有力なる諮詢機関を持つ必要もあろう。こういうような事柄が国家総動員機関設置準備委員会の結論の要綱でありまして、したがってこれにもとづいて立てられました今日の総動員準備機関の体系は、ただいま申しました趣旨にそうようにできているのであります。先般官制の発布を見ましたのは、資源局と資源審議会の二つでありますが、資源局は上述の連絡協調に任ずる事務機関であり、資源審議会なるものは、官民合同の一大諮詢機関であるのでありま す。執行機関としては各省等が分担してこれに任ずるという立て前からいたしまして、執行機関はこの際新設されないのであります。

そこで現在の国家総動員準備機関のだいたいを申し述べますと、ただいま申しました資源局、これが内閣の外局となっておりまして、編成は長官が一人、これは勅任で、次官格の人が長官になっております。書記官が四名、武官の事務官が二名、これは陸海軍から各々一名ずつ将校が出ております。その他統計官、技師合わせて三名、判任官十八名というようなきわめて小さな編成であります。この外に参与というのがあります。参与は各省の勅任官の中から関係者を集めて組織するのでありまして、関係のある省からのみそれぞれ一名宛出しておりますが、陸軍はとくに陸軍省の官制の関係上、二名すなわち軍務局長と整備局長とが参与になっております。この外に兼任事務官を多数置かれまして、これは関係のある各省から任命されます。多くは各省一人でありますが、陸海軍だけはとくに関係が深いというので、各々五名ずつの兼任事務官を出しております。資源局の任務は人的物的資源の調査、培養、助長、および統制、運用に関する事項の統轄の事務を掌《つかさど》ることになっております。なお統轄のために必要なる執行事務の一部をも掌ることになっておりまして、総務、調査、施設、企劃の四課から成っております。

次に諮詢機関であります。これは先ほど申しました資源審議会がそれであります。その目的は繰返して申し上げますが真に挙国一致の実を挙げ、また各方面の知識を網羅するという意味からして、委員は官民両方面から適任者を簡抜してこれに充てております。総裁は総理大臣でありまして、副総裁が二人、委員は三十五人以内でありまして、陸海軍の軍人、ならびに関係各省等の勅任官、民間の実業家、学者、貴衆両院議員から成っております。軍人としては陸海軍次官、陸軍の参謀次長、ならびに海軍の軍令部次長が加わっております。これは内閣総理大臣に隷しておりまして、総理大臣の諮詢に応じて、総動員に関する重要なる事項の調査審議に任じ、意見を総理大臣に具申するということになっております。

次に総動員準備の執行業務は、主として各省その他の官庁が分任することになっておりますことは、先ほど申し上げましたとおりであります。ただしこれがために増員を行う、あるいは各省その他官庁の組織を変えるということは差し当たりはすまい、なるべく現在の人員をもって仕事を進めていこう、しかしながら将来業務の進展に応じて、必要があれば人員を増し規模も大きくしよう、ということになっております。それから総動員業務を進めていきますには、官庁で施設経営いたします外に、努めて民間の団体と協力協調を計っていくということになっております。

以上は中央機関でありますが、その外に地方機関も必要があるのであります。地方機関としては差し当たり特別に設置することなく、現在各庁に隷している地方機関をそのまま利用することになっておりまして、これらの地方機関もまたその地方地方で、努めて民間の諸団体と協調して仕事を進めようという趣旨になっております。

以上が我が国の現在における国家総動員中央機関の組織体系の大要でありまして、機関はまずこれで一通り目鼻がついたのでありますが、さて列国のやっておりますように、総動員のために法規を必要とするや否や、またもし必要とするならばいかなる法規を立てるかということは、これからこれらの機関によって研究が進めらるるところであろうと思うのであります。後れ馳《ば》せでありますが、とにかくこの際陣容を立てることができましたので、これら機関の活動と国民の協力によりまして、総動員準備計画が著々進められていくことを、切望いたす次第であります。

以上は総動員準備の大要でありますが、次にしからばいかなることを準備すべきであるか、いかなることを計画すべきであるかという、この準備計画の内容について若干御話を申し上げます。この準備計画事項の実際の範囲の決定ということは、将来総動員機関の仕事の進捗に伴っておのずから定まるべきでありまして、私共が勝手に定め得べき限りではないのでありますが、欧羅巴戦の教訓からの帰納にもとづく吾々の想像する範囲において申し上げるのであります、しかし全部に渉って短少の時間で申し上げることはとうてい不可能でありますから、ホンの大綱と申しますか、否むしろ一部を申し上げまして、全豹《ぜんぴょう》を窺って戴く御参考に供したいと思うのであります。

資源調査

準備の第一は資源の調査であります。資源の調査は総動員計画を作成するためにもとより必要でありまして、幾何の資源があるか、いかなる状態にあるかという調査なくしては、総動員計画は立たないはずでありますので、総動員計画の作成に必要でありますのと、今一つはこの調査にもとづいていかなる資源が不足しているか、またいかなる資源は充分なるかということを調査して、すなわち各種資源の大小長短を調べ上げて、それによって少ない資源は助長し培養するということが必要でありますので、助長培養の基礎を成すという見地からしても、資源調査は非常に必要があるのであります。ことに我が国のような統計調査のきわめて不振の状態な国においては、焦眉の急であるように思うのであります、米の産額すら完全な統計が無いというようなことでは相成らぬと思うのであります。この調査は人員はもとより、原料、材料、燃料、その代用品、それから動力、産業、交通、あるいは社会、居住というような各事項に渉って行う必要があり、またこれらの静態のみならず動態の調査も必要であります。また平時状態における調査のみならず、戦時を予想して、戦時における需要の関係がどうなるかというところの調査も必要であるのであります。また調査の地域から申しますれば、国内はもとより国外においても、有事の際に利用を予想する地域に渉って資源調査の必要があると思うのであります。がこれらの調査はこの際事新しく全部を調査するという必要はありませぬので、従来やっております調査で明らかになっているものはその不足の点を補い、また従来の調査が彼方此方で不統一に行われているものは、統制して重複のないようにするというようにすれば、それで宜しいかと思うのであります。今日においてはあらゆる方面が独立して調査を進めておりますので、被調査者としては彼方からも此方からも同じことを調査されるというような重複の嫌がありますが、これらはこの際整理さるべきでありまして、従来の調査に不充分な点があったならば、あくまでもこれを調査していくということにならなければならぬと思うのであります。

この資源の調査が総動員にいかに必要であるかということについては、世界大戦の際の事実が吾々に幾多の教訓を貽《のこ》しているのであります。たとえば独逸の伯林《ベルリン》の電気会社の社長をやっておったラーテナウ、この人は普国《プロイセン》陸軍大臣の登用によって陸軍省の原料課長となり、独逸の工業動員を創始いたしたのでありますが、この人が独逸の工業動員に著手したときに一番困ったのは、統計調査の不十分ということであったのであります。すなわち独逸国内に軍需品の原料として必要なる物が幾何現存しているか、すなわちストックがどれだけあるかということに関して調査資料が無かったのでありま す。あれだけ調査の進んでいる独逸ですらそうであったのであります。ラーテナウはその道の若干の専門家について意見を徴しましたところが、各専門家の意見の中には甚だしきは十倍の開きがあるというようなことでほとんど的にならない。内閣統計局へ行って調査を頼みますと、非常に長い日子を要するというので急場の間に合わない。そこでラーテナウは進退谷《きわ》まって、やむを得ず自分の関係のある実業家若干人に手紙を出して、それらの人から原料の現在高について想像を取って、それを基礎として工業動員の計画を立てるより外に策が無かったということであります。その他たくさん例はありますが時間がありませぬので省略いたします。

もう一つ資源調査に関して注意しなければならぬことは、国民の資源調査に対する理解でありま す。資源調査に限らず、すべて統計調査は国の各種の政策を立てる基礎として、非常に重要なものであるということに対して充分の理解を持つと同じことに、この調査が国防の目的からしてもきわめて必要なものであるということを深く理解して、申告には虚偽、粉飾を避けて、実際の真相を調査のうえに露わすということの注意が非常に必要であると思います。一般国民としてはこの点に関する正しい理解をもって正しい行動に出るということが、国家総動員事業に対する協力の大きなことの一つではなかろうかと思うのであります。中央としては努めて調査の重複を避けることの必要なることは、先ほども申し上げましたとおりであります。

不足物的資源の保護助長培養

次には不足物的資源の保護、助長、培養ということであります。これは資源調査の結果どういう資源が足らぬかということになりますれば、それは何とかして保護し、助長、培養せねばならぬことは当然であります。が国家総動員の見地からする保護助長培養ということになりますと、これは自給自足経済という傾向がきわめて顕著であるのであります。ところが他面単に国富を増進するというような見地からすれば、国際分業経済の方針を選ぶ方がよいということもあると思います。そこで国際分業経済と自給自足経済その調節はきわめて必要なことと思うのでありますが、ともかくも不足の資源を助長培養するということは、総動員準備としては欠くことのできない事業の一つであります。ある資源が不足しておったために戦争遂行の際に非常な支障を生じて、あるいはある資源の助長培養がよく行っておったために、戦争にきわめて有利な影響も与えたという先例は世界において度々あるのであります。試みにその一二の例を申しますと、御承知のとおり英吉利《イギリス》は商工立国の政策を長い間とりまして、世界戦前約七十年間商工立国一点張りで進んでいったのであります。その関係から旧《も》と農業国であったのがスッカリその地位を失墜して、戦争の直前において英吉利の可耕地の面積が全面積の六割ほどあったのに、その中実際耕されておった地積はわずかに二割五分で、残り三割五分は牧場として放置され、あるいは貴族富豪の猟場となり遊園地となっていったのであります。そんな関係からして食糧の自給自足抔《など》は夢にも及ばぬことでありましたが、御承知のとおり英吉利は大きな海軍を擁しておって、大洋交通を掌握して、これによって戦時食糧問題を解決しようというので、開戦当初は安心しておったのでありますが、独逸《ドイツ》の無制限潜水艇戦が起こり、それらの関係から一九一七年頃になりますと、英吉利は可なり食糧問題に悩まされて、国民上下の間に憂いの色があったということは、当時を御回想になれば御記憶に新たなことと思うのであります。

これに反して露西亜《ロシア》は農業国でありまして、工業はすこぶる幼稚であったのは御承知のとおりでありますが、戦争前における農業労務者の生産年齢者に対する百分比を見ますと、英吉利が八、独逸が二十七、仏蘭西が二十六という数字を示しておりますのに、露西亜は五十という数字を示しております、すなわち生産年齢者の半分が農業者であったのであります。これに反して工業の労務者の生産年齢者に対する百分比は、英吉利の三十六、独逸の三十三、仏蘭西の二十五というような数字に対して、わずかに十三というような数字を示しております。したがって戦時軍需工業品の補給に非常に苦痛を嘗めまして、数字をもって申し上げますと、各国の砲弾産出数量のおおむね最大に達しました一九一七年の中期において、独逸は砲弾日製量四十五万、英吉利および仏蘭西がおのおの約三十万を指しておりましたのに、露西亜は十万をあまり多く超ゆることがなかったのであります。かような有様で工業原料不足の結果、友邦から盛んに軍需品の供給を仰ぎましたけれども、それすら充分でなくて、露軍敗退の一つの原因は、兵器弾薬の不足にあると唱えられているのであります。

なお一例を挙げますと、独逸は御承知のとおり食糧の不足に非常に悩んだのでありますが、悩みながらもどうにかこうにか四年有半の戦争を支えたというその半面には、何等かの理由がなければならぬように思われますが、はたせるかな、独逸は十九世紀の末頃に、巴爾幹《バルカン》半島あるいは南米の方面で農産物が非常に量を増しまして、安価でドシドシ欧羅巴へ輸入されるという情勢のありました際に、国内に従来の農業立国策を棄てて、将来は商工立国で進むが宜しい、穀物は安価に外国から供給を仰いだらよかろうという議論もあったのでありますが、当時それらの議論に対抗して国内の農業保護の運動が起こり、ついに当局者をして農産物に対する保護関税の政策を実行させるということになりまして、独逸の政府としては農工両立国主義をとって進んだのであります。その結果独逸の食糧生産は、いま申しましたとおり外国の安価な供給品の敵があったにかかわらず、逐年増加して欧州戦争の二十五年前においての人口五千万に対しての農産額と、世界大戦直前の人口六千六百万に対する農産額とその一人当たりを見ますと、後の方が著しく増加いたしておったのであります。

また欧羅巴《ヨーロッパ》において輓近《ばんきん》民営主義自由解放主義ということの流行に伴いまして、いずれの国も国有の森林をドシドシ民営に移すということをやったのでありますが、独り独逸は森林の国営を持続して、その結果開戦の直前において山林の総価格が五十億円に上るというような有様で、その森林の全面積の五割は国有または公共団体の所有であったのであります。したがって森林は非常によく保護され、戦争間に莫大なる木材の需要に対して毫《ごう》も不足を感じなかったのであります。これに反して聯合軍側は木材の不足に悩んで、英吉利にせよ仏蘭西《フランス》にせよ、他国から木材を輸入したことは御承知のとおりであります。これらはその一例でありますが、

この不足資源の培養助長ということを具体的に申しますと、まず不足の天然資源は努めてこれを愛護することが必要であります、亜米利加辺りでは可なり石油をたくさん持っておりますが、それでも平時に使い果たしては可《い》かぬというので、予備油田を設定しております、すなわち天然資源の愛護でありります。我が国抔《など》は石油が足らないのでありますから、満洲辺りでたくさん取れます頁岩《けつがん》を利用して、あれから油を搾るということも必要になってくると思うのであります。それから産業にいたしましても、ある産業が国防の見地から不十分であるとするならば、これを助成培養しなければならぬの

であります。たとえば戦時毒瓦斯《ガス》を多量に使うが、その毒瓦斯を造るためには染料工業の発達が必要である。ところが日本の染料工業はとうていその需要を充たすに足らない。製鉄業の振興も必要である。そういうふうな不足の産業を助成する必要が生まれてくるのであります。交通の方面も同様で、要するに不足資源の助長培養は、きわめて必要なる総動員準備の一項目であると思うのであります。

不足物的資源の補塡（国外資源の利用、廃品、代用品の利用等）の研究

次は物的資源の補塡の問題でありますが、一方において不足資源の助長培養もいたしますが、なおこれと併行して不足資源を何とかして補うという途も準備する必要があるのであります。二三の例を挙げますと、代用品の研究というようなことが非常に必要になってくると思います。たとえば食糧が戦時の需要に足らない。米が足らない。何とかして代用品で補わなければならぬ。色々代用品もありましょうが先般理化学研究所を見学いたしましたところが、御承知の方もありましょうが、彼所では人造の酒を研究いたしております。酒は水分八十パーセント、アルコール十七パーセント、残り三パーセントは味と香の物料であるという研究から、その三パーセントの味と香を色々な化学的成分を合成して、それにアルコールと水を注げば酒ができるという研究を完成して、『理研酒』と申して立派な酒ができております。先達若槻《わかつき》前総理大臣が参りました時にその酒を出して味利きをして貰った。月桂冠と二つ並べて出すと間違えられて、理研の酒を月桂冠と鑑定されたというので、理化学研究所では彼の酒豪の前総理大臣から銘を打たれてから、間違いないという自信を持っているようでありまます。私共飲んでほとんど変わりがない酒ができております。こういう物を利用することになりますれば、酒の代用ができて、これによって米の不足を補うこともできるのであります。ガソリンが不足であれば代用品をもってこれを補う。この見地から陸軍ではアルコール燃料をガソリンに代えて自動車を動かそう、あるいは木炭をもってガソリンに代えて動かそうという研究をして、これらはほとんど成功しております。仏蘭西では木炭燃料を自動車に使おうというので、彼国ではガソリンが少ない関係から非常に研究を進めて、法律でこれが使用を推奨いたしております。鉄鉱が少ないといえば、砂鉄をもってこれを埋め合わせようという研究も必要でありまして、民間でも東北方面で砂鉄の工業を起こしつつありますが、あれが成功すればこれらも非常に役立つことと思うのであります。独逸が戦争前に火薬に使います硝石の不足を憂慮して、空中窒素固定の研究を完成しておりましたので、戦争が始まって非常に多数の需要に対して充分供給ができたということは御承知のとおりでありまして、これらも不足補塡の一つの手段のように思われます。廃品の利用ということも日本のような資源の少ない国ではとくに重要のように思います。たとえば羊毛が少ないといえば、古い使用に堪えないような布片を砕いてこれを再用する研究もきわめて必要ではなかろうかと思います。その他廃品の利用ということは研究すれば多々あるように思われます。満洲の鞍山《あんざん》にある鉄の貧礦《ひんこう》などを使えない物として棄てずに、これを何とかして使うというのは、やはり廃品利用ということに近いように思われます。現に鞍山では貧礦処理の方法を完成して、貧礦を富礦と同じようにして鉄を造る研究が進んでおります。それからもっとも吾々として考えなければなりませぬことは、国内資源の不足を補うために、国外資源利用の研究準備を整えること、具体的に申しますと、満蒙支那資源の利用についての研究、これがきわめて必要のように思います。

人的資源に関する諸準備

不足物的資源の補塡についてはその位にして、次に人的資源に関する諸準備、これは人の方面における準備でありますが、第一〔に、〕戦時に必要な特種技能者を養成しておく必要があります、熟練職工はその一例であります。それから総動員の要衝に当たる人達を養成しておくということも必要であります、亜米利加の産業大学の設立はその一つの現れであります。

その他種々のことがありましょうが、次には全体の国民の神身を鍛錬しておくということが、人的資源に関する総動員準備の一番肝要なことと思います。申すまでもなく国家総動員を実行するという段取りになりますと、国民は非常な苦痛を嘗《な》めなければなりませぬ、あらゆる物質苦と悪戦苦闘を続けなければならず、搗《か》てて加えて精神苦も非常に大きいのであります。これらの疾苦に堪ゆるためには国民は非常に健全な精神と健全な体格とを持っておらなければ、ならないことと思うのであります。総動員はじつに無形の精神要素とし、規律節制、共同団結、堅忍持久、剛毅果断というような諸性能をとくに強く国民に要求するのであります、これ無くんば国家総動員はいかに準備計画ができていっても、実行において蹉跌《さてつ》すると思うのであります。そこでこれらの精神要素を強健なる体力とともに併せて持っているということは欠くべからざることのように思うのであります。先般新たに創《はじ》められました青年訓練所の施設、学校に現役将校を配属して行った学校教練の振作等はたまたまこの神身の上の準備をなす所以で、この種無形的要素の培養奨励は、国家総動員準備の非常に大きな事業の一つであると思うのであります。

序《つい》でながら申し上げますが、青年訓練は軍事教育の一部である、軍隊教育の延長である、軍事技術の一部を教えて兵隊を拵《こしら》えるのである、というような考えがちょいちょいあるようでありますが、これは非常な誤りでありまして、不完全な兵隊を拵えるのが決して青年訓練の目的ではなく、青年訓練はその明らかに標榜しておりますとおり、国民の神身を鍛錬するのが主たる目的でありまして、兵式教練を採用しておりますのは、目的徹底の手段にほかならぬと思うのであります、手段であって目的ではない、すなわち軍事技術を教養するというのが直接の目的ではなく、間接に兵式教練を手段として施す結果、ある程度まで軍事専門の職能を体得するという副利益はありましょうが、これは決して主たる目的ではないのであります、この趣旨が往々にして誤られるのは遺憾なことと思うのでありま す。しからばなぜ青年訓練が国防に資するか、いかなる貢献をなすかといえば、国家総動員準備という意味合いにおいて、国防に大貢献をなすのであります。また他面から申しますれば軍としては、軍が神身の立派に鍛錬された良材を軍門に迎えることができるという意味において、大なる利益を収めているのでありまして、軍事技術をある程度まで習ったから、それが非常な利益である、唯一の利益であるという考え方は、非常に誤った考え方のように思うのであります。在営年限の短縮は、軍事技術をこれだけ習ってきたから、これだけの時間在営年限を減らして、それだけの教育科目なり時間を節してよいという趣旨からできているのでは決してなく、在営年限を短縮しても、軍隊教育の声価を墜さないためには、陸軍部内でそれ相当の施設を実行しているのであります。またその他においても神身の鍛錬が充分にできていれば、軍隊教育の享受性が著しく増加して、したがって軍隊教育が容易になりますから、この見地から時間の節約ができる、すなわち軍隊内における施設の改善、ただいま申したような利益、この二つの問題が考慮されて在営年限短縮の問題が解決されたので、外の教育を軍隊教育で差し引くことができるから、差引関係上これだけ在営年限を減らすという主義では断じてないと思うのであります。横道へ外れましたが、この点は中屋大佐から青年訓練の方面におきまして御話があると思いますからこの位にいたして次の問題に移ります。

資源の統合運用を容易ならしむるための諸準備

次には資源の統合運用を容易ならしむる諸準備、これは戦時になりまして資源の統合運用をするに都合の好いように、平時から諸種の施設を立てておこうということであります。その一二例を申しますと、規格および諸制式を統一し単一化することがきわめて必要でありまして、工業製品の大量生産を計るためには、規格統一の必要なることは申すまでもありませぬ。ただいまでは工業品規格統一委員会というのができて、著々規格を統一していることは御承知のとおりであります。なお続いて官庁その他の執務の方式を統一することによって事務の簡捷《かんしょう》を計る、あるいは用語を統一して事務の簡捷を計る、各方面おのおの特殊の詞を多数に使うということになりますと、総動員の業務を互いに関聯して行ううえに、少なからざる支障が生ずるように思うのであります。これらの意味から用語統一ということも必要であろうと思います。それから諸種の制式を統一するということは、かれこれ各方面に品物を共通融通して使用するためにきわめて必要と思います。たとえば軍服の制式と青年団用の団服の制式がかりに同じであるとすると、かれこれただちに流用ができる、また背嚢とリュックサックの制式が似ていると、かれこれ応用ができるというのもその一例でありますが、その他陸海軍の使用する品物と、他の各官庁で使用する品物との制式を統一して融通性を持つということも、きわめて必要であると思います。

次には産業組織の整理改善でありますが、産業の大組織を促進する、つまりカルテルというような組織で、企業の集中と申しますか、なるべく産業を大組織にして大量生産を容易にする。また一方から申しますと、ある一地にある一つの工業を纏めておくというようなことは国防上危険でありますので、これを避けて適当に分けておくのであります。たとえば仏蘭西では織物工業は全部北の方に集中されていったのであります。その関係から北仏蘭西を独逸軍に占領されると、織物工業の全部を失ってしまって不便を感じたというような事例もあるのであります。そこで生産施設を適当に分散するということが必要であると思うのであります。

次には国防に関係を持っている科学研究の機関を統一聯絡するように仕向けていくことなども一例であります。亜米利加では戦争に参加する前に全国の科学の泰斗を集めて国立科学研究所を造り、また有名なエジソンを長として、発明部を造って新兵器の案出などに専念せしめたのでありますが、平時から国防に関係のある各種研究機関をなるべく統一して、かれこれ連繋協調を計るということはきわめて必要と思います。その他戦時における人の流動を適当に調節するために、職業仲介機関の網を密に張っておくということも、準備の一つとしてきわめて必要なことと思います。その他数え上げればたくさんありましょうが、要するに戦時総動員を営みます際に、これが円滑に迅速にできるように、平時から実行のできる施設をいたしておこうという事柄であります。

諜報宣伝戦に関する対策

次は諜報宣伝戦に関することでありますが、これは時間がありませぬから詳細は略しまして、とにかく今日の戦争は武力戦であり科学戦であり経済戦であるとともに宣伝戦であるという位で、宣伝の戦争に関係を有っていることは非常に重大であります。しかも諜報宣伝ということは平時からその基礎を持ち、平時からこれに対する手段を国民に訓練しておくのでなければ、戦時諜報宣伝を営み、また諜報宣伝に対して防遏《ぼうあつ》の手段を講ずることが完全にできなかろうと思うのであります。かような次第で平時からこれが対策を講ずる必要があると思うのであります。

動員計画

次は動員計画であります。これはよほど複雑な困難な事業のように思われますが、計画の概要をだいたい想像してみますと、戦時不足資源をいかにして補塡するか、戦時資源をいかに各方面の需要に対して配当するか、資源の統制、運用の方法をだいたいいかにするか、戦時いかなる機関を設定するか、その他民心を鼓舞作興するためにいかなる手段方法を講ずるか、総動員に関する施設をいかにして警備するかというような点に渉って、直接の計画が立てられなければならぬように思うのであります。

法規的準備

次に法規的準備でありますが、この広汎多岐の総動員を営むためには、非常にたくさんの法律規制が必要であるということは想像に難くないのであります。のみならず事実各国が世界大戦間に出しました法規は、積んで山を成すほどたくさんであるのであります。これは一つは不準備に原因しているでもありましょうが、いかに準備しても、戦時になって可なり多数の法令を出さなければならぬということは想像に難くありませぬ。これらの法規の中で平時から準備しておくを必要とするものは平時から準備しておいて、緩急に際してただちにこれを制定公布する手筈を進めておかなければならぬと思うのであります。独逸辺りでは一部この準備を戦前から整えてあったと見えまして、私共独逸の田舎のエルフルトというところにおりましたが、動員下令がありますと、町の辻々に色々戦争関係の布告が貼り出されました。たとえば日用必需品の価格公定に関する規定その他種々の規定が出ておりましたが、これらは活字で立派に印刷した物で、平時から準備されておったということは想像に難くないのであります。

六　結辞

非常に雑駁に申し上げましたが、以上だいたい申し述べましたところで、準備計画ということの内容がおよそどんなものであるかということに関して、全般を御推想になる資料を御会得下すったことと思います。これでだいたいの申し上げますことは了りますが、最後に先ほどから申し述べましたとおり、国家総動員の準備計画を将来実行してまいりますために、昨今ようやく中央機関の整備ができたというのでありまして、従来は総動員に関してまことにわずかしか準備計画が進んでおらなかったと考えているのでありますが、折角この総動員機関が誕生して、準備を進むるための第一歩を踏み出したこの時機におきまして、お互いこの総動員の何物であるかという内容をよく穿鑿《せんさく》し、またこれがためにはお互いとしてはいかにしたならばもっとも多く貢献ができるかということについても研究を進めまして、他の各方面とも協調戮力《りくりよく》いたし、なるべく速に立ち後れた準備計画を早く完成の域に到達させることが急務のように考えます。我が国の総動員準備は立ち後れております。他の国々は活きた経験を持ち合わせておりますのに、吾々はかような実物を持っておりませぬ。これが吾々の弱点であります。なおまた国家総動員の目的物であり客体である資源そのものが、不幸にしてまことに貧弱である状態を顧みますれば、いよいよもって準備計画の周到適切を期する必要があるのであります。かような意味合いでありますので、吾々としましてはとくにただいま申し述べましたような点に顧みて、総動員準備計画施設の完成に極力貢献するように、できるだけの力を注がなければならぬように思うのであります。不準備で臨みまして、不秩序に雑駁な内容を申し上げまして、長時間御清聴を煩わしましたことはまことに恐縮に存じます、これで私の御話を了ります。

（『昭和二年帝国在郷軍人会講習会講義録』、帝国在郷軍人会本部、一九二七年）

満蒙問題感懐の一端

満蒙問題感懐の一端

陸軍少将　永田鉄山

一

　昨秋九月十八日満洲事変が勃発してから早くすでに一ヵ年を経過した。回顧すれば内に外にじつに多難な一年であった。日本が世界の檜舞台に足を踏み出して以来、今日ほど国際的に困難な境遇に遭遇したことはおそらくあるまい。いまや我が国の満洲国承認は事実として確定したが、これに対する支那の反抗は今後直接間接いよいよ熾烈となるであろうし、米国国務卿スチムソンの執り来った過去の態度から推して、同国向後の出処も留意に価するものがある。さらにまたリットン調査委員の報告書をめぐって、国際聯盟の空気がいかになるべきやはだいたい想像がつく。かくて日本はいまやきわめて重大なる立場に立っている。

　しかしながら我らはこの険悪な雰囲気の裡にあって、一抹の不安もなければ焦燥も感じない。時あたかも仲秋の明月に対するがごとく我らの心境は明朗透徹、何等の不安も悔恨もない、これは決して照れかくしでもなければまた負け惜しみでもない。事変以来、国民伝来の日本精神によみがえった同胞の多数もまた、我らと所懐を同じうするを信じて疑わない。これはたして何の故であろうか。一言にしてこれを蔽《おお》えば現下我が国策の指すところ、国民志行のむかうところ、乃至《ないし》閫外《こんがい》において皇軍のなすところ、一として正義に則《そく》せざるものなく、そのことごとくが正しき理想使命に則《のっと》っているからである。多年にわたる悖理《はいり》非道極まる排日侮日の行蔵に忍従し来った我が国が、暴戻なる遼寧《りょうねい》軍閥の挑発に余儀なくされて起こって破邪顕正の利刃をふるう正にそのところではないか。切に事態の拡大を防止せんとした我邦の苦心を裏切って、所在反噬《はんぜい》と挑発とを反覆した敵に対し、心ならずも掃蕩を行ったのに何のやましいところがあろうか。満洲三千万民衆の楽土建設に好機会を得しめた天の摂理にしいて批《ひ》を打たんとするのは、打つ者の錯覚である。正しい国是を標榜して生まれた満洲国に、善隣の誼《よしみ》を悉《つく》し、相倚って東洋永遠の平和を招来せんとする行為が、東洋の盟主をもって任ずる日本の使命でなくて何であろう。神国日本の精神文明を歩一歩他に及ぼしていくこと、それは正しく我が肇《ちょう》国《こく》以来の理想である。さらにまた民族の生存権を確保し福利均分の主張を貫徹するに何の憚るところがあろうぞ。正義によって起ち、正道に遵《したが》って動き、正しき理想使命を追うて進む、そこに何ものの怖るるものがあり得よう。

かくして我らは明朗の気分で何ものをも怖れず、いかなる障碍をも克服せんとする意気と真剣味とを持し得るのである。私は武人であるが、いまここに筆を呵《か》するに当たり、畏敬する先人不識庵上杉謙信が「我正しきが故に軍神我を護る」と述べたその心境を想起し、現下の我が国民の心境と対比しつつ無限の力と信念とが湧然として躍動し来るのを覚ゆるのである。

二

我らの心境は正に叙上のごとくである。しかし時局は寔《まこと》に重大である。この秋にあたり更めて過去ならびに最近における史実、とくに我が満蒙問題に関する経緯を検討省察するは、我らのこの非常時に処する覚悟を固め、方途を求むるため徒爾《とじ》の業ではないと信ずる。

明治の歴史を繙《ひもと》く時、我らは僅々《きんきん》半世紀の間に、東海の一小国より一躍世界の強国となったその偉大なる日本の姿を見て興奮を禁じ得ないと同時に、我々はこの日本興隆の歴史が、反面外国圧迫干渉の歴史であったことを発見する。維新前後は姑《しばら》く措くも、日清戦役後の三国干渉は如何、尊い犠牲をもって購い得たその結果は、列国の干渉により喪われたのみならず、かえって他国の我慾を逞《たくま》しゅうせしむることとなった。幸いにも当年我が国民の心底には反撥の力が漲《みなぎ》り、日本の使命遂行に対する強き決意と信念とが躍動していたため、挙国一致、臥薪嘗胆の忍苦は報いられて、日露戦争には美事その志業を遂げ、国威は世界に顕揚せられ、ここに満蒙における我が権益は確立せられたのであった。しかし日露戦後における我が満蒙経営は決して容易でなかった。内、戦争の創痍は可なり深かったに加えて、外、露西亜の捲土重来の不安は十分に存在した。しかも列国の抑圧干渉は、満蒙の利権を目指し相継いで起こったのである。ハリマンの満鉄買収問題、法庫門鉄道問題、満洲銀行設立計画、米国の満洲鉄道中立提議、錦愛鉄道借款問題等々、真に踵を接するの観があった。かくして我が既得の権益は幾度か脅威せられ、あるいは将に顛覆せらるるの危機に瀕したのである。しかし建国の理想に活き、民族の使命に忠であった我が国民の覚悟は、断乎としてこれらの外圧干渉を排撃し、克《よ》く我が既得権益の擁護を完うするに十分であった。次いで四国借款団の組織失敗に帰するに及び、英独仏等はようやく我が満蒙における特殊権益を暗黙の間に承認するにいたり、さらに一九一三年には日支間に満蒙五鉄道に関する公文の交換となり、満蒙による我国防の安固と国民生存の保障とは、将に百尺竿頭一歩を進むるの観があった。

三

かくのごとく臥薪嘗胆、戦後経営の国歩艱難時代を経て、欧州大戦時にいたり、我が過去の犠牲と努力とはようやく酬いらるるの時代を迎えたのである。すなわち大正四年にはその二十一ヵ条条約の成立となり、大正六年には石井・ランシング協定成って、米国もついに列国と同様日本の満蒙における特殊権益を公然承認するにいたったのである。

以上はじつに我が満蒙に関する艱難困苦の歴史であって、いかに我が国民が毅然として外圧干渉に抗し、内は自己の生存を保障し、外は建国理想の皇張と東洋平和の保障とに忠実勇敢であったかを雄弁に物語るものである。

しかるに、その後における日本の情勢変化は如何。一九二〇年には新四国借款団の成立となり、我が満蒙鉄道に関する既得権益もついにその一部を譲歩するにいたった。譲歩といえば聞こえはよいが、実は我が権益の削弱をみすみす黙過したのである。かくて我が権益凋落の第一歩は早くも訪れた。さらに翌年の華盛頓《ワシントン》会議においては五、五、三の海軍比率を余儀なくされ、今にして観れば、米国をして日本抑圧の第一歩に成功せしめた感を禁じ得ない。さらに四国条約ならびに九ヵ国条約の成立となり、次いで倫敦《ロンドン》会議にまで押し進んだのである。我が国はこれらの条約によってはたして何物を得たか。忌憚なくいえばこれらは世界戦後無批判的にとり入れられた概念的平和思想、盲目的自由思想などに禍せられ、消極退嬰に陥った我が国民の無自覚無気力の反映以外の何ものでもないのである。如上対外交渉の功罪についてはこの際具体的の批判はこれを避くるも、結果において少なくも我が満蒙における立場を著しく不利ならしめたことは争われない事実である。すなわち石井・ランシング協定は日英同盟とともに廃棄せられ、我が満蒙における特殊権益は直接間接大斧鉞《ふえつ》を加えられ、これと我が国防力の比較的低下と相まって、支那をしていよいよ増長せしめ、その革命外交の進展に伴い、排日侮日の行為を逞しゅうせしむるの素因を形成したのである。すなわち我らはここに三国干渉の歴史を想起せずにはいられぬのである。

四

以上の諸条約締結前後において、国民のある者はこれをもって国際平和に貢献するものとなし、ある者は国力の足らざるための已むなき結果であると考えた。しかし前者の所信は這次《こんじ》事変の発生によって完全にその妄想であることが証明された。後者の言うところ真なりとせば、当年眠れる獅子を対手として行われた日清戦争、乃至強国露西亜《ロシア》を向こうに廻して小国日本の演じた日露戦争は、無謀の愚挙であったと言わねばならぬ。前来述べ来った先人の対外硬また浅慮と断ぜざるを得ないこととなる。我らは断じてこれに賛することはできぬ。我らは力の乏しきを憂うる前に我が気魄の欠乏を自覚すべきであったと信ずる。正義と理想に忠なる我が国民の意気と団結とさえ固かったならば、かくも退嬰に陥るはずはなかったのだ。しかるに日露戦争後勝って兜の緒を締むることを忘れ、世界戦争により欧米人が死生の間に幾多貴重な精神的修練を経た間に、一時的経済好況時代を迎えて、安逸遊惰《ゆうだ》享楽の風を馴致し、加之《しかのみならず》世界戦後、戦争の反動として擡頭《たいとう》し来った軽薄なる流行思想を無検討に輸入した我が国民は、抱負も理想も棄てて省みず、真に無気力無自覚、ここに建国以来の質実剛健の気風はまったく地を払い、日本国民たるの矜持を抛擲《ほうてき》し、建国の大精神を忘却して、みずからを侮り、みずからを屈し、みずからを縛るの結果となり、ついに支那に乗ぜしむるの隙を与えたのである。これは決して他国の罪ではなく、正に我が国民みずからが負うべき罪である。理想と信念とを失った国民が、衰亡への道を辿るは自明の理で夙《つと》に歴史の教うるところである。慥《たし》かに大正昭和における我が国民は理想と抱負とにおいて寔《まこと》に悲しむべき情態に陥っていたと思う。這次事変の直前、満蒙放棄論を唱うる者が、有識階級中多数に存在したことのごとき、顧みて想い半ばに過ぐるものがある。

かくのごとき環境において満洲事変は暴戻不信なる支那側の挑戦によって突如として勃発した。内外ともに大衝動は捲き起こされた。幸いなるかな我が伝統的愛国心は未だ銷磨《しようま》し尽くしてはいなかった。国民の心奥に潜在した日本精神は、幸いにも表面に躍動した。輿論は沸騰した、あまりにも惨めであった祖国日本の姿をはっきりと見極め全国民は猛然として奮起した。事態の進展に伴い実物示教と先覚の啓発的努力とは、相まって満蒙の我が生命線たる所以を認識し、短時日の間に我が国民の躍進が実現した。したがって日本の進むべき途も自から明らかとなり、霊峰富士の壮姿をいまさらながら仰ぎ見た我が国民は、ここに我が建国の理想と、帝国の正しき使命とをはっきりと把握してきた。すなわち皇軍は外にあって正を履《ふ》んで何ものをも恐るることなく、まっしぐらに理想と使命とに邁進した。内、国民は銃後の後援に万全を悉《つく》し、さらに我が進みつつある途が皇国日本に与えられたる唯一の正道であり、東洋永遠の平和を樹立し、世界人類に寄与する所以であるとの信念は、我外交をして自主独往せしむるにいたったのである。

五

飜《ひるがえ》ってこの間における世界の輿論は、国により甲乙はあったが、概して日本にとり不利なるものが多かった。国際聯盟の態度のごときとくに然りである。しかし国論統一しその本来の姿に立ち返った正義の国日本にとっては、すでに何物も怖るるところはなかった。いわんや主として認識不足にもとづく外部よりの圧迫においてをや。我らは力めて諸外国ならびに国際聯盟に正しい理解と認識とを与うるため、もとより最善を悉し来ったが、断じて我が正しき国策の遂行を枉《ま》ぐることをしなかった。すなわちその昨秋十月二十四日の国際聯盟においても、我はその正当なる主張を貫徹せんがため、ついに十三対一となるを恐れなかった。近くは米国官辺の現実の認識を欠いた意思表示に頓着なく、満洲国承認問題を決定せしめ来った。

かくのごとき決意をもって、従来日本が国際的折衝に臨んだことがあったであろうか、否臨み得たことがあったであろうか。この半分の勇気と決意でも我が国民が持っていたなら、欧州大戦後における国威の失墜は見ずに済んだであろう。我らはいま五十年早く鎖国の夢を破っていたら、今日この困難なる国勢に立ち到らなかったであろうことを痛感すると同様に、最近においてもいま少し早く我が国民の関心と決意とが我が国策乃至満蒙問題に指向せられていたならば、今日の状態を待たずして日本の使命は果たされ、東洋の平和は一段と光彩を放っていたことであろうと確信するのである。しかし今日と雖も決して遅くはない、ましてや目下における我が国民の決意は未曾有の団結と強さとを示している。一月末以来の上海事変は一層国際的の立場を困難ならしめたが、この時にあたり我が国民が三月の聯盟決議を見るに及び、ついに聯盟脱退の要を叫び、極東モンロー主義の確立を唱うるにいたったことは当然の結果である。

かくして満蒙を繞《めぐ》る紛争の一年は経過したのであるが、我らはいまこの一年間における国際情勢を仔細に点検する時、正義に立脚する我が強硬なる輿論と、これを反映する自主的外交とが、ついに列国をして逐次満蒙問題に関するその認識を更《あらた》め、我が決意のあるところを首肯せしめ、我が主動的対策は世界輿論の一部をして、聯盟干渉の非を暗黙の中に認めしめ、またスチムソン氏の不承認主義の論拠に疑念と動揺とを生ぜしむるにいたったことを認むるのである。

翻って我が国内における国民の活動の様は、またじつに目覚ましき限りであった。かりに国軍に対する恤兵金《じゅつぺいきん》あるいは献納品のみについてみるも、遥かに日露戦争当時を超過している。さらに非常時における愛国的運動は津々浦々に到るまで、全国にわたって勃興し来ったのである。

私は先般上海戦のおり現地に臨んで、我が第一線に活躍しある陸海軍の将兵と親しく戦場において語るの機会を得た。彼らは均しく語った、「我々はいまや全国民の後援と輿望《よぼう》とを身に受けて正義の軍に従い、暴戻支那を膺懲《ようちょう》し、もって東洋平和の理想実現に邁進している。我ら上海派遣軍の任務は、直接我が在留民の生命財産の保護にある。しかし我らはこの揚子江沿岸における現在の僅々数万人の生命財産をもってその対象としているのではない。生命は無窮である、我らはこの正義の民大和民族の永遠の生命、さらにその文化の拡充をこそ擁護せねばならぬと考えているのである。しかして我らは先年の西比利亜《シベリア》出兵を想起し、当時国論の統一を欠き、ために我が先輩が異境において苦き経験を嘗めたことに比し、今日何等後顧の憂いなく、一途に我が正義使命の達成に奮闘し得ることを誠に幸福と考うるのである」と。これ蓋《けだ》し国際環視の中にあって、克《よ》く寡兵をもって衆敵を破り、あるいは神出鬼没際限なき匪賊《ひぞく》に対し、何等の不平なく討伐の業を進めつつある所以であろう。

六

世には往々にして我が皇軍を目して侵略の具、あるいは軍閥の権化なるかのごとく誣《し》うる者がある、妄もまた甚だしい。試みに我が歴史を看よ、遠く元寇の役に遡らずとも、日清・日露役、あるいは欧州大戦参加にせよ、今回の事変にせよ、みずから求めて起こした覇道的の師は一つもないのであって、いずれも我が国家の存立を脅かし、東洋の平和を擾乱《じょうらん》せんとする不正の重圧に対し、やむを得ずして立った自衛の戦、正義の師である。聯盟における最後の審判に当たり、この我が自衛権問題は重要なる論争の題目となるであろうが、我らは我邦の歴史と国民性の検討とにおいて、遺算なからんことを大小各国に向かい要望するものである。

世には現時における我が国の対満政策をもって、あるいは英国の印度《インド》に対する、あるいは仏国のモロッコに対する、あるいは米国の比島、パナマ、メキシコ、ニカラガ、カリビヤン諸島に対する政策と対比して、その類似性を挙げ、もってこれを弁疏《べんそ》せんとするものが尠《すく》なくない。先日も米国一、二の大新聞はみずからこの事実を引証して、自国政府の反省を促したものもあった。しかしながら我らはこの議論が、第三者より観てすこぶる興味ある問題だと一応はこれを認むるが、我が国策に対しかくのごとき対照をもって批判せらるることは、むしろ遺憾に思うのである。我らの主張は正義の貫徹である、東洋に平和を齎し、延《ひ》いて世界の平和に貢献せんとする皇国日本の使命達成である。かくて諸邦のなすところ我もまたなし得ざるの理由なしとするがごとき、模倣的主張ではないのである。いわんや引用せらるる事例中には、正に覇道的の挙措を多分に含みあるにおいてをやである。

七

以上近き史実を顧み、今次事件における帝国の出処進退を省みて、ここに我らは幾多の教訓を捉え得る。我邦が対外的に成果を収めた後には、ほとんどこれに関聯して外圧が加わってくる。真に力足らずしてこれに屈した場合、国民は臥薪嘗胆、力の充実に鋭意して再び起つの素地を作っている。国民が国家の理想使命を体し、思潮の健全であった時代には、非理の外圧は断乎としてこれを排除してきた。民心頽廃して国是の何たるかを忘れ去るというような時世には、屈すべからざる圧迫にも屈従して、悔いを後日に残している。外圧に屈すると否とは外圧の大小、国力の如何よりは、国民の精神、思潮の如何に関するところはなはだ大なるを見る。深く省みねばならぬと思う。さらにまた民心弛緩して対外的態度軟弱となり、徒《いたず》らなる協調主義に囚われ、自屈自譲を事とするとき、真の協調、人類の福祉を結果せずして、かえって惨禍を招き、これに反し正しきを持して、自主的に邁往するとき、道おのずから開け、外間をしてこれに追随せしめ、その招徠するところ、寔に有意義なるものあるは、世界戦後最近にいたる間の帝国の対外態度と、這次事変以後におけるそれとを対比するとき、すこぶる瞭然たるを覚ゆる。

八

翻って満蒙問題は、いまやその序曲を奏しつつあるに過ぎない。これに関聯する国際関係の紛糾は、今日以後さらにますます加わることを予期せねばならぬ。満洲事変に対する聯盟の最後の審判も、いよいよ近づいてきた。従来の経験に鑑みる時、今秋における聯盟の空気は、一層我に不利なるを覚悟せねばならぬ。我らはさらに前途その最悪なる場合をも考慮しておかねばならぬ。この重大なる時局に処せんがため、過去の貴重なる体験教訓を無にしてはならぬ。禿筆《とくひつ》を呵《か》した所以の微衷もまたそこにある。我らは求めて国際的孤立に陥るの要はない、否むしろ力を悉して外間の認識不足を補正すべきである。しかしながらいやしくも我が満蒙問題の解決に関する正しき所信に対し、不当無理解なる妨害圧迫を加うるものあらば、我は断乎としてこれを排除し、千万人と雖も我往かんの慨を堅持して直往邁進すべきである。この決意とこれに要する準備とを完整して進むとき、道したがって開け、かえって最悪の場合をも避け得べきであると信ずる。(一九三二・九・九)

(『外交時報』六六八号、一九三二年)

国防の根本義

国防の根本義

国防の根本要義は内は挙国一致の情勢をいたし、外は国際の関係を適良に導くにあり。いまや外の関係を姑《しばら》く措くも、内人の和を得あらず。国として然り軍内また然り。戦争準備の最大欠陥なり。国防の根本を揺るがしつつあり。

人の和を欠きあるは、政治経済社会の各部面にわたり欠陥多きに因するところすこぶる大なり。すなわちこの間に乗じ、赤化思想の侵入、各種好ましからざる思想傾向の醸成せらるるあり。極左極右の対立、社会各層の闘争激甚にして、文武の間ようやく離反の兆《きざし》あり。軍内上下の関係また背反の傾向あり。

かくのごとくして近代的国防の目的は決して十全に達成し得べきにあらず。根本禍源の芟除《さんじょ》に非常の措置を切要とす。国防のうえに国家興隆のうえに根本の禍源をなすものは、すなわち政治経済社会における幾多の欠陥なること上述のごとし。しかしていまや禍根は深くして広く、これをいわゆる為政家のみに委して、これが芟除を求むるも、木に縁りて魚を求むるに等し。

すなわち純正公明にして力を有する軍部が適正なる方法により、為政者を督励するは現下不可欠の要事たるべし。督励指導の方法は事により時に応じ適当にこれを選択し得べく、ここにもっとも切要なるは指導督励のための寸度をみずから把握するにあり。すなわち具体案を有するにあり。これ無くして抽象的に要望を数えんも場所少なし。

現制国務大臣たる陸海軍大臣の補佐機関は、軍政を処理して余力少なき各局課以外にこれを有せず。政務官のごとき多く言を須《もち》うるの要なし。すなわち現下の非常時に処し、とくに国務に関する専任の補佐者を置き前項具体案等の討究に当たらしむるの要、喫緊なるものあり。

ただし叙上機関の存在は、これを部外に対しては秘するをもって得策とするをもって、現軍事調査委員長軍事調査班の人事の運用と若干の増員（あるいは満蒙班の人員を流用）とにより目的の達成を期し、これに課する特別任務また秘密の取り扱いとするを可とせん。

（『真崎甚三郎文書』二〇五四―一二、国立国会図書館所蔵）

国防の本義とその強化の提唱

陸軍省新聞班

国防の本義とその強化の提唱

陸軍省新聞班

目次

本篇は「躍進の日本と列強の重圧」の姉妹篇として、国防の本義を明らかにしその強化を提唱し、もって非常時局に対する覚悟を促さんがため配布するものである。

一、国防観念の再検討

たたかいと「国防」の意義、国防観念の変遷——軍事的国防観、総動員的国防観、近代的国防観——国防絶対性、相対性、国防力発動の形式——静的発動、動的発動、国防の自主

たたかいの意義

たたかいは創造の父、文化の母である。試錬の個人における、競争の国家における、斉《ひと》しくそれぞれの生命の生成発展、文化創造の動機であり刺戟である。

ここにいう**たたかい**は人々相剋し、国々相食む、容赦なき兇兵ないし暴殄《ぼうてん》ではない。この意味の**たたかい**は覇道、野望に伴う必然の帰結であり、万有に生命を認め、その限りなき生成化育に参じ、発展向上に与《あずか》ることを天与の使命と確信する我が民族、我が国家の断じて取らぬところである。

この正義の追求、創造の努力を妨げんとする野望、覇道の障碍を駕《が》御《ぎょ》、馴致して、ついに柔和忍辱《にんにく》の和魂に化成し、蕩々坦々の皇道に合体せしむることが、皇国に与えられた使命であり、皇軍の負担すべき重責である。

たたかいをしてこの域にまで導かしむるもの、これすなわち我が国防の使命である。

×　　×　　×　　×

国防の意義

「国防」は国家生成発展の基本的活力の作用である。

したがって国家の全活力を最大限度に発揚せしむるごとく、国家および社会を組織し、運営することが、国防国策の眼目でなければならぬ。

× × × ×

右は近代国防の観点より観たる国防の意義である。

国防観念の変遷

そもそも国防なる観念は、往昔の国防観念すなわち軍備なる思想より、今日の新国防観念にいたる間に三種の段階を経ている。すなわち、

軍事的国防観

一、世界大戦以前においては、国防はもっぱら軍備を主体とし、武力戦を対象とするきわめて狭義のものであった。したがって戦争は軍隊の専任するところであり、国民はこれに対しいわゆる銃後の後援を与うるという意味において、国防に参与するにすぎなかったのである。

国家総動員的国防観

二、しかるに学芸技術の異常なる発達と、国際関係の複雑化とは、必然的に戦争の規模を拡大せしめ、武力戦は単独に行わるることなく、外交、経済、思想戦などの部門と同時にまたは前後して併行的に展開されることとなった。したがって右の要素を戦争目的のため統制し、平時より戦争指導体系を準備することが、戦勝のため不可欠の問題たるにいたった。

大戦後盛んに唱道せられたいわゆる武力戦を基調とする国家総動員なる思想がこれに属

する。これによって国民と軍隊とは一体となって武力戦争に参与することとなったのである。

最近ようやく皇国識者間に認められつつある国防観念はこの種類に属する。

近代的国防観

三、しかるに右の国防観念はさらに再検討を必要とするにいたった。

晩近《ばんきん》、世界大戦の結果として生じた世界的経済不況ならびに国際関係の乱脈はついに政治、経済的に国家間のブロック的対立関係を生じ、いまや国際生存競争は白熱状態を現出しつつある。

深刻なる経済戦、思想戦などは、平時状態において、すでに随所に展開せられ、対外的には**国家の全活力を綜合統制**するにあらずんば、武力戦はおろか、ついに国際競争そのものの落伍者たるのほかなき事態となりつつある。したがって国防観念にも大なる変革を来し、従来の武力戦争本位の観念から脱却して新たなる思想に発足せねばならなくなった。

× × × ×

国家生活の二面

およそ国家生活はこれを二個の観点より考えることができる。すなわち、

一、国家の平和的生活

二、国家の競争的生活

国家生活をかく見る場合、国防との関係はいかに考察すればよいか。これを了解しやすからしめんがため個人生活と比較してみよう。

個人生活においても国家の場合と同様に平和的一面と競争的一面とがある。

しかして近代国家内における個人の平和的生活は、道徳および法律の規範性と制裁力とによってある程度には調和維持されている。

これに反しその競争的生活は右のごとく他力本願で保障することはできない。みずからの運命はみずから開拓せねばならぬ。

すなわち各個人の体力、気力、智力の綜合的発顕によって遂行し保障することになるのである。

右は個人生活の両面について述べたのであるが、国家の場合は如何であるか。

国家の平和的生活においても、国際道徳というものが存在しているが、しかし個人の場合のごとく厳格ではない。また国際法規はあるが、これを強制すべき超国家的勢力はない。すなわち国家の平和的生活を保障すべき機関にいたっては、遺憾ながら皆無であって、みずからの生存はみずから保障するのほかないのである。

世界大戦後、国際聯盟は右の目的を達成すべく創設せられたのであるが、漸次その無力を暴露し、かかる方法による国際平和の維持が、一の迷夢に過ぎないことが万人に認めらるるにいたった。

右のごとく国家の平和的生活すら他力によって保障せらるるを得ない。いわんや、その競争的生活たる国際的生存競争においてをやである。

すなわち個人の場合は体力、気力、智力の綜合的実力を必要としたごとく、国家の競争的生活遂行のためには、綜合的国力の発動を必要とする。すなわち国家生活の真実、善美、的確、旺盛なる創造発展を庶幾《しょき》するためには、これが推進力たり原動力たる基本的活力、すなわち国防力の発現に待たねばならぬ。

右のごとく国防は、単に国家競争の結果発生することあるべき武力戦のみを対象とするものでなく、国家生活の**活力**たり**原動力**である。すなわち劈頭に掲げたごとく、国防とは国家の生成発展の基本的活力の作用であるという考え方が、国際的生活に処するうえにおいてきわめて必要である。なかんずく最近における国際競争の白熱化、すなわち国際的争覇戦時代に処し、一方皇国の理想を紹述し、他方激甚なる競争の優者たらんがため、国防の必要は絶対的第一義的である。

× × × ×

国防の絶対性、相対性

そもそも国防には、絶対性と相対性とがあり、相対性に関する限りにおいては、国際的情勢に適合する必要を生ずべく、絶対性にいたっては更改の余地なきやもちろんである。

言うまでもなく皇国を繞《めぐ》る現下の一般情勢は、列強の重圧下に異常の躍進を必要とするものであり、国防組織強化の喫緊なること有史以来今日のごとく大なるはない。

皇国の国防的に有する**潜勢**が、よく非常時局を克服するに足るべきは、列強が皇国将来の飛躍に対し、いかに大なる脅威を感じつつあるかに徴するも明瞭である。問題は右の**潜勢**を組織の力によっていかに**現勢**として発揮せしむるかに存する。

現在のごとき機構をもって窮乏せる大衆を救済し、国民生活の向上を庶幾《しょき》しつつ非常時局打開に必要なる各般の緊急施設をなし、皇国の前途を保障せんことは至難事に属するであろう。須《すべか》らく国家全機構を、国際競争の見地より再検討し、財政に経済に、外交に政略に、はた国民教化に根本的の樹て直しを断行し、皇国の有する偉大なる精神的、物質的潜勢を国防目的のため組織統制して、これを一元的に運営し、最大限の**現勢**たらしむるごとく努力せねばならぬ。これが同時に皇国の直面せる非常時局克服の対策ともなるのである。

最近にいたり現時の国際的対立を不可避的にあらずとなし、外交手段のみによって好転せしめ得べしと楽観する向きもあるようであるが、およそ国際事情に通暁せざる者の言というべく、国民はかかる迷想に惑わされぬことが必要である。

×　×　×　×

国防力発動の形式

およそ国防力には二個の発動形式がある。すなわち、

一、静的発動（**消極的発動**）
二、動的発動（**積極的発動**）

静的発動

一は国家そのものの厳然たる威容により、消極的にその目的を達せんとするもの、すなわち孫子のいわゆる「不戦而屈人之兵善之善者也」である。満洲事変当初において皇国の綜合国防力の威容がついに、五年計画建設に忙殺せられありし蘇《ソ》国をして、ついになすからしめ、また我が国力なかんずく我が海軍の厳然たる存在により、スチムソンの恫喝をして龍頭蛇尾に終わらしめたことを想起すれば、いわゆる静的国防の何たるかは容易に理会されるだろう。

国防力の静的発動は「**威力の睨み**」なるが故に、その基礎たり実体たるものは、陸海空の軍備でなければならぬ。

かくのごとく観じ来れば、なぜに米が日本に優越せる海軍力の獲得保持を熱望し、蘇が世界一の陸軍を完成せんと焦慮するかが首肯されるであろう。

すなわち、米の大海軍保持の要望は、自身のモンロー主義ならびに支那における門戸開放、機会均等主義を支持主張せんがためである。なかんずく極東問題の外交的発言権を獲得せんがためには、皇国海軍を圧迫するに足る海軍力が彼にとって必要であり、我が立場よりすれば、東亜平和の招来維持の大任を全うせんがためには、これを阻止せんとする何者をも破摧《はさい》するに足る海軍力を絶対に必要とする。

蘇国が厖大なる赤軍を有することは、彼の世界赤化政策遂行の支援のためである。しかも最近においてその国防対象が我が日本にある以上、皇国としては、彼の極東政策と赤化政策とを抑圧破摧するに足る、国防力充実の必要なるは呶説を待たないところである。

動的発動

次に国防力の動的発動とはすなわち実力行使の謂いである。国防力がその静的状態において、目的を達成せざる場合、すなわち国防力の厳然たる存在そのものによりその目的を達せず、先方より挑戦し来る場合には、必然的にその動的状態すなわち戦争を招来する。

戦争とし謂えばただちに武力戦を想起する。

もちろん武力戦は戦争の骨幹である。しかしながらすでに述べたとおり近代戦争は、武力単独戦をもって終始し得るごとき単純なるものでなく、敵国を徹底的に圧伏粉砕せんがためには、これが全生活力を中断するを要する。

ここにおいてか戦争手段としての経済戦、政略戦、思想戦は武力戦に匹敵すべき重大なる役割を演ずべきである。

独逸《ドイツ》国は何が故に敗北したか。もちろん武力戦においても最後には敗れている。がしかし観方によっては武力戦に関する限り、彼は最後まで戦捷者の地位にあったともいえる。五年の久しきにわたり、聯合国側をして一歩も国内に入らしめず、自力独往、善戦健闘を続け来った点は真に驚嘆に値するものがあったではないか。

彼の没落は畢竟《ひっきょう》列強の経済封鎖に堪え得ず、国民は栄養不良に陥り、抗争力戦の気力衰え、加うるに思想戦による国民の戦意喪失、革命思想の擡頭などとなれることに由来し、かくてついに内部的に自壊作用を起こして、急遽和を乞うの已むなきにいたったのである。

かくのごとく国防の動的威力の全幅的発揮のためには、国防の全要素を不可分の一体として組織統制することが絶対に必要である。それは列国の夙に著眼し、これが準備完成に焦慮努力しつつあるところである。かかるが故に将来戦の勝敗は一に繋がって国防のための組織如何にあるというべく、さらに要約切言すれば、近代戦争は組織能力の抗争だということになる。

× × × ×

国防の自主

国防の目的、国防の本質は右のごとくである。これを一言にして掩《おお》えば、国家生成発展の其本的活力である。したがって国の大小、貧富によって、絶対的国防の規模、内容に差等を附することを強要し、また強要せらるることの不当なるはいうまでもない。すなわち国防権の自主独立は動かすべからざる天下の公理である。しかして従来国際条約などによって軍備を制限乃至禁止せんとせしがごときは、平和主義に名を借りて、強国が自国の国防の優越を贏得《えいとく》せんがための策謀にほかならざることは、史実の明証するところであって、いかなる国際主義者と雖も、この事実を否定することはできまい。

前述のごとく国防の静的目的は戦争を未然に防止するにある。すなわち法の極致は法なき状態を導くにあるごとく、兵の極致は兵を用いざるにある。国防をしてその静的発動に止まらしむるを得れば、上の上なるものである。

世界における最終の戦争なりと思惟し、また庶幾せし世界大戦後、いかに多くの戦争が勃発したかまた最近の壊国動乱が一歩を過てば、ただちに第二の世界大戦となるの素因と可能性とを包蔵するごとき、欧州新国境の不合理性、植民地領有の偏頗《へんぱ》不当、人種的偏見、経済財政的破綻、貿易乃至関税戦などの事実を挙げ来れば、戦争の可避、不可避の問題のごときは論議の余地のないところである。

現下の世界の情勢と我が国際的立場とは、いまや国防は観念遊戯の域を脱し、国民の全関心全努力の傾注さるべき、焦眉喫緊の作業たることを要求している。

二、国防力構成の要素

国防の要素は、およそ国家を構成するすべての要素を包含する。しかして便宜上これを分類し人的要素、自然要素および混合要素の三者とする。

人的要素——精神力と体力、正義の心と必勝の信念、精神力培養の方策、人口および民族問題
自然要素——領土、資源
混合要素——経済、技術、武力、宣伝

其一　人的要素

人的要素

人的要素は、国防力構成要素中第一義的重要性を有するものである。しかして人的要素が精神力と体力との合成せるものなることはここに説明するまでもないことである。しかして、国際生存競争場裡においては正義の維持遂行に対する熱烈なる意識と、必勝の信念とが人的要素の主体をなすべきである。

「勝利は正しき者と、勝たんと意志する者とにのみ与えらる」とはおよそ兵を語るものの信条とするところ、国家間の競争においてもこの原則の適用せらるべきはもちろんである。

人的要素の培養

一、しからば、右の要素はいかにして培養するか。

1　建国の理想、皇国の使命に対する確乎たる信念を保持すること。

誤れる人生観、国家観乃至は哲学、宗教、芸術などにもとづく現時の世界苦を除き、更生の光を与うべき、皇国現下の重責に目醒め、これが徹底的、把握実現を庶幾せんとする

の心を養うこと。
2　尽忠報国の精神に徹底し、国家の生成発展のため、自己滅却の精神を涵養すること。国家を無視する国際主義、個人主義、自由主義思想を芟除《さんじょ》し、真に挙国一致の精神に統一すること。
ここに一般の注意を喚起せんと欲するは、列強はいまや宣伝工作の秘術を尽くして、前述のごとき非国家的思想を普及瀰漫《びまん》せしめ、あるいは国体の改変を企図し、軍民離間を策し、祖国敗戦を謀るなどの方法により国際競争を忌避し、戦意を抛棄せしめ、もって最後の勝利を求めんとする、思想戦的謀略を常用しつつあることである。

したがって後に述べんとする、国防目的のための国家組織の改善とともに、国民の精神統制すなわち思想戦体系の整備は、国防上一刻も猶予遅滞を許さぬ重要な政策なのである。
3　健全なる精神は健全なる身体に宿る。なかんずく武力戦の主体をなす兵員を補充すべき国民の体育を重視することは言をまたぬところである。深刻なる国際文化競争の闘士として内外に活躍せんがためにも、戦時遭遇することあるべき長期の経済封鎖に堪え得んがためにも、国民保健政策において些《いささか》の遺漏あることを許さぬのである。
万一物質文化の余弊により、国民体格の低下を来すがごときことあらば、それは国防上看過し得ざる重大問題である。
4　次に国民が国際競争の戦士として、自己を没却して君国のため奮闘せんがためには、その生活の安定を必要とし、兵士をして後顧の憂いなく戦場に立たしめんがためには、銃後に不安あらしめてはならぬ。そこに国防と一般国策との不可分の関係を見るのである。

既刊の「近代国防より見たる蘇《ソ》聯邦」に述べたごとく、蘇国の近代国防観念に立脚する国防組織の規模の広大なる、またその著々として実現する実行力にいたっては、真に驚嘆に値するものがあるが、惜しいかな、共産主義自体の有する欠陥と、国政の適正ならざるため生じた国民生活の不安定と、国民の窮乏とは、国民的気力を殺ぎ、不平不満は挙国一致的精神を喪失せしめ、延《ひい》て必勝の信念涵養のうえに、大なる禍となりつつある。輓近、皇軍の軍紀、国民精神等を中傷し、あるいは大和魂恐るべからず等の宣伝によって、志気の振作に努力しつつあるは、上述の消息を遺憾なく物語るものである。

ここにおいて結論し得ることは、国民の必勝信念と国家主義精神との培養のためには、国民生活の安定を図るを要し、なかんずく、**勤労民の生活保障、農山漁村の疲弊の救済**はもっとも重要なる政策であるということである。

人口問題

二、人口および民族問題

精神要素についてはすでに述べた。次に考慮すべきは人的要素としての人口および民族の問題である。

人口はいまや日本内地にのみで六千五百万、全国で九千二百万、満洲国と共同防衛の場合を考うれば一億二千万に達し、米蘇に匹敵する堂々たる世界の大国である。人的要素に関する限りにおいては有利なる状態にありというべきである。

次は民族の問題である。蘇国のごときは百八十有余の種族より成り民族間の反目甚だしく、ことに三千万の人口を擁するウクライナ人のごときは機会だにあらば独立せんとの希望に燃えている。

独国が同化せざる獅子身中の虫たる猶太人《ユダヤ》に、いかに禍せられたるかはヒットラーの猶太人排斥の徹底せる政策に見るも明瞭である。米国また各種の民族の混合国家であり、なかんずく一千二百万の黒奴を有することは彼の永久の悩みである。

国家内の民族を相反目せしめ、独立運動を支援し、母国の崩壊を企図するは、近代戦争における思想戦の重大戦略であることに想到すれば、民族問題は国防国策上軽視すべからざるものである。本件に関しては左記事項に留意を要する。

イ　民族心理を十分研究し、統治上錯誤なきを要す。

ロ　皇道精神を徹底せしめ、国家意識の鞏化《きょうか》を図る。

ハ　敵側の民族的分壊策謀に乗ぜられざる思想的対策を講ずること。

其二　自然要素

一、領土

領土の広狭、地勢、可耕面積の広狭、海岸線の延長、国境、隣邦との関係などは国防上重大なる関係を持つ。なかんずく、領土の地理的位置は武力戦はもちろん経済的戦争においてきわめて重要なる価値を持つものである。

皇国が東亜の外廓とも称すべき位置にあることが、戦略的にはもちろん、政治的に東亜平和の守護者たるの、天賦の使命を有するにいたらしめた一の素因である。

世界全人口の半を越ゆる十一億の人口を抱擁する地方に位置し、世界の宝庫の称ある支那、印度、南洋を指呼の間に見、これを連絡するに交通自在の海洋をもってせることが、いかに皇国将来の経済発展を有利ならしめているか。

皇国が海洋に囲繞せられあることは、国防上きわめて重要なる利点なるとともに、他面一国の運命を制海権の得喪に託するの危険性をも包含するものである。

蘇満国境を介して強大なる軍備を有する蘇国と対し、太平洋を隔てて世界最大を誇る米国海軍の存在することは、皇国軍備のうえに重大なる関係を持つ。

ことに輓近《ばんきん》航空の発達とともに行動半径千五百粁《キロメートル》以上に及ぶ優秀なる爆撃機出現するに及び、海洋よりは航空母艦に対し、また陸上よりは浦塩（ウラジオストック）、上海、フィリッピン、カムチャッカ、アリューシャンなどの各方面に対し、国土上空を暴露するにいたった。強力なる航空兵力を速に整備するの必要もそこから生まれてくる。

二、資源

武力戦の場合の戦用資源の充実と補給の施設とを考慮するとともに、経済戦対策としての資源の獲得、経済封鎖に応ずる諸準備において遺憾なきを期するを要する。資源について考慮すべき件は、

イ　資源の調査
ロ　戦用資源の蓄積
ハ　資源の培養
ニ　資源開発
等であろう。

其三　混合要素

一、経済

戦争の要素としての経済、否戦争方式としての経済戦が、重要なる役割を演ずるにいたったのは、主として世界大戦以来のことに属する。

いわんや本篇に説くところの国防は、平時の生存競争たる戦争をも包含せしめんとするものであり、その主体は殆ど経済戦であると見ることもできる位である。したがって経済が国防のきわめて重要なる部門を占むるの点については、論議の余地はあるまい。

経済戦略については専門家に譲ることとしここに詳述を避ける。原則として対外的には自由貿易によるべきであるが、現下のごとくブロック対立の時代であり、列国競うて保護貿易を採用し来れる場合には、これに応酬するの対策を講ずるはやむを得ないところである。

これがため相互的に輸出入統制を行い、価格および数量にある種の制限を附し、対手国において無法なる関税政策あるいは輸入割当制のごとき方法をとるにおいては、我また報復手段を採用するの已むなきにいたるであろう。

全世界の大部分を占むる消費者階級たる大衆の利益のためには、優良品を廉価に提供するを善しとする。この見地において生活程度比較的低き我が国のごとき新興国家は、大なる便宜を有するに反し、英国、和蘭《オランダ》のごとき老成国は甚だしく不利なる条件下に置かれる。彼らは英人、蘭人のごとき少数支配民族の利益のため、世界大衆たる植民地の有色人種に、高価なる物品を購買せしめんとするもので、明らかに道義に背馳《はいち》している。これに反し皇国の立場は世界大衆の利益に一致するものであり、道義的見地から見ると最後の勝利を得べきことは疑いを容れない。

万一彼らがあくまで不正競争を継続するにおいては、皇国としては、場合によっては破邪顕正の手段として、武力に訴うることあるもまたやむを得ないところであろう。

経済を対内的見地において見る場合は、武力戦その他の国防力を維持培養するの任務を有している。

この見地よりして精神要素とともにすこぶる重要の役割を演ずべきものである。

国民生活を維持向上せしめつつ、真に必要なる国防力を充実せんがためには、尨大なる経費を要し、右の負担に堪え得るごとき経済機構の整備は、現在のごとき非常時局においては当然第一に考慮せらるべき問題である。

日満提携により、いまや資源においては優にいかなる国際競争にも堪え得るの状態にある。人的要素においては、日本のみにて九千万、日満合すれば一億二千万に達し、勤勉世界に比類なき活力を擁しているのである。この人力と資源とを組織運営し、最大限度の効果を発揮し、もって、来るべき経済戦に備えんとするのが、経済国防の主眼でなくてはならぬ。

二、技術

科学の進歩は、国家を近接せしめ、往時交戦不可能と考えられた国家間においてすら戦争を可能ならしむるにいたった。また戦場と内地との区別を撤廃せしめ、開戦劈頭《へきとう》より国民の頭上に爆弾が落下する世の中となったのである。

将来戦は国民全部の戦争であり、両国民の智能の戦争である。開戦当初の新式兵器はただちに旧式兵器となる。創造力の大なる国民は、将来戦の勝者たり得る国民である。欧州戦当初、誰れが、タンクや毒瓦斯《ガス》の出現を信じたろう。無線操縦、殺人光線などはいまや夢想の時代を過ぎて、実用の時代に入りつつあるではないか。

以上は武力戦について述べたが、経済戦においても然り。日本商品の海外飛躍の原因は、円価安にも因るが、技術の優秀も与って力がある。武力戦におけるごとく、経済方面においても一層の技術の発達、創意、工夫の行われんことを希望する。

この見地よりして、科学的研究においても、無統制の現況より一歩を進め、合理的、能率的に研究の統制を企図することが、国防の見地よりして望ましいことである。また、発明の国家的奨励を強化し、資金の供給、研究機関の利用、特許制度の改善等緊急焦眉の問題は枚挙に遑《いとま》なきほどである。

三、武力

武力が国防の基幹をなすことは言うまでもない。

しかして、劈頭に述べたる国防目的達成のためには、海軍においては、速に華府《ワシントン》、倫敦条約の不利なる拘束より脱し、自主的国防権を獲得し、真に国家の積極的発展を支援し得るに足る兵力を必要とする。

陸軍においては、蘇国の駸々乎《しんしんこ》たる軍備拡張に鑑み、皇国の生命線を確保するに足る兵力をさらに充足するとともに、航空兵力の大拡張を即行し、諸方の脅威を除去する必要がある。

民間航空は軍事航空の第二線兵力たるの価値を有するものであり、その消長はただちに国軍空中勢力の消長に影響を持つ。したがって、民間航空の発達は、武力戦の見地よりしてきわめて重要なる意義を持つものである。

最後に一言し度《た》きは、国防の基幹たるべき我が武力は、皇道の大義を世界に宣布せんとする、破邪顕正の大乗剣であり、利己的覇道を基調とし、優勝劣敗をのみ念として動く他国の小乗剣に比すべきものでないという点である。

四、通信、情報、宣伝

通信は武力戦たると文化戦たるとを問わず、きわめて重要なる要素である。なかんずく、宣伝戦においては、その国の全世界に有する通信、宣伝組織如何が、ただちに戦争の勝敗に重大なる影響を持つ。

情報、宣伝勤務が戦争にいかなる役割を演ずるかは、彼の世界大戦において、独国の宣伝が英仏側の宣伝に圧倒せられ、ついに独国は帝国主義的侵略国なりとの折り紙を付けられ、全世界の反感と憎悪とを買い、敗戦の重大なる原因をなしたることを想起すれば分かる。

近くは、満洲事変において我が宣伝の拙劣なりしため、我が正義の主張を十分全世界に徹底せしむるを得ず、ついに聯盟脱退の余儀なきにいたった苦き経験がある。

思想宣伝戦は刃に血塗らずして対手を圧倒し、国家を崩壊し、敵軍を潰滅せしむる戦争方式である。識者にしていまなおここに著眼する者少なきことは真に慨《なげかわ》しい次第である。

宣伝の要素たる可きものは、新聞雑誌、通信、パンフレット、講演等の言論および報道機関、ラジオ、映画その他の娯楽機関、展覧会、博覧会等多々あるが、平時よりこれら機関の国家的統制を実行し、平時より展開せられある思想戦対策に遺憾なからしめる必要があるのではないか。

×　×　×　×

（附　言）

国防要素としては以上列挙した以外になお挙ぐべき事項が多々あるが、以下述べんとする内容と直接関係なき要素については、記述を省略することにする。

三、現下の国際情勢と我が国防

世界的不安と日本、一九三五―六年の危機、海軍会議と米国、支那の態度、聯盟脱退と委任統治、蘇聯邦と極東政策、非常時克服の対策

世界的不安と日本

世界大戦における経済的浪費の決済難と、ヴェルサイユ条約の非合理的処理とに起因して、未曾有の政治、経済的の不均衡、不安定を招来した。大戦に参加せし国もしからざる国も、等しく直接間接この影響を蒙り、いまや、世界を挙げて、不況不安に呻吟するにいたった。

この世界的の苦難より免れんと焦慮する列国は、競うて理想主義的国際協調を棄て、現実に即する国家主義に趨《はし》り、ために大戦後しばらく世界を支配せし平和機構の破綻となり、世界を挙げて政治および経済的の泥仕合を現出し、主要列強を中心として、利害を同じうする国々をもって結成するブロックの対立とはなったのである。

この間皇国またその渦中に捲込まれたのであるが、かえってこれによって不良なる企業

を清算し、産業の合理化を行うなど、将来への飛躍を準備しつつあったのである。

たまたま極東の風雲急を告げ、満洲事変突発し、支那の排日貨のため、新市場獲得の必要に迫られたのと、円価暴落に起因し、皇国商品は支那を除く全世界の市場に怒濤のごとく流出するにいたり、皇国未曾有の貿易時代を現出した。一方満洲国の出現とともに、皇国の東亜における地歩確立し、日満提携の結果は両国の前途に洋々たる希望を輝かしむることとなったのである。

これがため経済不況に呻吟し、国際政局不安に懊悩する列強は、等しく皇国貿易の進展を嫉視し、その政治的勢力の擡頭に不安を抱くにいたり、各種の手段により我が政治的経済的の躍進に対し圧迫を加え来ったのである。

現在の情勢をもって推移せんか、経済的にはついに皇国の商品は到るところの市場より駆逐せられ、皇国移民は到るところ締め出しを喰らい、政治的にはついに孤立無援となり、第二の独国の運命に陥るの虞《おそれ》無しといい得ない。

一九三五―六年の危機

皇国はさらに上述の危機の前衛戦とも称すべきいわゆる一九三五―六年の危機に直面している。

海軍会議と米国

明年開催せらるべき海軍会議においては、皇国はいかなる犠牲を払うとも絶対に国防自主権を獲得するを要し、断じて従来のごとき比率主義の条約を甘受することはできない。

すでに述べたるごとく、国防は国家生成発展の基本的活力作用であり、したがって絶対的のものであって、断じて他国の干渉を許容するものでない。比率を強要せらるるごときは独立国の面目上よりするも断じて許容し得べからざるものである。さらに我が海軍力の消長は、いわゆる太平洋問題の解決および対支政策の成敗を意味する。

その理由はここに縷説《るせつ》するの遑を有しないが、約言すれば、米国が皇国に対し絶対優勢の海軍を保持せんとするは、皇国海軍を撃滅し得べき可能性ある実力を備え、これによって米国の対支政策を支援し強行せんがためである。右は臆説でも何でもない。エベリー提督は左のごとく公言しているのである。

「モンロー主義擁護のためには、防勢海軍で足りるが、支那の門戸開放主義遂行のためには攻勢的海軍を必要とす」と。

支那の態度

支那また伝統的以夷制夷《いいせいい》の策を棄てず、また皇国の極東平和に貢献せんとする真意を解せず、常に列強の力を借り皇国を排撃せんとするの政策をとり来っている。その最なるものは聯盟に哀訴して満洲事変を解決せんとしたことである。

いまや聯盟の無力は全世界の定評であり、支那またその頼むに足らぬことを自覚し、列強の利用は結局において支那分割または国際管理への道程にほかならぬということが、ようやく一部に了解せられ、真に日支提携を希望するの識者も現れつつある。誠に極東平和のため慶賀すべきことである。が、しかし、一方依然いわゆる欧米派なるものもあって、皇国のいわゆる一九三五―六年の危機に乗じ、満洲の奪回を企図し、あるいは皇国の東亜における政治的地歩の転落を策謀すると伝えられている。

かくのごとき策動は、究局において、支那の前途を誤り、極東を混乱に導くものであって、皇国の断じて容認せざるところ、しかして右のごとき策動は、皇国の海軍力が米海軍力に圧倒せらるるか否かによって、あるいは強く主張せられ、あるいはしからざることは、過去の海軍軍縮会議において、皇国が英米の威圧を蒙れる都度、支那に排日運動が起こり、その都度出兵を余儀なくされたのに鑑みるも明瞭である。

したがって今回の海軍会議において皇国の主張が貫徹するか否かは、延て支那今後の対日動向決定の指針となるべく、極東平和の確立するか否かは、一に懸かって会議の成果如何にありというべきである。

聯盟脱退と委任統治

明年三月をもっていよいよ皇国の聯盟脱退は効力を発生する。満洲事変干与によって鼎《かなえ》の軽重を問われたる聯盟は、いまや本問題に深入りすることを欲せず、したがって支那側が恒例によって策動するとしても大なる反響なからんと観察せられるが、本件に関聯して委任統治問題の上程を見ることがないとは保障されない。

そもそも委任統治は平和会議の際旧聯合国側大国会議において決定したものであって、聯盟から委任せられたものではない。したがって脱退するとも皇国はこれを永久に保有すべき法理的根拠があり、万一これが奪還を企図するものあるも、実力をもってもこれを排撃すべきは当然のことである。したがって委任統治問題に関しては、皇国に決意ある限り何ら懸念の要なきものと考えられる。

蘇聯邦と極東政策

次は蘇国との関係について一言する。蘇国の近情と皇国との関係についてはすでに「近代国防より見たる蘇聯邦」に詳述しておいたからここには再説しない。

要するに一九三七年をもってその第二次五年計画が完成する。また、皇国および支那を除く近隣諸邦とはことごとく不侵略または侵略国定義条約を締結し、世界の視聴を集めた聯盟加入はついに実現を見、また昨今東欧ロカルノ条約の締結を策しつつある。かくしていよいよ西方に対する彼の不安は軽減し、いまや全力を挙げて、極東政策遂行に向かって邁進し来らんとしつつあるのである。

すでに世人周知のごとく、彼は一億六千万の人口に対し、七十六個師団百三十万の兵力と三千機の飛行機を装備している。我は満洲国を合し人口一億二千万人なるに対して国防兵力は満洲国軍を合するもわずか三十万人、飛行機千機内外に過ぎない。しかして赤軍はさらに一九三七年までにはいかなる陣容を整うるか逆睹《ぎやくと》し難いものがある。

また極東にはすでに二十数万の兵員、六百機の飛行機、一千台の戦車（装甲自動車を含む）と二十隻内外の潜水艦とを集中し、国境には一連の近代的永久築城を設備し鋭意戦備の充実を図りつつある。（二十数万といえば日露戦役沙河《さか》会戦における露軍総兵力に匹敵する兵力である）

最近頻々として蘇満国境に不法事件が発生し、さらに我が特務機関襲撃、鉄道破壊の陰謀を企図するなど傍若無人の態度に出で、一方自国民に対しては、皇軍の無力を宣伝し、必勝信念の付与に努むるなど、彼らの真意の那辺に存するかを窺わしむに足るものがある。

皇国はいまにして、この強大なる赤軍に応酬するの兵力装備、なかんずく空軍の力を充実するにあらずんば、他日噬臍《ぜいせい》の悔いを貽《のこ》す虞なきを保し難い。なかんずく在満兵力の充実を必要とすることは論議の余地なき所である。

非常時克服対策

皇国を繞る国際情勢は、一九三五年の海軍会議において、英米と正面衝突を惹起する可能性があり、あるいは会議の決裂となって異常の緊張を示すかも知れないが、この難関こそは、じつに皇国将来の浮沈と極東平和の成否とを決定する分岐点なるをもって、国防安全感を満足せしむ可き海軍側の自主的国防の要求に対しては、いかなる犠牲を払ってもこれを充実し、もって、来らんとする国際危機に応ずべき決意を必要とする。

次に蘇国が全力を挙げ極東経営に邁進し来ることは、我が対満政策に重大なる影響を及ぼすべく、事態によっては何時自衛上必要手段を取るを要する事態が発生するかも知れない。右は極力回避すべきであるが、彼にして挑戦し来るにおいては、断乎これを排撃するの用意が必要である。これがため、陸軍装備の充実ならびに空軍の拡充は喫緊であり、海軍問題とともに国防上絶対不可欠の要求である。

次は英国その他に対する貿易戦である。ブロック経済政策は今後いよいよ深刻化すべく、欧米における経済上の行き詰まりを極東において解決せんとして、列強が支那市場に殺到し来ることも予想せねばならぬ。これにおいてか吾人はまったく個人の利害を超越し、真の挙国一致をもって経済および貿易統制政策を断行し、併せて新市場の獲得、支那における旧市場の回復を図り、もって危機を突破すべき対策を講ぜねばならぬ。

これを要するに、現下の非常時局は、協調的外交工作のみによって解消せしめ得るごとき派生的の事態ではなく、大戦後世界各国の絶大なる努力にもかかわらず、運命的に出現した世界的非常時であり、また満洲事変と聯盟脱退とを契機として、皇国に向かって与えられた光栄ある試錬の非常時である。吾人は偸安《とうあん》姑息の回避解消策により一時を糊塗するがごとき態度は須らくこれを厳戒し、与えられた運命を甘受してこの機会において国家百年の大計を樹立するの決意と勇気とがなくてはならぬ。

四、国防国策強化の提唱

将来戦は智能戦、組織戦、国防国策とは何か

其一　国防の組織

晩近学芸の進歩発達の結果、国際生存競争としての戦争の方式は、きわめて科学的、組織的となりつつある。なかんずく、思想戦、経済戦、武力戦において然りである。

これを端的に表現すれば、将来の国際的抗争は智能と智能との競争であり、組織と組織との争闘であるといい得る。したがって、勝利の栄冠は対手方に優る創意と組織とを有する者に与えられるとも言い得るであろう。

ここにおいてか、国防国策とは国家の有する国防要素をば国防目的のために組織運営する政策であると約言し得るのである。

しかして国防要素についてはすでに述べたとおりであるが、これが運営上よりすれば、政略、思想、武力、経済の諸部門に分類することができる。

国防要素の組織運営については、世上諸説紛々たるものがあるが、そのもっとも妥当なりと考えらるるものを左に掲げることにする。

其二　国防と国内問題

国民生活の安定、農山漁村の更生——農村疲弊の原因、対策——創意、発明の組織

国民生活の安定

一、国民生活の安定

人的要素を充実培養し、挙国一致の実を挙げんがためには、国民全部をして斉しく慶福を享有せしめねばならぬ。

国民の一部のみが経済上の利益とくに不労所得を享有し、国民の大部が塗炭の苦しみを嘗め、延ては階級的対立を生ずるごとき事実ありとせば、一般国策上はもちろん国防上の見地よりして看過し得ざる問題である。

これがため国民が等しく利己的個人主義的経済観念より脱却し、道義にもとづく全体的経済観念に覚醒し、速に皇国の理想実現に適合するごとき経済機構の樹立に邁進することが望ましい。したがっていやしくも志あるの士は、その学者たると実業家たるとはたまた

朝にあると野にあるとを問わず、挙国一致その対策を攻究し、これが実現を企図せねばならぬ。国民生活に対し現下最大の問題は農山漁村の匡救である。

農山漁村の更生

二、農山漁村の更生

現在農村窮迫の原因は世上種々述べられているが、いまその主なるものを列挙すれば、

1　農産物価格の不当ならびに不安定
2　生産品配給制度の不備
3　農業経営法の欠陥と過剰労力利用の不適切
4　小作問題
5　公租公課等の農村負担の過重と負債の増加
6　肥料の不廉
7　農村金融の不備（資本の都市集中）
8　繭、絹糸価格の暴落
9　旱、水、風、雪、虫害等自然的災害
10　農村における誤れる卑農思想と中堅人物の欠乏
11　限度ある耕地に対する人口の過剰等

以上のごとき諸原因は、彼此交錯して、現時のごとき農村の窮迫を来しているのであるが、これら原因の大半は都市と農村との対立に帰納せられる。

かかるが故に、窮迫せる農村を救済せんがためには、社会政策的対策はもとより緊要で

あるが、都市と農村との相互依存と国民共存共栄の全体観とにもとづき、経済機構の改善、人口問題の解決等根本的の対策を講ずることが必要であり、農村自身の自律的なる勤労心と、創造力の強化発展と相まって、農村が真底より更生せんことを希望して已まない。

創意発明の組織

三、創意、発明の組織

本件は国策上重要なることもちろんであるが、国防上の見地よりして、経済的にも武力的にもきわめて重要なる意義を有することは、すでに述べたごとく将来戦が創意と智能との争闘たることによって明瞭であると思う。

これがため創意、発明に関する国家の全能力を動員し、これを科学的に組織し、その最大能率を発揮せしむることが望ましい。これがため、

1　科学的研究機関を統制し、合理化し、その能率を向上し、経費を節約し、利用に便ならしむ。

2　発明を奨励し、資金供給、研究機関の利用の道を拓き特許制度に改善を加う。等の施設が必要であろう。

其三　国防と思想

思想戦と人的要素の充実、国民教化振興要目、思想戦体系の整備

思想戦が国防上いかに重要なる役割を演ずべきかはすでに述べたとおりである。しかしてこれが基礎たるべきものは、人的要素すなわち精神力体力の充実である。これがため学校および社会教育において、その陶冶《とうや》を行うとともに、一方社会上の欠陥是正、経済組織の整調と相まって、国民生活の安定、農村更生救済等を図り、民力の培養を策することが必要である。

国防上の見地より思想戦対策として考慮すべき要件を掲げれば左のごとくである。

国民教化の振興

一、国民教化の振興

1 肇国《ちょうこく》の理想、皇国の使命に関する深き認識と確乎たる信念とを把持せしめ、皇国内外に瀰漫《びまん》せる不穏、過激なるいかなる思想に対して、寸毫《すんごう》も動揺することなき、堅確なる国家観念と道義観念とを確立せしむること。

2 国家および全体のため、自己滅却の崇高なる犠牲的精神を涵養し、国家を無視し、国家の必要とする統制を忌避し、国家の利益に反するごとき行動に出でんとする極端なる国際主義、利己主義、個人主義的思想を芟除《さんじょ》すること。

3 質実剛健の気風を養成し、頽廃的気分を一掃すること。

4 世界の現状、国際情勢に通暁し、日本の世界的地位を十分認識せしむること。

5 民族特有の文化を顕揚し、泰西文物の無批判的吸収を防止すること。

6 智育偏重の教育を改め訓育を重視し、かつ実務的、実際的教育を主とすること。

7 国民体育の向上を図ること。

二、思想戦体系の整備

思想、宣伝戦の中枢機関として、宣伝省または情報局のごとき国家機関が平時より必要なることは縷説《るせつ》するまでもない。

この種機関の実例を見るに世界大戦においては、相当大規模な工作をもって、いわゆるプロパガンダ（宣伝）の名において、近代的一戦争手段たる思想戦が出現した。このプロパガンダ戦線の勇将は、英国のノースクリッフ卿、独逸ルーデンドルフ将軍、米国においては大統領ウィルソンみずからであった。

戦争の中期より末期にかけて、恐るべきプロパガンダ戦の力は、敵国戦線の後方はもとより、その国内の主要都市、国民の台所にまで猛威をふるって、ついに独逸側は、この威力の前に崩壊するにいたった。それが武力戦および経済封鎖戦と相関聯して行われたことは、もちろんであるが、プロパガンダ戦それ自体として、独自の立場に立って、活力を発揮したことは見遁《みのが》すべからざることである。

英国は世界大戦勃発直後、一九一四年八月、平時からあった宣伝事業を拡張して新聞局を設置し、一九一七年一月にはべつに情報局が設けられ、宣伝事業を一括して活動を開始するにいたった。

次いでノースクリッフ卿外三名をもって成る顧問委員が組織せられ、ノースクリッフはみずから宣伝および政略関係の使命を帯びて米国に渡り、大いに活動するところがあったが、一九一八年の二月にいたり、情報省が設置せられ、ヒーバーブルック氏が情報大臣の椅子を占め、ノースクリッフ卿は敵国宣伝部長の職に就いた。その後曲折を経て、ノースクリッフ卿が宣伝政策委員会の全指導を行うことになった。

米国は一九一七年四月世界大戦に参加後、大統領ウィルソンにより公報委員会を組織した。この組織は、国務長官、陸軍大臣、海軍大臣ならびにジョージ・クリール氏をもって編成せられ、クリールが右公報委員会の議長となって、対内、対外宣伝事業の一切を統括した。

仏国では外務、陸軍、海軍の各省がそれぞれ宣伝機関を持って、互いに協調しつつ宣伝を実施した。

独逸側にあっては、大戦間の宣伝は、最初、不統制のまま一の宣伝用機関紙を利用するにすぎなかったが、軍事当局と、各省間に幾多の抗争曲折が繰り返された後、ルーデンドルフの提唱により、一九一八年八月にいたって、ようやく宣伝組織を設置することができたけれども、時すでに遅く、聯合国側の猛烈なる宣伝により、ついに一敗地に塗るの已むなきに立ちいたった。

しかるに我が国における識者中思想戦観念の認識十分ならざるもの多きはすこぶる遺憾とするところである。蘇聯邦の組織ある赤化宣伝工作のため、いかに我が国上下を挙げて苦悩せしか。また満洲事変を通じて宣伝機関の不備のためいかに惨憺たる苦杯を嘗めたるか。また現下の貿易経済戦において列国の宣伝戦のため皇国がいかに不利なる立場に置かれているか。これらを考うるとき、平戦両時を通じての思想戦体系整備の急務なることは論議の余地はない。要は速にこれが実現を図るにある。

其四　国防と武力

消極的軍備、積極的軍備、蘇国軍備と我が軍備、航空兵力および民間航空拡張の急務

消極的軍備、積極的軍備

武力戦の主体は軍備である。そもそも軍備には消極的に国防目的を達成するに必要なる最小限度の武力と、積極的に目的を達成せんがため要すべき武力とに分かれる。しかして前者は国策、領土の広狭、地理的位置などの関係より、自主的に決定し得べきものであり、後者は国際情勢に応じて変化すべきものである。

現在我が陸軍の保有する軍備は上述の消極的国防に必要なる最小限度のものであり、大戦直後、蘇国の軍備薄弱なりし時代においては、これをもって東亜平和維持の静的目的を達成し得たのであるが、満洲事変に伴う国防第一線の拡大により皇国に三倍する領域の治安維持を負担することとなり、消極的国防の見地においてすらすでに軍備の不十分を感ずるにいたった。

蘇国軍備と我が軍備

加うるに蘇国のいわゆる五ヵ年計画実施の結果、世界最大の軍備を保有するにいたり、とくに著々として極東に軍備を充実しつつあることと、蘇満国境の絶えざる紛争、さらに両者間に蟠《わだかま》れる幾多の案件は、最近募り来れる蘇国の挑戦的態度と常習的不信なる態度と相まって日蘇関係の今後の推移は逆睹《ぎやくと》し難き情勢にある。

したがっていかなる情勢の変化に遭遇するも支障なからしむべき兵力、装備の充実は、時局対策としてもっとも重要なるものの一であらねばならぬ。

この兵力装備の具体的数字を掲ぐる自由を持たないが、主要列強の軍備と比較し、国際情勢の急迫せる状態を考察せば、皇国兵力装備の十分ならざることは十分了解し得ると信ずる。（後掲の主要列強陸軍兵力一覧表参照）

近代軍備において航空機の有する価値の絶大なることはいまさら述べるまでもない。しかして、蘇の飛行機三千機、米の三千機、支の五百機を合計すれば、我を囲繞する列強の空中勢力はじつに六千機を突破するの状況である。

航空兵力および民間航空拡張の急務

外交政略と相まって対手国を一ヵ国に制限する場合においても、最小限三千機の仮想敵空中勢力を予察せねばなるまい。しかる場合わずか一千機内外の陸軍航空兵力をもってはたして国防全しと称し得べきか否か。

航空兵力はもちろん軍事航空が主体であるが、民間航空はただちに戦争に流用し得べきものであるが故に、これを度外視して空中国防を論ずるは無意味である。この見地において、我が民間航空の現状如何を見るに、軍事航空の劣勢に劣ることさらにさらに数等、とうてい列強のそれに比すべくもないのである。（附録第一列国民間航空事業現勢比較の表参照）

思うてここにいたれば慄然たらざるを得ない。最近民間航空大拡張の企図あるかに仄聞する。誠に慶賀の至りに堪えない。冀《こいねがわ》くは、一刻も速に空中国防の欠陥を充足し、国防上些の遺憾なからしめんことを。

また重要都市防空のため施設の必要があるが、飛行機に対する絶対の防禦は飛行機をもって、敵機を墜しあるいはその根拠地を覆滅するにある。この意味よりしても空中勢力の充実を企図することが急務である。

主要列強陸軍兵力一覧表

国名／区分	平時兵力	陸軍飛行機数	戦車数
蘇《ソ》聯邦	約百三十万	約三千機	約三千輛
中華民国	約二百万	約五百機	
米国	約三十二万	約二千機(三千機に拡張中)	約五百輛
仏国《フランス》	約五十六万	約三千機	約一千五百輛
独国《ドイツ》	約二十五万	なし	なし
伊国《イタリア》	約三十五万	約千五百機	約百二十輛
英国	約三十四万	約二千五百機	約三百輛
日本	約二十三万	約千機内外	

其五　国防と経済

経済の整調、現機構の不備、新経済機構の要旨、戦時経済確立の必要

一、経済の整調

経済の整調

現経済機構が、我が国の経済的発展に、大なる貢献をなしたることは認めねばならぬ。しかし国家的全体観とくに国防の観点より見て左のごとき改善整調の余地ありといわれている。

現機構の不備

1　現機構は個人主義を基調として発達したものであるが、その反面において動《やや》もすれば、経済活動が、個人の利益と恣意とに放任せられんとする傾があり、したがって必ずしも国家国民全般の利益と一致しないことがある。

2　自由競争激化の結果、排他的思想を醸成し、階級対立観念を醸成するの虞がある。

3　富の偏在、国民大衆の貧困、失業、中小産業者農民等の凋落などを来し、国民生活の安定を庶幾し得ない憾がある。

4　現機構は、国家的統制力小なるため、資源開発、産業振興、貿易促進などに全能力を動員して一元的運用をなすに便ならず、また国家予算に甚だしき制限を受け、国防上絶対に必要とする施設すらこれを実現し得ざる状態にある。

現経済機構の変改是正の方案に対しては種々の意見があるが、国防上の見地よりしては、左記のごとき事項が挙げられている。

新経済機構に具備すべき要件

1　建国の理想にもとづき、道義的経済観念に立脚し、国家の発展と国民全部の慶福とを増進するものなること。

2　国民全部の活動を促進し、勤労に応ずる所得を得しめ、国民大衆の生活安定を齎《もたら》すものなること。

3　資源開発、産業振興、貿易の促進、国防施設の充備に遺憾なからしむるごとく、金融の諸制度ならびに産業の運営を改善すること。

4　国家の要求に反せざる限り、個人の創意と企業慾とを満足せしめますます勤労心を振興せしむること。

二、戦時経済の確立

戦時経済の確立

経済戦は、すでに平時状態においても開始せられつつあることはすでに述べたとおりである。戦時状態において武力戦と併起する場合、その激甚性は最高度に達することもちろんである。その場合の経済統制をいかに実施するかは、国防上重要なる問題である。

二十世紀初頭までの間における各戦争を観察するに、国を挙げて交戦のことに従った場合においても、比較的交戦兵力、軍需品の需要が寡少であって、国民経済の全般にわたり特別の変動を与うることはなかった。しかるに、世界大戦はまったく従来とその趣を異にしている。すなわち軍需品の需要が未曾有の膨脹をなした。

一面交戦国と外部との通商交通は、著しく阻害せられ、甚だしき場合にはまったく封鎖状態に陥るをもって、軍需品はもちろん国民生活必需品にいたるまで、海外よりの資源の輸入は杜絶せらるるのみでなく、自国輸出産業の販路も、まったく閉塞され、平常時における世界経済の紐帯はまったく切断せらるることとなった。故に戦時不足すべき資源を適時充足するごとく平時において準備を整うるとともに、一旦緩急の暁には、国家は莫大なる軍需品の需要を充たすとともに、国民の経済生活維持のため、経済の全般なかんずく国防、産業、運輸、通信および国民経済生活に対して、相当徹底して統制を行うの必要がある。その結果経済組織に対しても尠からざる臨時変更を生ずることとなる。

これを世界大戦の実例に徴するに、列強より封鎖せられたる独逸が、食糧軍需資源の輸入杜絶により、著しき困難を嘗めたるはもちろん、過剰生産品の輸出販路を失い、ために国家経済が窮地に陥ったことは周知の事実である。

また独逸の潜水艦封鎖の脅威を受けながらも、ともかく世界経済との関聯を保持せし英国においてすら、砂糖、小麦、肉類などの不足を生じ、また棉花輸入困難の結果はランカシャ綿業廃止を余儀なくせらるるなど、国民経済に致命的影響を蒙ったことは枚挙に遑がない。されば交戦諸国は資源、食糧の不足を補うため、その生産および輸入に対して強度の保護奨励策を取るはもちろん、中には国家みずからその一部を経営するものすらあった。極端なる自由主義を標榜せし英国においてすら、農地の強制耕作、製粉工場の政府管理、小麦、砂糖および肉類の輸入および配給事業の政府直営などを実施し、またランカシャ綿業の危機を救わんがため、政府は在荷棉花の公平なる分配、操業の調整、失業救済などに対し積極的統制を実施している。また交戦時はほとんど例外なく国民の消費にまで干渉し、あるいはパン、肉、砂糖などの食糧品を始めとし、各種燃料および衣服に対しても標準消費量または日量を定め、切符制度によりこれが配給を実施している。また一方国家は戦争のため打撃を蒙れる一般国民ならびに特殊産業の資本家および労働者に対して救済策を講じ、また戦禍のため生業を失える者に対する対策を必要とするにいたっている。

これのごとき世界大戦の経験は、将来戦において戦時経済をいかに準備すべきかを暗示するものである。しかしてこれらの準備なき国家は、多大の困難を感ずるのみならず、往々これがため敗戦を招来するかも測り難い。故に平時より官民力を戮《あわ》せこれが準備を完成するの必要がある。

しかしてその準備すべき要点としては、戦時不足資源関係企業の奨励、不足資源の貯蔵、代用品の研究、戦時海外資源の取得計画、平時これを利用する国防産業の実行促進、過剰生産品の輸出対策、戦時財政金融対策、貿易対策、労働対策など、相当広範囲にわたり、あらかじめ研究準備を遂げ、開戦の暁において些の遅滞なく、統制ある戦時経済の運用に移らなければならない。

五、国民の覚悟

以上は、国防国策として速に実現を要すと一般に考えられる事項の若干を掲げたに過ぎない。もとより国防は、国家の生成発展に関する限り国策の全般にわたるが故に、本書に述べた以外に考慮すべき要件の多々あることはもちろんである。

皇国はいまや駸々乎《しんしんこ》たる躍進を遂げつつある、一方列強の重圧は刻々と加重しつつある。

この有史以来の国難——しかしそれは皇国が永遠に繁栄するか否かの光栄ある国家的試錬である——を突破し光輝ある三千年の歴史に、一段の光彩を添うることは、昭和聖代に生を稟けた国民の責務であり、喜悦である。冀《こいねがわ》くは、全国民が国防の何物たるかを了解し、新たなる国防本位の各種機構を創造運営し、美事に危局を克服し、日本精神の高調拡充と世界恒久平和の確立に向かって邁進せんことを。

（陸軍省、一九三四年）

列国民間航空事業現勢比較

区分	英	仏	独
民間操縦者	2,766 (5)	1,100 (2)	2,500 (5)
民間飛行機	981 (6)	1,571 (10)	1,067 (6)
飛行場	(25)	(5)	(15)
飛行場 公共用	35	68	98
飛行場 非公共用	362	34	133
定期航空路延長距離	(粁) 28,677 (7)	26,382 (9)	30,685 (8)
飛行実施総延長距離	(粁) 3,347,000 (1.5)	8,500,712 (4.2)	9,267,120 (4.5)
旅客	56,683 (5)	40,491 (4)	98,489 (10)
国庫総予算	(万円) 110,2018 (5)	95,9246 (4)	90,9238 (4)
民間航空予算 総額	(万円) 1,985 (6)	11,444 (40)	6,989 (20)
民間航空予算 国庫総予算に対する歩合	0.002 (2)	0.013 (10)	0.008 (6)

摘要

一 米独に於て操縦者の倍率に比し飛行場及旅客倍率の著しく高率なるは注意を要す即我航空路施設の不十分と民間航空利用熱の低きを示すものなり

二 列国に於て操縦者の倍率に比し飛行機及定期航空路延長距離の倍率著しく高率なるは注意を要す即我国に於ける飛行機の保有数劣弱なると航空路の拡張不十分なるを示すものなり

備考	日	伊	米
一 航空に関する諸元は昭和八年十一月調逓信省航空局発刊の航空要覧（概ね昭和八年十月現在数）に拠る 二 予算に関する数量は主計局調査の昭和八年度予算に拠る 三 括弧内の数字は日本の当該諸元に対する倍率を示す	496 (1)	708 (2)	18,594 (30)
	167 (1)	719 (4)	7,330 (45)
	(1) 10 6	53 (4)	2,045 (150)
	4,086 (1)	15,235 (4)	87,160 (22)
	1,986,840 (1)	4,650,118 (3)	77,350,973 (39)
	10,443 (1)	43,300 (4)	504,575 (50)
	23,0941 (1)		186,8151 (8)
	339 (1)		4,078 (11)
	0.0013 (1)		0.0021 (2)
	三 列強国庫総予算の倍数比率に比し民間航空予算倍率の著しく高率なるは注意を要す特に仏独に於て然りとす		

解説

永田鉄山の軍事戦略構想

川田　稔

一、永田鉄山の足跡

永田鉄山は、一八八四年（明治一七年）に長野県諏訪に生まれた。

生家は代々医師の家系だったが、父親の早世のため、陸軍東京幼年学校、陸軍士官学校へと進んだ。職業軍人への道を選択したのである。

士官学校修了（陸士一六期）後、部隊勤務をへて陸軍大学校に入学。卒業後、連隊勤務や教育総監部をへて、第一次大戦前の一九一三年（大正二年）、軍事研究のためドイツに派遣された。だが、大戦勃発のため約一年で帰国。翌一九一五年（大正四年）デンマークおよびスウェーデン駐在となり約二年間滞在した。帰国後、第一次大戦の調査を主要な任務とする臨時軍事調査委員の一員となった。そして、大戦終結後の一九二〇年（大正九年）、オーストリア派遣のため三たび渡欧。一年後、欧州滞在のまま、スイス駐在武官に任命された。そこで約二年の勤務ののち帰国した。

大戦をはさんで、合計約六年間をヨーロッパとりわけドイツ周辺に駐在したことになる。

六年間のヨーロッパ駐在は、同時代の軍人のなかでも例外的に長期のものといえる（ちなみに、永田の幼年学校、士官学校での卒業成績はともに首席。陸軍大学校は次席。首席は終戦時の参謀総長梅津《うめづ》美治《よしじ》郎《ろう》）。

これらの時期、永田は国内では主に教育総監部に所属していた。

その後、陸軍省軍事課高級課員（課長補佐に相当）、陸軍大学校教官、陸軍省動員課長などをへて、一九三〇年（昭和五年）八月、陸軍省軍事課長となった。満州事変の約一年前である。軍事課長は陸軍実務の中核的ポストだった。

その間、永田は、一九二六年（大正一五年）四月、若槻礼次郎《わかつきれいじろう》憲政会内閣下に設けられた国家総動員機関設置準備委員会の陸軍側幹事となる（当時軍事課高級課員）。そして同一〇月発足した陸軍省整備局の初代動員課長に任命されている。

それ以前から永田は、国家総動員関係の実務や講演などの活動に積極的に関わっていた。当時軍事調査委員だった安井藤治《やすいとうじ》は、「総動員機関設置準備をリードしたものは陸軍であり、永田中佐であった」と回想している（『戦史叢書・陸軍軍需動員〈一〉』朝雲新聞社、一九六七年、二四一頁）。

また他方、永田がスイスに駐在していた、一九二一年（大正一〇年）一〇月、ドイツのバーデン・バーデンで、陸士同期の永田、岡村寧次《おかむらやすじ》、小畑敏四郎《おばたとしろう》の三人が落ち合った。

永田はスイス駐在武官。小畑はロシア駐在武官だったが入国できずベルリンに滞在。岡村は日本から約三ヵ月間の欧州出張中だった。彼らは、ともに三〇歳代半ば、陸軍少佐で、かねてから交流があった。

そこで三人は、派閥の解消による人事刷新、および総動員態勢の確立や軍備の改善などの軍制改革について申し合わせた。そして、その実現のために同志の結集に乗り出すことを盟約した（稲葉正夫「永田鉄山と二葉会・一夕会」『秘録永田鉄山』、芙蓉書房、一九七二年、四三四頁）。直後に、当時ドイツに駐在していた東条英機《とうじょうひでき》（陸士一七期）も加わる。

これが後の中堅幕僚グループ「一夕会」形成への起点となる。

なお、ここでの派閥とは陸軍長州閥を意味し、永田自身のちに「多年藩閥の弊と戦い来れる生等」との表現をしている（「矢崎勘十宛永田鉄山書簡」『秘録永田鉄山』四〇四頁）。

その後、永田、岡村、小畑、東条らは会合をかさね、一九二七年（昭和二年）頃「二葉会」を発足させた。

永田ら陸士一六期、一七期を中心に、河本大作《こうもとだいさく》、板垣征四郎《いたがきせいしろう》、土肥原賢二《どいはらけんじ》、山下奉文《やましたともゆき》など陸軍中央の中堅幕僚二〇人程度が参加している。

また、同年、二葉会にならって、陸士二二期の鈴木貞一《すずきていいち》参謀本部作戦課員ら少壮の中央幕僚グループによって「木曜会」が組織される。永田はこの会の創設にも関係している。

木曜会の参加者は一八人前後で、石原莞爾《いしはらかんじ》、根本博《ねもとひろし》、村上啓作《むらかみけいさく》、土橋勇逸《つちはしゆういつ》ら陸士二一期から二四期が中心だったが、永田、岡村、東条も会員となっている。永田自身は二回ほどしか出席していない。だが、永田の腹心ともいうべき東条がたびたび出席し、重要な役割を果たしている。後述するように、この木曜会で、満蒙領有方針や陸軍の政治介入が申し合わされた。

一夕会は、これら二葉会と木曜会が合流して、一九二九年（昭和四年）五月に結成される。

岡村の日記には、「五月一六日……午後六時富士見軒にて中少佐級正義の士の第一回参集に列席す。予［岡村］らの同人にて予のほか永田、東条、松村［正員］参加し一夕会と命名す」、とある。この日の「来集者」として、そのほか根本博、土橋勇逸、武藤章《むとうあきら》ら九人の名前が記されている（舩木繁『岡村寧次大将』河出書房新社、一九八四年、二〇四頁）。

一夕会構成員は四〇名前後で、陸士一四期から二五期にわたり、二葉会・木曜会会員のほか武藤章、田中新一《たなかしんいち》、冨永恭次《とみながきょうじ》、牟田口廉也《むたぐちれんや》などの少壮幕僚もメンバーとなっている。

一夕会は、陸軍人事の刷新、満州問題の解決、荒木貞夫《あらきさだお》・真崎甚三郎《まさきじんざぶろう》・林銑十郎《はやしせんじゅうろう》の非長州系三将官の擁立を取り決め、まず陸軍中央の重要ポスト掌握にむけて動いていく。永田は、小畑、岡村とともに、その中核的位置にあった。

満州事変以後の陸軍（いわゆる昭和陸軍）を実質的にリードしたのは、この陸軍中央の中堅幕僚グループに属した人々である。

その一夕会の理論的中心人物が永田だった。

満州事変を契機に、一夕会は、それまでの陸軍主流だった宇垣《うがき》派を中央要職から排除し、実質的に陸軍を動かすことになる（宇垣派は、一九二〇年代後半前後に長く陸相をつとめた宇垣一成《かずしげ》を中心とするグループ。宇垣は岡山出身だが長州閥の流れに属する）。

満州事変から満州国建国、国際連盟脱退にかけての時期、永田は、陸軍省軍事課長という実務上もっとも重要なポストに就いていた。

その後、五・一五事件から塘沽《タンクー》停戦協定をへて華北分離工作が本格化する時期、参謀本部情報部長、陸軍省軍務局長として陸軍中枢の要職にあった。そして軍務局長就任前後から、いわゆる陸軍統制派の指導者と目されるようになる。

統制派は、陸軍の主要ポストを独占しつつあった皇道派に対抗して形成されたもので、これにより一夕会は皇道派と統制派に分裂する。

皇道派は、小畑・山下ら一夕会土佐グループと土橋・牟田口らの同佐賀グループ、真崎・荒木ら佐賀系将官が手を握ったものだった。そして永田の軍務局長就任によって、徐々に統制派が主導権を皇道派から奪い取ることとなる。

主要な統制派メンバーとしては、永田、東条、武藤のほか、冨永、池田純久《いけだすみひさ》、影佐禎昭《かげささだあき》、片倉衷《かたくらただし》、真田穣一郎《さなだじょういちろう》、西浦進《にしうらすすむ》、堀場一雄《ほりばかずお》、服部卓四郎《はっとりたくしろう》、辻政信《つじまさのぶ》などがいる。だが、一九三五年（昭和一〇年）八月、両派の抗争激化のなか永田は、軍務局長在任中に執務室で皇道派系の将校によって殺害される。

二・二六事件は翌年、日中戦争突入はその翌年である。

永田死後、その軍事戦略構想は武藤や東条など統制派およびその影響を受けた統制派系幕僚（田中新一、佐藤賢了《さとうけんりょう》、有末精三《ありすえせいぞう》など）に受け継がれていく。その後の陸軍では統制派および統制派系の幕僚たちが、陸軍中央の枢要ポストを掌握する。

その後、日中戦争において、武藤、田中らが陸軍中央幕僚を動かし事態を推し進めていく。そして、太平洋戦争開戦時、東条、武藤、田中らが主導的な役割を果たすことになる。

このように永田は、昭和陸軍において重要な位置を占め、軽視しえない影響力をもった。それゆえ、昭和前期の歴史を考えるうえでもその思想（構想）と行動の検討を欠かせない存在である。したがって、これまで、何らかのかたちで永田にふれた文献は数多くある。だが、それにもかかわらず、かつては、彼の手になる文書や発言の記録があまり知られていなかった。しかし、近年、徐々に永田の論述や講演記録の所在が明らかになり、現在までのところ、以下のような文献が利用可能になっている（再録のものは除く）。

①『小戦術』（誠志堂、一九〇七年）

②軍令陸一号「軍隊教育令」（永田鉄山起案、一九一三年、永田鉄山刊行会編『秘録永田鉄山』所収）
③「最近西方戦場の状況」（『政友』二一八号、一九一八年）
④「西比利亜の近況」（『政友』二一九号、一九一八年）
⑤「国防に関する欧州戦の教訓」（『中等学校地理歴史科教員協議会議事及講演速記録』第四回、一九二〇年）
⑥「伊太利の怪傑ベニト・ムソリニ首相と黒シャツ団」（『偕行社記事』五八四号、一九二三年）
⑦「国家総動員の概説」（『大日本国防義会々報』第九三号、一九二六年）
⑧「国家総動員準備施設と青少年訓練」（沢本孟虎編『国家総動員の意義』、青山書院、一九二六年）
⑨「青年訓練の教練について」（『社会教育』三巻九号、一九二六年）
⑩「青年訓練の教練について（承前）」（『社会教育』三巻一〇号、一九二六年）
⑪「現代国防概論」（遠藤二雄編『社会教育講習会講義録』第二巻、義済会、一九二七年）
⑫「国家総動員に就て」（『現代史資料』第二三巻、みすず書房、一九二七年）
⑬「国家総動員」（『昭和二年帝国在郷軍人会講習会講義録』、帝国在郷軍人会本部、一九二七年）
⑭『国家総動員』（大阪毎日新聞社、一九二八年）
⑮「青年訓練の光華」（『偕行社記事』六七九号、一九三一年）
⑯『新軍事講本』（青年教育普及会、一九三二年、元版一九二六年）
⑰「満蒙問題感懐の一端」（『外交時報』六六八号、一九三二年）
⑱「陸軍の教育」（『岩波講座教育科学』第一八冊、一九三三年）
⑲「国防の根本義」（『真崎甚三郎文書』二〇五四―一二、国立国会図書館所蔵）

なお、他に、永田が執筆したとされている著作に、次のものがある。

⑳　臨時軍事調査委員『国家総動員に関する意見』（陸軍省、一九二〇年）

これは、臨時軍事調査委員メンバー全体の調査のまとめとして発行されたものの一つで、永田が代表として執筆したようである（まとめは全三点で、他には、『物質的国防要素充実に関する研究』『十年後に於て帝国の整備し得べき最大兵力概定に関する意見』がある。そのうち、『国家総動員に関する意見』『物質的国防要素充実に関する研究』二点が、軍内外に配布された）。

また、次の二点も永田が全体もしくは一部を執筆した可能性が高い。

㉑　「独逸屈服の原因」（『偕行社記事』五三七号付録、一九一九年）

㉒　「現代思潮一部（デモクラシー）の研究」（『偕行社記事』五三九号付録、一九一九年）

さらに、次のものも永田の意向が強く反映しているとみられている。

㉓　陸軍省新聞班『国防の本義と其強化の提唱』（陸軍省、一九三四年）

本書では、これらのなかから、比較的永田の構想がよくわかり、重要と思われる、⑤⑧⑪⑬⑰⑲㉓の論考を収録した。

では、永田の影響力の核となっている、彼の軍事戦略構想はどのようなものであったのか。以下、本書に収録された論考を中心に検討していこう。

二、第一次世界大戦の衝撃

永田は、ヨーロッパ滞在中に直接経験した第一次世界大戦（一九一四年―一九一八年）から、大きなインパクトをうけた。

第一次世界大戦は、膨大な人員と物資を投入し巨額の戦費を消尽する、かつてない大戦争となった。その結果、戦死者九〇〇万人、負傷者二〇〇〇万人、一般市民の犠牲者七〇〇万人に達する、未《み》曾《ぞ》有《う》の規模の犠牲と破壊をもたらした。

大戦では、戦車、航空機など機械化兵器の本格的な登場によって、戦闘において人力より機械のはたす役割が決定的となった。そこから、兵員のみならず、兵器・機械生産工業とそれをささえる人的物的資源を総動員し、国の総力をあげて戦争遂行をおこなう長期の国家総力戦となった。

また今後、近代工業国間の戦争は不可避的に国家総力戦となる。また、その植民地、勢力圏の交錯や提携関係によって、長期にわたる世界戦争となっていく。そう予想されていた。

永田も、このたびの「欧州大戦」は、「有史以来未曾有の大戦争」だという。参戦国世界三二ヵ国、参加兵力六八〇〇万人、損耗した兵員一二〇〇万人、戦費三四〇〇億円にのぼる。そう認識していた（「国防に関する欧州戦の教訓」本書一四―一五頁。以下本書収録論考については本書での頁数を記す）。ちなみに、当時の日本の年間国家予算は約一〇億円だった。

このような大戦の経験から、まず永田は、今後の戦争のあり方について、次のように述べている。

「方今の戦争は昔日のものと大に趣を異にし、長期持久にわたる場合が多いと覚悟しなければならず、武力のみによる戦争の決勝は昔日の夢と化して、いまや戦争の勝敗は経済的角逐に待つところがはなはだ大となってきている」。(「国防に関する欧州戦の教訓」二九頁)

すなわち、これからの戦争は、これまでとは異なり、「長期持久」となる場合が多く、長期の持久戦となる可能性が高い。そのため、経済力が勝敗の決定を大きく左右する。そう指摘しているのである。

永田はいう。

戦争が、この「世界戦を一期としてどう変ったか」。それはまず、「国民的性質」を帯びるようになり、「国力の全部を賭して争う」ものとなったことである。したがって、戦争が「きわめて真剣」な、それゆえ「執拗」で「深刻」な、長期にわたるものとなった。そこでは、「血の一滴、土の一塊をも尽くして争う」ということになる、と(「国家総動員」一七六―一七七頁。永田『国家総動員』、大阪毎日新聞社、六―八頁)。

そのことは、たんに戦争が長期化するばかりではなく、途中講和が困難となることを意味した。戦局が不利な側は、国力の続くかぎり、戦局を有利にしようとして戦争を継続するからである。したがって、日露戦争のように、短期決戦ののち講和し戦争を終結させることがほとんど不可能となり、徹底的に戦われるようになると考えていたのである。

また、戦争が長期化すれば、中国やロシアのように現在弱体な国でも、潤沢な「資源」や外国からの「援助」によって、徐々に大きな「交戦能力」を発揮するようになりうる。そう永田はみている（「国防に関する欧州戦の教訓」三〇―三一頁）。

弱体とされる中国が、戦争の過程で外国からの援助によって、大きな交戦能力を発揮する可能性があることを指摘しているのである。この点は、のちの日中戦争の展開を考えるとき、示唆的なものがあるといえよう。

加えて永田は、今後の戦争は、「敵に遠近なく」、随所に敵対者が発生することを予期しておかなければならない、とする。それは、交通機関の発達や国際関係の複雑化による。それゆえ、従来のように近隣諸国の事情や仮想敵国の観念にとらわれるべきではない。可能性として「世界のいずれの強国をも敵とする場合ある」ことを予想し、それに備えなければならない。こう永田は主張する。

「一国の対外政策あるいは国防力が時により急変することならびに国際関係が朝《あした》に夕を測るべからざることは、這回《こんかい》の世界の変局が吾人に示した大なる教訓の一である。……至近隣邦の事情従来唱えられたる予想敵［仮想敵国］の観念などに囚えられて兵力を決しようというのは妄想といわなければならぬのである。すなわちいまや吾人は世界のいずれの強国をも敵とする場合あるを予期し……最大限の兵力を運用するの覚悟を要するのである。」（「国防に関する欧州戦の教訓」三〇頁。……は中略、以下同じ）

すなわち、これまで陸軍はおもにロシアを仮想敵国としてきた。だが今後は、そのような観念にとらわれるべきでないというのである。

もちろん一国ですべての強国を敵とする可能性を考え、それに備えよと主張しているわけではない。そのようなことが不可能なのはいうまでもない。

永田は、今後列強間の戦争は、第一次大戦と同様に、「数国対数国の聯合の角逐」（「国家総動員」一七六頁）すなわち同盟・提携関係を前提としたものになると予想していた。

つまり、日本も含めた同盟・提携関係の存在を前提に、国際関係や戦局の展開によっては、ロシアのみならず、米英仏独伊などの強国でも敵側となる可能性がある。したがって、それに対応しうる準備が必要だというのである。

仮想敵国を特定しないということは、逆に言えば、あらかじめ特定の国との提携を前提とするのではなく、同盟・提携関係におけるフリー・ハンドを意味している。この点は、後述するように、永田の戦略構想において軽視しえない意味をもっていた。

三、長期持久戦の戦時動員兵力と平時の常備兵力

次に永田は、大戦における欧米の経験をふまえ、戦時および平時の必要兵力の問題を検討してい

る。

永田のみるところ、大戦での列強諸国の戦役統計から推計して、日本の場合、対人口比による戦時理想兵力数は、長期戦（約四年間）の場合、二五〇万である。

だが、約一〇年後（一九三〇年頃）の工業生産力推計は、鋼材需要量で約二〇〇万トンとなる。これは、大戦時約二〇〇万の野戦軍を動かした、フランスの鋼材需要量四〇〇万トンの半分にすぎない。これでは長期戦の場合における、理想兵力の約半数に軍需品を供給することもできないレベルである。

したがって、長期戦を想定した場合、使用しうる兵力は、理想兵力二五〇万よりはるかに低い水準に止まらざるをえない。

日本と人口構成や地理的軍事環境の類似するフランスやドイツの場合、開戦当時、平時兵力の二倍ないし二・五倍の動員を実施している。日本の場合、戦時理想兵力二五〇万、師団数にして一二〇～一三〇個師団から逆算して、平時五〇～六〇個師団となる。

それゆえ、さきの工業生産力の事情から実際の野戦兵力を戦時理想兵力の半分と推計すると、平時の常備兵力として二五～三〇個師団を設置しておかなければならない。こう結論づけている（「国防に関する欧州戦の教訓」三〇―三五頁）。

ちなみに、この数字は、山県有朋《やまがたありとも》参謀総長の強い影響下で制定された、一九一一年（明治四四年）第一次国防方針の所要兵力、平時二五個師団・戦時五〇個師団に近い。また大戦末期の一九一八年（大正七年）第二次国防方針下での平時二一個師団・戦時四〇個師団よりはるかに多い（なお、「国防に関する欧州戦の教訓」執筆は、山県存命中であり、そのことは当然永田の念頭に置かれていたと思われる）。

ただ、ここで注意すべきは、第一次国防方針では仮想敵国ロシアの兵力量を基準に、また第二次国防方針では現状の平時師団数をもとに、所要兵力が決定された。それに対して、永田の場合、基本的には工業生産力が基準となっていることである。したがって、その数値は工業生産力によって変動しうるものだった。

それゆえ、平時師団数を二一個師団から一七個師団へと削減した宇垣軍縮（一九二五年）についても、永田は必ずしも否定的ではない（『国家総動員』九―一〇頁）。むしろ、「後方から弾の続いてこないたくさんの兵隊を戦線に並べるということは無意味」だとして、工業生産力の裏打ちのない兵員数の拡大にたいしては批判的だった（「国家総動員準備施設と青少年訓練」一五四頁）。

ちなみに、太平洋戦争中の動員兵力は四〇〇万を超える。そのような戦略は、永田の見地からすれば、工業生産力の裏打ちを欠いた、それゆえ兵員に必要な兵器が供給されない「無意味」なものだったといえる。

ところで、当時ジャーナリズムや政党内部から提起されていた大幅軍縮論にも、永田は、はっきりと反対の姿勢をとっている。

一九二〇年代、主要政党は大幅な陸軍軍縮を主張していた。たとえば、憲政会は平時七個師団削減、政友会は六個師団削減、革新倶楽部は一〇個師団削減を掲げていた。また、多くの新聞、雑誌も、同様に思いきった陸軍軍縮を強く求めていた（木坂順一郎「軍部とデモクラシー」『国際政治』三八号、二二一―三四頁）。

それらを念頭に永田はいう。

日本は、開戦劈頭において枢要な戦略目標を一挙に達成しておかなければならない。その理由は、軍事地理上の事情や、必要資源を海外から確保する必要などからである。

たとえば、欧米諸国との交戦となった場合、アメリカもしくはヨーロッパから兵力が東アジアに派遣されてくる。それらの兵力の集中が十分におこなわれる前に撃破する必要がある。

また、欧米と連携した近隣国（中国やロシアなど）と開戦にいたった場合もほぼ同様である。欧米からの援軍到着までに、近隣国軍を制圧し、資源なども確保しておかなければならない。

それには、戦時において「国軍の骨幹」となりうる「精鋭なる軍備」を、平時から常備兵力として保持しておくことが必須である（「国防に関する欧州戦の教訓」三七頁）。また、それが開戦時の急激な戦略的需要にたいして対応できるよう、充分な装備と兵員をもつかたちで整備されていることが不可欠だ。

たとえばフランスは、強大な国と国境を接しており、また資源も比較的少ない。したがって、開戦後なるべく速やかに勝利の方向を決すべく、「速戦即決」の方針にもとづき比較的大規模な常備軍を擁している。日本もまた、列強の利害の錯綜する「東洋のバルカン」中国や、「赤い露西亜《ロシア》」に隣接し、資源も貧弱で、フランスの国情に似ている。したがって同様に、まずは「速戦即決」が必要であり、即時動員の可能な、相当規模の常備兵力を平時から擁しておく必要がある、と（『国家総動員』一二―一四頁）。

このような観点から、平時兵力の大幅な縮小には反対していたのである。

ちなみに、大戦時、イギリスは平時六個師団に対して戦時八〇個師団、アメリカは平時兵力一三万人に対して戦時一三〇万人（四二個師団）だった。したがって両国は戦時動員にかなりの時間を要した。

その上でさらに、今日の戦争の性質からして、「常に必ずしも速戦速決ということは望み難く、戦争が持久戦に陥るという場合をも覚悟」しなければならない。このことは「世界大戦」の「最も大なる教訓の一つ」で、それゆえ常備兵力のほか、「持久的長期戦」に対応できるような準備と覚悟が不可欠だ。そう主張している（永田『新軍事講本』〔国立国会図書館デジタルコレクションで公開〕七六頁、八六頁）。

「常設軍備のみによって速戦速決ということができれば誠に都合がよいが、これにのみよっていつでも国防の目的が達しられようなどと考うるのは、いたずらに往時を追憶するものであって、現代国防の真髄に触れておらない。このことは世界大戦が吾人に残した最も大なる教訓の一つである。」（『新軍事講本』八六頁）

すなわち、日本は国際環境や自然的地理的条件から、まずは速戦即決の戦略をとらざるをえない。そのため平時から相当強力な常備兵力を整えておかなければならない。だがそれのみならず、世界大戦の経験からして、長期持久戦となる場合も想定しておかなければならない。したがって、そのための準備と計画が必須である。永田はそう考えていたのである。

四、新しい戦闘法とその精神

さらに永田は、大戦における戦闘方法の大きな変化に注目している。

永田によれば、大戦前の戦法は、「散開戦法」がとられていた。これは、散兵形状で敵に接近して、小銃によって敵を圧倒し、肉弾の集団的威力で一挙に敵陣に突入するものである。

だが大戦において戦法の根本的革新がおこり、「疎開戦法」が一般的となった。

各種機関銃・野戦重砲など火器の威力、使用量の急速な増大は、それまでの散開戦法を破砕し、戦法を「一変」させた。新たな戦闘法は、重砲や機関銃による兵の損耗を避けるため、散兵の間隔を数倍に増加する。かつ諸所に「軽機関銃」を配置し、これを核に「きわめて稀薄の隊形」で敵陣に肉薄する。これが疎開戦法である（「国防に関する欧州戦の教訓」三八―三九頁。『新軍事講本』一二六―一二八頁）。

ここでの疎開戦法とは、一般には戦闘群戦法といわれるもので、第一次大戦において欧州各国の陸軍が採用した戦闘法である。

従来はある程度散開しながらも、中隊単位で比較的密集して闘う形態をとっていた。だが、それでは格段に威力を増した敵砲火器類による被害が甚大となる。

そこで、携帯型軽機関銃を中核として兵十数名が傘型となり分隊単位の戦闘群として行動する。また各兵の間隔を六歩前後に拡散させる。そのような戦法が採られるようになった（従来は一―二歩間隔)。永田はこの欧米諸国がとった戦闘群戦法を念頭においていた。

ただ、永田のみるところ、この戦法では、疎開状態のままで敵陣に突入するため勝敗を一気に決することは困難となる。したがって敵味方が錯綜した「紛戦」となり「混戦乱闘」を続けることとなる。そこでは、各部隊間の連携は断絶し、統一的指揮は困難となる。それゆえ、単独兵もしくは小戦闘群が敵味方とも入り乱れての戦闘状態が継続する。

そのような状態では、そこでは各兵士、各小部隊は上官の指揮を待つことなく「自主独往」「自由裁量」によって行動しなければならない。各人の「機敏・熱心・沈勇・自治・自律」によって勝敗が決せられることとなる。

それゆえ、このような疎開戦法では、個々の兵卒に各種の「無形的要素」すなわち精神的内面的な資質が極度に要求される。それは、「自治自律・自主独立の精神・深甚なる責任観念・堅忍持久の資質・靭強執拗の性能」「持続的勇気」などである。

だが、日本人の「国民性」には、ややもすれば「これらの点に欠如するものある」といわざるをえない。

もちろん、尚武の気質や犠牲的精神など世界に誇りうる長所をもっている。だが、他方、「急激に発作して、瞬速に冷却するの弊」に陥りやすい。堅忍持久し隠忍苦節に耐えるというような粘り強さを持続できない傾向にある。また、伝来の家族制度のもとでの養育によるものか、依頼心が強く、自治や自律の観念が乏しい。さらに、外的な規律に縛られがちな環境のなかで成育してきたため、個人の自覚に基づく責任の観念がたりない(「国防に関する欧州戦の教訓」三九—四〇頁)。

「我が国民性を観察するに、……往々にして堅忍持久・隠忍苦節を持するというような緩燃性に欠くる恐れがある。また家族制度の下に養成された自然の結果でもあろうが、依頼心強く自治自律の念に乏しいように思われる。おまけに外的律法の下に制縛的に訓養せられているため、自覚に欠け責任観念が十分でない点があるように思われる。」（「国防に関する欧州戦の教訓」四〇頁）

これら日本人の欠点が顕著な精神的資質に関しては、欧米人は逆に大きな長所をもっている。彼らは大戦において、自主独立の精神、個人の自覚に裏打ちされた責任の観念、それに基づく強靱な堅忍不抜の心的持久力を発揮した。それによって大戦時の「酸鼻を極めた長期の陣地戦」に耐え、「惨烈極まる攻防戦」を反復して遂行しえたのである。

たとえば、欧州大戦での第一線師団の基準的な平均損耗率は、仏軍四〇％、独軍三〇％、英軍二五％である。それを超えなければ師団交代とはならなかった。だが日露戦争での日本軍の平均損耗率は一四—一五％にとどまる。

我々は、「欧・米国軍の特長とする無形的資質に大に学ぶ所がなければならぬ」。欧米人の精神、その「無形的価値」を過度に低く評価し、その面では日本人がはるかに優れていると得意になっている。

だが、彼らの精神は、大戦での戦闘の経験からしても決して低いものではない。指示命令に従って「器械的に働く」のみで「独立独行の念」に欠け、「自治自律の精神」に乏しければ、新しい戦法に適応できない。自主独立、自治自律、「自覚にもとづく責任観念」が必須となる。そう永田は主張する（「国防に関する欧州戦の教訓」四一頁、『新軍事講本』一二七—一二八頁）。

戦後社会科学における丸山真男《まるやままさお》や大塚久雄《おおつかひさお》の主張（市民社会的な主体性論）を彷彿させる、注目すべき見方である。

このような観点は、永田にとって、たんに戦場での戦闘法のみに関わることではなかった。ここで重視されている、個人の自主独立心、自由な判断力、積極的主体性、責任感などは、一般社会における「団体的観念」での構成要素となるべきものでもあった。

それらは、「個人を団体組織内の一因子」として活動させ、また「有機的組織団体」そのものにおける「有機的活動を最高度に達せしむる」ためのものだった。

「各個人は分散隔離し、時には指導者の手中眼界を離れて行動し……独りを慎み自ら制し自らを律し、至当なる判断のもとに適当の行動をなし、全体のために分業的協同の実を挙げ、団体としての有機的活動を最大限に発揮する。」（永田「青年訓練の教練について（承前）」三四頁）

ただ永田においては、そこで想定されている「団体的観念」は、「頭首あり手足あり各種の任務を分担する諸員からなる有機的団体」のそれである。そこにおける個人は、「縦に横にそれぞれ分業的に各自の責務を果し、共同の目的に向て統一的に活動する」ことが要請されている。

「教練最終の目的は、頭首あり手足あり各種の任務を分担する諸員からなる有機的団体を練る点に存するのであります。……団体の組成因子たる各員は、縦に横にそれぞれ分業的に各自の責務を果し、共同の目的に向て統一的に活動することを実地に訓練されるのであります。」（永田「青

年訓練の教練について」二一頁）

このような団体と個人との関係は、有機的団体としての「国家」とその成員としての国民の関係にもあてはまるものだった。そこでは、有機的団体としての国家により設定された目的実現への個人の主体性（与えられた役割分担の範囲内での）が強く要請される。それは、後述する永田の国家総動員論のベースとなる一つの原理的視点でもあった。

一般には国家総動員体制においては、個人の強制的同質化が押し進められるとされている。そこでは個人が機械のように従順に行動することが要請されたように考えられがちである。しかし永田においては、それでは実際には国家総力戦に対応できないとみていた。国家的要請への強い主体的コミットメントが求められていたのである。

ただ永田においては、個人の自主独立心、自由な判断力、積極的主体性などは、あくまでも「団体としての有機的活動を最大限に発揮する」ためのものである。したがって、団体そのものの形成過程やその目的設定には関わらないものであり、個人の生き方の自由な選択を許さないものだった。

その意味で、永田の主体性論は、市民社会的な主体性論というより、国家総動員的な主体性論の性格（そこでは、個人がみずからの生き方を自己の責任において選択する自由は大きく制約される）をもつものといえよう。

このような国家総動員的な主体性は、たとえば、黒沢明監督の映画『一番美しく』によく描かれている。そこでは戦時下の少女たちが、兵器の部品生産に、まさに主体的持続的に全身全霊を打ち込むようになっていく姿が迫真性をもって描写されている。

五、機械化兵器の大量使用と工業生産力

また、永田は、大戦において、戦車、飛行機、毒ガスなど新兵器によって「物質的威力」が飛躍的に増大し、それへの対応が喫緊の課題となるとみていた。新兵器として、ほかに大口径長距離砲、携帯機関銃、高射砲、歩兵砲、火炎放射器などにも言及している。

これらの新兵器はきわめて強大な破壊力を有し、その物質的威力にたいしては、旧来の兵器のままでは、いかに十分な訓練を受けた優秀な将兵でも、まったく対抗できない。

「国軍の編制・装備が依然旧情のままであるならば、いかに教育訓練の優良な多数の将卒を擁するも……国防の目的を達することは不可能なのである。」（「国防に関する欧州戦の教訓」四五頁）

最新の兵器など装備・編制のうえで充分な備えがなければ、将兵がいかに奮戦しても、「新鋭なる火器」によって甚大な被害を受ける。しかも、それによっても何ら戦果をあげえないというような「懼《おそ》るべき情況」に陥ることになる。

したがって、新兵器など装備の改良とそれに対応する軍事編制の改変、強力な兵器の大量配置によって、「軍の物質的威力の向上」を図らなければならない。そう永田は主張する（「国防に関する欧州戦の教訓」四一頁、四五頁）。

とりわけ永田は飛行機の役割に注目している。

飛行機の進歩とその広範な利用は、軍の編制・装備・戦略などを一変し、飛行機の数・性能が戦いの行方を左右することとなってきた。また、これにより戦場は平面から立体へと質的変化を遂げた。

「飛行機の進歩とこれが広汎なる利用とは、軍の編制・装備および戦略術・築城等を一変するにいたり、従来地上と地中とのみ限った戦闘は、空中にも行わるることとなり、戦場は平面から立体に変わった……進歩せる飛行機の多数を有するものは戦場の主人公となり、意のごとく作戦し、容易に敵を破ることもできるが、これと反対に貧弱な飛行機を擁する国軍は、戦争場裡に十分な活動ができないのみならず、……ついに交戦は不能に終わるの悲境に立たなければならぬのである。」(「国防に関する欧州戦の教訓」四五頁)

また戦車についても永田は、歩兵の戦闘ごとに堅牢な陣地の攻撃に必須の兵器として不可欠なものとなってきている、とみていた(『新軍事講本』一〇一頁)。

ただ、大戦後、フラー(英)、リデル・ハート(英)、グデーリアン(独)、ド・ゴール(仏)らによって提起された、独立した戦車部隊の運用には、ほとんど言及していない。その点は興味を引くところだが、ここでは立ち入らず、あらためて検討したい。

このように永田は、大戦における兵器の機械化、機械戦への移行を認識しており、それへの対応が国防上必須のことだとみていた。またそれらの指摘は、日本軍の旧来の白兵戦主義、精神主義への批判を内包するものでもあった。

だが、永田のみるところ、このような軍備の機械化・高度化をはかるには、それらを開発・生産する高度な科学技術と工業生産力を必要とする。ことに戦車、航空機、各種火砲とその砲弾など、莫大な軍需品を供給するためには「大なる工業力」を要する。すべての工業は軍需品の生産のために、ことごとく転用可能である。したがって、一般に「工業の発達すると否とは国防上重大の関係」がある。そう永田は考えていた（「国防に関する欧州戦の教訓」五一頁）。

機械化兵器や軍需物資の大量生産の必要を重視していたのである。

では、日本の現状は、そのような観点からして、どうだろうか。

まず、飛行機、戦車など最新鋭兵器の保有量そのものについてみると、永田によれば、大戦終結時、飛行機は、フランス三二〇〇機、ドイツ二六五〇機、イギリス二〇〇〇機、（すべて西部戦線のみ）だった。

これに対して、日本はわずかに約一〇〇機にすぎなかった（「国防に関する欧州戦の教訓」四四頁）。欧州各国と日本との格差は、二〇倍から三〇倍である。

その後も永田は、日本の航空界全体の現状は、「列強に比し問題にならぬほど遅れて居る」状況にあり、じつに「遺憾の極《きわ》み」だとしている（『新軍事講本』一〇一頁）。

なお、アメリカは、ヨーロッパ戦線での保有数は八〇〇機だったが、本国では二万機を制作していた（『国家総動員に関する意見』一〇六頁）。

戦車は、一九三二年（昭和七年）段階でも、アメリカ一〇〇〇輛、フランス一五〇〇輛、ソ連五〇〇輛などに対して、日本四〇輛（『新軍事講本』付表「列国新兵器整備一覧」）。その格差は歴然としている。

各国の工業生産力比較については、大戦時に独仏英が一日に使用した砲弾数三〇万―四〇万発に対し、日露戦争全期間での日本軍の砲弾使用量約一〇〇万発との指摘をしている。日露戦時日本軍の全使用量は、大戦時独仏英使用量のわずか三日分である。

一般に、この日本軍の数値は当時の国内砲弾生産力の限界に達したものとされており、列強諸国と日本との驚くべき軍事生産力格差を示唆している。しかも、英仏独露の大戦時砲弾日製量を比較し、大戦でのロシアの敗因について、その「軍需工業生産力」がすこぶる低く、それによる兵器弾薬の不足によるものだとみていた（『国家総動員に関する意見』五四頁。「国防に関する欧州戦の教訓」五〇頁）。

ちなみに、工業生産力については、同時期、臨時軍事調査委員グループで、大戦前一九一三年時点での各国の工業生産力比較がなされている（『物質的国防要素充実に関する研究』、一九二〇年、付表第六）。

それによると、たとえば、鋼材需要額で、日本八七万トン、アメリカ二八四〇万トン（日本の三二・五倍）、ドイツ一四五〇万トン（一六・四倍）、イギリス四九五万トン（五・七倍）、フランス四〇四万トン（四・六倍）だった。臨時軍事調査委員だった永田も当然この数値は承知していたであろう。なお、当時鋼材需要額が工業生産力（工業化水準）評価の一つの重要な指標とみなされていた。

このように永田は、欧米列強との深刻な工業生産力格差を認識し、「工業力の貧弱」な現状は、国家総力戦遂行能力において大きな問題があると考えていた。したがって、「工業力の助長・科学工芸の促進」が必須であり、国防の見地からして重要な工業生産、とりわけ「機械工業」などの発達に努力すべきとしていた。

　そしてそれには、国際的な経済・技術交流の活発化による工業生産力の増大、科学技術の進展、さらには「国富」の増進をはからなければならないという。生産力増強の観点から、「国際分業」を前提に、対外的な経済・技術交流、国際的な交易関係を推進し、国力の充実をはかることが必要だと考えていたのである（「国防に関する欧州戦の教訓」四五―五一頁、三一九頁。『国家総動員に関する意見』九一―九二頁）。


　だが他方、永田は、戦時への移行プロセスにさいしては、国防資源の「自給自足」体制が確立されねばならないとの考えだった。国際分業を前提とした資源輸入ではなく、資源自給が必要とされる。とりわけ不足原料資源の確保が、天然資源の少ない日本においては、最も重要なことの一つと位置づけられている（「国防に関する欧州戦の教訓」五九頁、「現代国防概論」一〇九―一一四頁）。

　この原料資源確保を重視する観点は次のような判断に立っていたからである。

　ドイツが四年半にもわたって継戦することが可能となったのは、連合国側の重要な油田・炭田・鉄鉱地などを占領し、それらの資源を確保しえたからだ。また、その敗戦の原因となったのも、必要資源の自給態勢が整っていなかったからだ、と（「国防に関する欧州戦の教訓」五七―五八頁）。

　そこから永田は、国防に必要な諸資源について、国内にあるものは努めてこれを保護する。それだけではなく、国内に不足するものは何らかの方法で対外的に「永久にまたは一時的にこれを我の使用に供し得るごとく確保する」ことが、国防上緊要だという。そして、「純国防的」な見地からすれば、国防資源の「自給自足が理想」だと主張する（「国防に関する欧州戦の教訓」五八―五九頁、『国家総動員に関する意見』五五―五六頁)。

平時は、工業生産力の発達をはかるため、自給自足ではなく、国際分業を前提に、欧米や近隣諸国との貿易や技術交流が必須だと永田は考えていた。したがって、外交的には国際協調の方向が志向されることとなる。

それが国際協調をとる政党政治に協力的であった宇垣軍政に、ある時期まで永田が政策上必ずしも否定的でなかった一つの要因だった。ただし、それは政策上職務上のことであり、内心では長州閥に連なる宇垣への対抗姿勢は一貫していた。

だが、実際に戦争が予想される事態となれば、国家総力戦遂行に必要な物的資源の「自給自足」の体制をとることが必須となる。とりわけ不足原料資源の確保の方策をとらなければならない。これが永田のスタンスだった。

以上のような認識をベースに、もし今後本格的な戦争が起こるとすれば、「国を挙げて抗敵する覚悟」を要し、それには「国家総動員」が求められる(「国防に関する欧州戦の教訓」五九頁)。それが永田の基本的な主張だった。

六、国家総動員論

このように永田は、大戦によって戦争の性質が大きく変化したことを認識していた。すなわち、「文運の進歩」による科学技術、工業生産力の発達は、戦車・航空機などの各種「新兵器」の出現とその大規模な使用をうながした。さらに、通信・交通機関の革新によって、かつては思いもよらなかった「大軍」を、広大な地域にわたって随時に運用することが可能となった。そこから「戦争の規模」が格段に大きくなり、巨額の「軍需品」の供給を必要とした。しかも戦争の長期化によって、そのような軍需品の供給を相当期間（四年程度）継続していかなければならない。

したがって、各国は陸海軍のみならず「国家社会の各方面」にわたって戦争遂行のための動員、すなわち「国家総動員」をおこなわざるをえなくなった（「国防に関する欧州戦の教訓」五九—六〇頁）。

つまり、機械化兵器の大量使用による機械戦への移行、戦争規模の拡大などによって、戦争が、国家総動員を必要とする「国力戦」、すなわち国家総力戦となった。そうみているのである（「国家総動員」一八二頁）。

「国家総動員という事柄は過ぐる世界大戦において始めて行われた……物的資源の総動員という意味合いにおいては、他の各国の戦においても我が国の過去における戦においても、とうてい過般の世界大戦に比較すべくもない程度である。」（「国家総動員準備施設と青少年訓練」一三九頁）

また、今後、工業化された列国間（日本も含む）の戦争は、勢力圏の錯綜や国際的な同盟提携などによって、世界大戦を誘発すると想定していた。

したがって永田は、今後、列強間の戦争は国家総力戦となり世界戦争を引き起こすと考えており、そこから、「国家総動員の準備計画」(「現代国防概論」八六頁)が必須だと主張する。将来への用意として、次のように、国家総力戦遂行のため国家総動員の態勢整備が必要だというのである。

これまでのように常備軍と戦時の軍動員計画だけで戦時武力を構成し、これを運用するのみでは、「現代国防の目的」は達せられない。さらに進んで、「戦争力化」しうる「人的物的有形無形一切の要素」を統合し組織的に運用しなければならない。

「往時のごとく単に平時軍備に加うるに、軍動員計画をもって戦時武力を構成し、これを運用したのみでは、現代国防の目的は、達し得られない。……必ずやさらに進んで、いやしくも戦争力化し得べき、一国の人的物的有形無形一切の要素を、統合組織運用して……ここにはじめて国防施設の完備を、称《とな》うることができるのである。換言すれば、国家総動員の準備計画なくしては、現代の国防は、完全に成立しないのである。」(「現代国防概論」八五―八六頁)

つまり、大戦における欧米の総動員経験の検討からして、戦時の軍動員計画のみならず平時における国家総動員のための準備と計画が必要だという。

永田によれば、先の大戦において、主要な交戦列国は、いずれも「国家総動員」を実施した。すなわち、原料、材料、燃料、食料、製品、ならびに農業、工業を「統制」し、「全産業を、国家の一貫せる意思の下に活動」させるようにした。それによって、「外は巨大の軍需に応じ、内は国民の生活を保障」しようとしたのである。そのため、交通機関も政府の管轄下に置いた、また「国民の配置職業分配」も「戦争遂行」にもっとも有効なように規制した。さらに、「財政、金融、教育、社会施設」などもまた「戦時の要求」に適合するようにその態様を変えた。科学技術もひとしく「戦争に最大の寄与をなさしむ」るよう統制された。そして「情報宣伝事業」もまた統一され政府の統制下に置かれた（「現代国防概論」八六—八七頁）。ドイツではその一方策として、「白紙的全権委任法律」いわゆる「授権法」が制定された（『国家総動員に関する意見』二〇頁）。

「全国家社会を挙げて、平時の態勢から戦時の態勢に移し、一国の権内にあるあらゆる有形無形人的物的要素を挙げて、これを組織統合運用し、もって軍の需要を充たすとともに、国家の生存国民の生活を、確保することに最善の方途を悉《つく》したのである。」（「現代国防概論」八七頁）

このように国家総動員とは、国家が利用しうる、あらゆる有形無形人的物的資源を組織的に動員・運用し、「最大の国力的戦争力」を発現させようとするものだった（『国家総動員』一五頁）。

今後の戦争において、国家総動員を実現するには、平時からその準備をしておかなければならない。戦時に「軍の需要」を満たすとともに、それを支える「国民の生活」を保障するよう必要な計画を策定しておかなければならない（「国家総動員」一八二—一八四頁）。すでに、国家総動員の準備の必要については、アメリカのフーバー、ドイツのラーテナウ、ルーデンドルフ、イギリスのロイド・ジョージなどが高唱している（「国家総動員」一八五頁）。そう永田は主張する。

「将来戦に対してはどうしても周到なる準備計画をもってこれに莅《のぞ》まなければならぬ」（「国家総

動員」一八四頁）

ここで永田が国民生活の保障に言及しているのは、国家総動員によって長期の国家総力戦を遂行していくには、その人的資源としての国民生活の安定が欠かせないとみていたからである。

永田は、国民生活が破綻しては国家総動員態勢を長期に維持していくことは困難だと考えていた。そのことは第一次世界大戦末期のドイツ崩壊についての考察にもよっていた。ドイツの敗北は、戦線での敗北によるというよりは、国民生活の崩壊、物資の欠乏によるとみていたからである。

永田によれば、国家総動員の具体的内実は、「国民動員」「産業動員」「交通動員」「財政動員」「その他の動員」からなる。国民動員には、兵員としての動員や、産業動員・交通動員などのための人員の計画的配置がふくまれる。また、その他の動員としては、科学動員、教育動員、精神動員などがあげられている。

永田は、さらに、この国家総動員のための平時における準備として、資源調査、不足資源の確保、総動員計画の策定、関係法令の立案などの必要を指摘している。ことに不足資源の確保、すなわち戦時にむけた資源自給体制の整備確立の問題が重視されている。

このような国家総動員論の具体的内容について、いくつか注意をひかれる点についてふれておこう。

まず、国民動員は、軍の需要および戦時の国民生活の必要に応じるため、人員を統制・調整し、有効に配置することを意味する。職業仲介機関の整備などとともに、必要な場合には、「国家の強制権」

によって労務に服させる「強制労役制度」を採用することも指摘されている。他方、女性労働力の利用のため、託児所設立の必要などにもふれている（「現代国防概論」九九―一〇〇頁）。

産業動員は、兵器・弾薬など軍需品、必須の民需品の生産や配分のため、生産設備、物資、資源を計画的に配置することである。それに関連して、各種工業製品の規格統一、軍需品の大量生産に応じうる生産・流通組織の大規模化、などが主張されている。その手段として、カルテル、トラスト、シンジケートなどの方法があげられている（『国家総動員に関する意見』一三七頁。「現代国防概論」一〇一頁）。

永田のみるところ、産業組織の大規模化・高度化は、国家総動員に有利なだけではなく、平時における工業生産力の上昇、国民経済の国際競争力の強化にもつながるものだった。

このことに関連して永田は、ドイツにおいて大戦中、農業生産力向上の観点から農業労働者の地位の改善がおこなわれたことに肯定的に言及している（『国家総動員に関する意見』九〇頁）。また、「労働争議を防止し解決する」ための方策、「救護、扶助、保健、衛生」などの施設の改善にもふれている（「国家総動員」一八四頁）。

このような視点は、後の『国防の本義とその強化の提唱』（本書所収）にも引き継がれ、無産政党の一部幹部が、永田らに接近する一要因となっていく。

また精神動員について、国家総動員の実施は国民にたいして極度の「犠牲的奉公心」を要求する。したがって「国民精神の緊張鼓励」を必要とする。それには対内的対外的な宣伝や諜報を組織的におこなわなければならない。そう永田はいう。また、この精神動員との関連で、国内外での「諜報」「宣伝」、情報統制、報道統制を国家総動員にかかわる重要な要素として位置づけている（「現代国防概論」一〇五―一〇八頁)。

国家による報道規制、国民への情報操作によっても、国家総動員の方向に国民を向かわせることを考えているのである。

なお、永田はその他の動員として、教育動員をあげ、国家総力戦に向けての教育界の動員の必要にふれている。この関心は、後述するように、『国防の本義とその強化の提唱』に引き継がれる。そして、一九三七年(昭和一二年)の『国体の本義』(文部省発行)の策定、その学校教育への浸透へとつながっていく。

さらに、中高等学校や青年訓練所における軍事教練について、それを「国家総動員準備の一つ」としての評価を与えている。

一九二五年(大正一四年)宇垣一成陸相(加藤高明《かとうたかあき》護憲三派内閣)のもとで、四個師団削減の陸軍軍縮とともに現役将校配属による学校教練が導入された。また、翌年、学校生徒以外の一般青少年に兵式教練をおこなう青年訓練所が設置される。それとともに、在営年限がそれぞれ一年および一年半に短縮された。

このような「青少年訓練」について永田は、決して「国民総武装」を目的とするものではない、とする。その趣旨は「平戦両時を問わず国家に十分貢献のできるような精神と体力とを有する人材を養成」することにある。つまり単なる軍事動員のためのものではなく、国家総動員ことに「国民動員」に備えるためのものだ、というのである。

それは軍隊だけではなく、「あらゆる方面に対して従来より良材を送り出す」ためのものである。

また、陸軍にとっても、軍隊教育上の負担の一部を軽減されるゆえに、在営年限を短縮することができる。他方、「国民の輿論であった兵役の負担軽減」が実現される（「国家総動員準備施設と青少年訓練」一五五—一五七頁）。

こう永田は青少年訓練の実施とそれにともなう在営年限の短縮を肯定的にとらえ、それを推進しようとしていた。

ちなみに、荒木貞夫や真崎甚三郎ら（のちの皇道派）は、軍縮や在営年限短縮などの処置には否定的な姿勢だった。「戦備と教育に大欠陥を生ぜしめ」「軍の威信失墜はこれより始まった」と考えていたからである（「上原勇作宛真崎甚三郎書簡」『上原勇作関係文書』、東京大学出版会、一九七六年、四五七頁）。

また、永田は、国家総動員準備のための平時における中央統制事務機関として「国防院」の設置を主張している。

その長官には、大臣格の人物を任用し、そのもとに国民動員・産業動員その他の総動員業務を主管する部局を置く。その職員には、それぞれ文官とともに陸海軍からも適任者を任命する、と。すなわち軍人が軍事動員のみならず、各種の動員計画にコミットすることになっている。この国防院は、戦時には、大臣以上の有力者を長官とするなど一定の変更を加えて、総動員中央統制機関となることが想定されている（『国家総動員に関する意見』一六三—一六七頁）。

なお、ここで、平時のみならず戦時の中央統制関係機関の長として、大臣格もしくはそれ以上の有力者を起用するとされている。戦時においても必ずしも軍人ではなく、文民政治家の起用も念頭に置かれているのである。ただ、この文民の政治家は、政党に属する政治家、政党政治家とはかぎらない。官僚出身など政党に属さない政治家も少なからず存在するからである。

このような平時の国家総動員機関は、一九二七年（昭和二年）、田中義一《たなかぎいち》政友会内閣のもとで内閣資源局として実現した。資源局は、陸海軍からも各課にスタッフとして人員が配置され、翌々年から毎年「国家総動員計画」を作成している。

なお、資源局発足の前年、若槻礼次郎憲政会内閣下で、その準備のため内閣に国家総動員機関設置準備委員会が作られ、陸軍省から幹事として永田が任命された。また同年、陸軍省に統制・動員の二課からなる整備局が新設され、初代動員課長に永田が就任している。

ただ、この資源局の設置は、仏軍のルール占領に端を発した、フランス国家総動員法制定など欧米の動向に対応したものでもあった。フランス国家総動員法は、一九二四年に議会に提出され、一九二七年に成立している。フランスのほかには、一九二六年にアメリカ国家総動員法案が議会両院軍事委員会に提案され、また翌年、イタリア国家総動員令が制定されている。

概略以上のように永田は国家総動員に関する議論を展開している。

「吾人はいかに平和に愛著を有《も》つも、いまの時代においては戦争は不可避であり、国防の必要は絶対である。しかして現代戦に応ずる国防施設において、国家総動員の準備計画を欠くときは、国防完全なりとは申されぬ。」（「現代国防概論」一一五頁）

このような永田の国家総動員論は、国家目的のために、国を構成するすべての要素を、強い国家統制のもとで動員しようとする意志に貫かれている。人間も一つの人的資源として位置づけられており、一般の人々の生き方（生きる意味、何のために生きるのか）の自由な選択を根本的に制約するものである。個人の生は、すべて国家目的によって方向づけられているからである。そこで強調される個人の主体性や自立性も、与えられた国家目的に「犠牲的奉公心」をもって貢献するよう方向づけられたものだった。

「国家総動員の実施は国民に対し極度の犠牲的奉公心を要求するものである」（「現代国防概論」一〇五頁）

しかもその背後で情報統制、教育統制などの強制と操作が意図されていた。したがって彼の国家総動員論は、一種の全体主義的傾斜をもつものだったといえよう。

七、次期大戦不可避論

原敬《はらたかし》や浜口雄幸《はまぐちおさち》など当時の代表的な政党政治家も、大戦以降もし列強間に戦争が起これば、それは高度の工業生産力と膨大な資源を要する国家総力戦となるとみていた。

しかし、彼らは財政・経済・資源の現状からみて、もし次の大戦が起これば、日本は極めて困難な状況に陥ると判断していた。したがって、次期大戦の防止を主要目的として創設された国際連盟の戦争防止機能を積極的に評価し、その役割を重視していた。

ことに浜口は、国際連盟を軸に、その機能を補完する平和維持や軍縮にかかわる多層的多重的な条約網の形成によって、次期大戦は阻止しなければならない。連盟の存在と、中国の領土保全・機会均等等を定めた九ヵ国条約、ワシントン・ロンドン両海軍軍縮条約、不戦条約などの条約網を有効に活用すれば、阻止は決して不可能ではない。そう考えていた。そのような観点から、これらの条約によって構成されるワシントン体制を尊重し、それによって東アジアと太平洋の国際関係を安定化させようとしていたのである（拙著『戦前日本の安全保障』、講談社現代新書、二〇一三年、一七八—二〇九頁）。

これに対して永田は、戦争不可避論、次期大戦不可避論の見地に立っていた。

これからも近代工業国間の戦争を防止することはできず、したがって次期大戦も回避することは不可能だと考えていたのである。

まず、大戦後の実際のヨーロッパ情勢において、戦争の原因はなお除去されていないと永田はみていた。

ドイツは、全面的な軍事的敗北によるというよりは、全面的な破滅から自国を救い、将来の再起を期すために講和を結んだ。その意味で「国家の生存発達に必要なる弾力」を保存しつつ、「大なる恨み」を残して平和の幕を迎えたといえる。

ドイツの「軍国主義」「外発展主義」などは、「民族固有」のもの、もしくは新興国としての「境遇」に基づいている。またイギリスやアメリカの「自由主義」「平和主義」も、一面彼らの「国家的利己心にもとづく主張態度」である。したがって「将来なお久しきにわたって両々角逐抗争することは免れぬ」状況にあり、ヨーロッパでの「紛争の勃発」は避けられない（「国防に関する欧州戦の教訓」一六─二二頁）。

永田は、大戦後の欧州情勢をこう捉えていた。

後述するように、永田は次期世界大戦を不可避と考えていたが、その口火は、ドイツをめぐってヨーロッパから切られる可能性が高いと判断していたといえよう。

また、国際連盟の有効性についても、永田は否定的な判断をもっていた。

連盟が「欧州大戦の恐るべき惨禍」の教訓から、戦争の防止、世界の平和維持のために創設された組織だということは、永田も十分認識していた。

連盟は、国際社会をいわば「力」の支配する世界から「法」の支配する世界へと転換しようと志向している。そのことは、理念として、国際社会における原則の転換をはかり、国際関係に規範性を導入しようとする試みだといえる。永田は連盟をそのような意義をもつものと位置づけていた。

近衛文麿《このえふみまろ》、北一輝《きたいっき》、大川周明《おおかわしゅうめい》などのように、単純に、連盟を欧米列強の世界支配のためのシステムだ、とは考えてはいなかったのである。

だが、永田のみるところ、問題は、連盟の定める「実行手段」が、果たしてその標榜する理念を達成しうるかどうかにあった。

これまでの国際公法や平和条約は、それを権威あらしめる制裁手段、すなわち「力」を全く欠いていた。それに比して国際連盟は、「平和維持」のための「法の支配」を基本原則とし、法の擁護者としての「力」の行使をも認めている。したがって、連盟が、制裁手段として「協同の力」を認めた点は、従来の国際公法や平和条約などに比して「一歩を進めた」といえる。永田はそういう。

国際連盟は、次期大戦の防止の観点から国際紛争の平和的解決（連盟による裁定を含む）を義務化し、そのような規定に反する戦争を原則的に禁止した。そして、その違反にたいしては共同の制裁処置を定めた。これを永田は、国際関係に規範を導入し、違反者への力の行使を認めたものとして評価しているのである。

しかし、にもかかわらず、永田の判断では、その「力」は大なる権威をもって加盟各国に連盟の決定を強制しうる性質のものではない。その意味で国家をこえるような「超国家的なもの」ではない。連盟は「国際武力の設定」に至らず、紛争国にたいして、その主張を「枉《ま》げさせる」にたる権威をもたない。

したがって、連盟の行使しうる戦争防止手段はその実効性と効果において大いに疑わしい。そのような超国家的権威をもたない連盟は、世界の平和維持の「完全な保障」たりえない（「国防に関する欧州戦の教訓」二二一―二二五頁）。永田はそう考えていた。

「国際聯盟は、決して『力』を無視するものではなく、平和維持はもとより法の支配を本則とするも、法の擁護者として真の『力』をも認めている。……だがしかし、この力は、聯盟の命令支配の下に立つのではなく、依然聯盟に加入している、各国家の主権に従属している、したがって超国家的権威は、もとより欠けている、そこに目的達成上の根本的欠陥がある。」（「現代国防概

論」七〇頁）

このように列国間における紛争の要因は、先の大戦によって取り除かれたとは思えない。またそのような紛争が起こった場合、それを平和的に解決する手段や方法について根本的には解決されていない。したがって、今の平和は、むしろ「長期休戦」とみるのが安全な観察である（「国防に関する欧州戦の教訓」一九頁）。こう永田は結論づけている。

さらに、永田は、一九世紀以降における日米英露独仏伊など「世界列強」九ヵ国の対外戦争についての検討から、戦争波動論ともいうべき認識を示している。

すなわち、一九世紀以降、世界を通じて観察すれば、戦争と平和が波動的に生起し、「平和時代と戦争時代とが、波をうっている」。列強各国平均の戦争間隔年数は約一二年、戦争継続年数は約一年八ヵ月だ、と。その期間はともかく、戦争の波動的生起にたいして、ある種の周期性、歴史的規則性が想定されていた（「現代国防概論」七一―七二頁）。

したがって今後も、列強間の戦争の波動的生起の可能性は充分にあると考えていたのである。

なお、軍事調査委員『物質的国防要素充実に関する研究』にも、一九世紀以降における列強八ヵ国の戦争と平和の期間一覧表が示されている（付表第八）。だが、それは簡単なもので、結論として、「五十年間の平和を維持しえたる国なく……一時的現象に意を安んじ枕を高くする秋《とき》にあらざる」、との指摘に止まる。

もちろん永田においても、戦争を積極的に欲していたわけではなく、平和が望ましく、永久平和の実現が理想であるとの見地に立っていた。だが、連盟の創設によっても、その実現は不可能で、欧州列国間での戦争再発や、戦争の波動的生起を阻止できず、その意味で「戦争は不可避」(「現代国防概論」一一五頁)だ。そう永田はみていた。

また、「将来の戦争は世界戦を引き起こし易く、その惨禍は想像に余りがある」。したがって、極力戦争を避けなくてはならない。しかも「勝利者の利益は到底払った犠牲に及ぶべくもない」、との認識をもっていた(『秘録永田鉄山』三六六頁)。にもかかわらず、これまでみてきたような理由から、列国間の戦争の再発、したがって次期世界大戦は、避けることができないと考えていたのである。

「戦争は避け難く、永久平和は来りそうもない」(「現代国防概論」七三頁)

したがって永田は、次期大戦は不可避であり、それは、ドイツ周辺から起きる可能性が高いと判断していた。このような見方が、永田の戦略構想の基本的な背景となる。このことはあまり知られていないが、軽視しえない点であり、武藤章、田中新一など統制派系幕僚の考え方にも影響を与えた。

また、もし世界大戦が起これば、列国の権益が錯綜している中国大陸に死活的な利害をもつ日本も、否応《いやおう》なくそれに巻き込まれることになる。したがって、日本も次期大戦に備えて、国家総動員のための準備と計画を整えておかなければならない。「島国であり、かつ大陸に国土を有する我が帝国」は、海にも陸にも相当の軍備が必要だ(『新軍事講本』三二頁)。永田はそう考えていた。

ちなみに、永田は、およそ大戦争の後には、交戦国民の間に「二つのまったく相異なる国際思想傾向」がならび起こるとして、次のような図を示している(「現代国防概論」七三頁)。

戦争後に起こる思想上の二傾向

甲、平和協調——平和運動——国民的無自覚、民主個人主義、主知的、文芸的、女性的
（国際的）

乙、分離反噬——国防充実——国民的自覚、国家主義、民族主義、意思的、体育的、男性的
（国内的）

そのうえで、我が国の識者中には、大戦後「甲」の傾向ことに「国際的」のそれのみを強く認識して、「乙」の傾向に目を覆う「皮相な」論者が輩出した。そのために「国内的」に「甲」の傾向を強く助長した時代が「近い過去に」あったことは、まことに「遺憾」だ、としている。

なお、次期大戦は不可避だとの考え方は、国際的にみれば、必ずしも特異なものではない。たとえば、機甲部隊の独自の運用理論で知られる、イギリスのフラーは、

「大戦争は避けがたく、世界がいかに経済的に相頼るようになっても、一国民の次にまた他国民が、往年に戦争が繰り返されたごとく、順次に戦争の渦中に巻き込まれていくことは、ほとんど確実である。」（フラー「戦争の機械化」陸軍技術本部編『将来戦汎論』、干城堂、一九三五年、六七頁）

と述べている。

八、資源自給論と中国

このように永田は、戦争は不可避だとみており、そのための国家総動員の準備計画の必要性を主張していた。したがって戦争の現実的可能性が切迫してくれば、国家総動員の観点から、各種軍需資源の「自給自足」体制が求められることとなる。だが永田のみるところ、帝国の版図内における国防資源は極めて貧弱で、「重要国防資源の自給を許さぬ悲しむべき境涯」にある(「国防に関する欧州戦の教訓」五一頁)。したがって自国領の近辺において必要な資源を確保しておかなければならない。そう考えていた。この不足資源の供給先として、永田においては、満蒙をふくむ中国大陸の資源が強く念頭におかれていた。

永田は、主要な軍需不足資源のうち、ことに中国資源と関係の深いものについて検討をくわえた、「主要軍需不足資源と支那資源との関係一覧表」を示している(「現代国防概論」末尾の第六表)。その一覧表では、次のような重要な軍需生産原料をとりあげている。鉄鉱石、銑鉄、鋼、鉛、錫、亜鉛、アンチモン、水銀、アルミニウム、マグネシウム、石炭、石油、塩、羊毛、牛皮、棉花、馬匹、の一七品目である。

そして、それぞれについて、軍事上の用途、帝国内での生産の概況、「満蒙」「北支那」「中支那」の各地域で利用しうる概算量、需給に関する「観察」、が記されている。ちなみに、この一七品目は当時重要とされた軍需資源をほとんど網羅していた。

その内容は永田の対中国政策とも関連するので、少し詳細にみておこう。

まず、鉄鉱石について。本土で七万トン、朝鮮で三五万トン産出し、百数十万トンを中国などから輸入している。「満蒙」において、産額は多くはないが「埋蔵鉱量すこぶる多く」、一〇万トンから数十万トンの生産計画がある。「北支」は産額相当にあり、「中支」もすこぶる多い。したがって観察として、「資源豊富にしてかつ近き支那にこれを求めざるべからず」としている。

銑鉄は、本土五七万トン、朝鮮一〇万トン産出。米英独などよりの輸入四〇万トン。鋼鉄は、百数十万トン産出。米英独などよりの輸入五〇万トン。外地では、銑鉄は満州の鞍山製鉄所、鋼鉄は朝鮮の兼二浦製鋼所を主とする。「満鮮に製銑設備の拡張および製鋼設備の新設もしくは拡張をなすは極めて肝要」、との観察が記されている。

これら鉄鉱、銑鉄、鋼鉄の軍事上の用途は、武器・弾薬のほか、それらを生産する各種器具・機械用である。

石炭は、三千数百万トン産出するが、優良炭に乏しい。輸出入量間での大差なく、中国・仏領インドシナなどよりの輸入量が大きい。満蒙・華北・華中ともに、産額すこぶる多く、優良炭は、華北・華中に多い。「戦時不足額はほとんど満蒙および北支那のみにて補足し得るがごとし。（略）優良炭の一部は中支那より取得するを要すべし」との観察である。石炭の用途は、動力・熱発生源で、毒ガス原料でもある。

この四者は、軍需資源としては最も需要かつ大量に必要とするもので、すべて満蒙、中国北中部での確保が考えられていることは、注意すべきである。

そのほか、鉱物資源としては他に、鉛・亜鉛は華中の湖南省、錫は華南、アルミニウム・マグネシウムは満州などが、供給可能地域として挙げられている。

石油についても、飛行機・自動車・船舶の燃料として、表中に記載されている。帝国内百数十万石産出で、七百万石が輸入され、米国よりの輸入が最大である。満蒙で撫順《ぶじゅん》頁岩油（シェール・オイル系）八五万石生産予定の他は、華北・華中ともに多少の油田はあるが調査試験中。「支那資源に依るも目下供給著しく不足の状態に在り速に燃料国策の樹立及之が実現を必要とす」、との観察が付されている（「国家総動員」一八九頁も参照）。

石油に関しては、中国資源によるとしながらも、必要分確保のはっきりした見通しが立てられていないといえよう。当時北樺太の石油利権からの入手量は、国内需要の二割程度にすぎなかった。おそらく中国で必要量が確保できない場合には、同盟・提携国からの入手などが考えられていたものと思われる。

その他の資源も、多くは満蒙および華北・華中が供給可能地域とされている。

このように永田は、ほとんどの不足軍需資源について、満蒙および華北・華中からの供給によって確保可能であり、そこからの取得が必要だと考えていた（なお、他の論考でも、国内資源の不足を補うためには「満蒙支那資源の利用についての研究」が極めて必要だとしている〔「国家総動員」二〇二頁〕）。

そして、この一覧表について、次のようなコメントを付している。

「これを仔細に観察せば帝国資源の現況に鑑みて官民の一致して向かうべき途、我が国として満蒙に対する態度などが不言不語《いわずかたらず》の間に吾人に何等かの暗示を与うるのを感ずるであろう。」（「現代国防概論」一一一頁。傍点は引用者、以下同じ）。

この表から、日本が今後向かうべき方向、満蒙に対してとるべき態度が、示されているというのである（なお、この表は、一九二二年に参謀本部第六課の作成した「支那資源利用に関する観察」〔防衛省防衛研究所所蔵〕を参考にしている。ただし、参謀本部作成の表には沿海州が含まれているが、永田のものには含まれていない）。

すなわち、永田にとって、中国問題は基本的には国防資源確保の観点から考えられ、満蒙および華北・華中が、その供給先として重視されていた。とりわけ満蒙は、現実に日本の特殊権益が集積し、多くの重要資源の供給地であり、華北・華中への橋頭堡として、枢要な位置を占めるものだった。

ちなみに、政党政治期に陸軍内に強い影響力をもっていた宇垣一成も、長期の総力戦への対処として軍の機械化と国家総動員の必要を主張していた（宇垣一成「国家総動員に策応する帝国陸軍の新施設」沢本孟虎編『国家総動員の意義』二六三頁以下）。その点では永田と同様だった。

だが、基本戦略としてワシントン体制を前提に米英との衝突はあくまでも避けるべきとの観点にたっていた。

「国策として……将来は如何にすべきや……帝国民は狭き領土内に窒息するわけには行かぬ。何処にか伸展して生存せねばならぬ。その方面はやはり英米との利害にも名誉にも感情においても衝突少なき方面を選択せねばならぬ。」（『宇垣一成日記』第一巻四四三頁）

「日本の支那に求むる所は経済的の地歩である。……経済的地歩も決して吾人の独占的のものでない。日支間には共存共栄を信条とし、列国の関係はもちろん門戸開放、機会均等の主義を尊重

する。」（同六九五頁）

したがって、主にロシアとの戦争を念頭に、中国本土をふくまないかたちでの、日本・朝鮮・満蒙・東部シベリアを範域とする自給圏の形成を考えていた（同六一六頁、六九〇―六九一頁、七〇七頁、七七五頁）。

それは、資源上からも厳密な意味での自給自足体制たりえず、不足軍需物資は米英などからの輸入による方向を想定していた。したがって、中国本土については米英と協調して経済的な発展をはかるべきだとの姿勢だった。米英ともに中国本土には強い利害関心をもっていたからである。また、次期大戦のさいは、当然米英と提携することが想定されていた。

なお、当時ドイツとソ連は秘密軍事協力関係にあり、それをある程度認識していた陸軍中枢では、次期大戦勃発の場合、独ソ連携の可能性が高いとみていた。このことが宇垣の対ソ戦略重視姿勢と関連していたと思われる。もし大戦が再び起こるとすれば、ドイツと仏英米の対立を軸とするものになる蓋然性が大きいと考えられていたからである（ただし、宇垣は必ずしも次期大戦を不可避とはみていない）。

だが、永田からみれば、それでは大戦にさいして、国防上「独自の立場」、自主独立の立場を維持することができないことになる。

軍需資源を米英から輸入することを前提にしていれば、それに制約され、提携関係も選択の余地なく米英側とならざるをえない。そのように提携関係においてあらかじめ選択を限定されれば、「国防自主権」、国防上の方針決定のフリーハンドを確保することができない。いわば国防的観点からみて国策決定の自主独立性が失われる。

永田にとって国策決定の自主独立、国家の自主独立は絶対の条件だった。

「国家はもちろん物質的にも向上を望んでいる。しかし、より以上国家に大切なものは完全なる独立自主である。」（『新軍事講本』二八頁）

この点が、宇垣に永田がもっとも距離を感じ、反発していたところだった。

もちろん、このことは米英との提携をアプリオリに拒否するものではなく、あくまでも敵対・提携関係のフリーハンドを確保しておこうとの意図からだった。このような観点は、武藤章ら統制派系幕僚にも受け継がれる。

宇垣のスタンスと異なり、永田の場合は、米英との対立の可能性も考慮に入れ、中国の華北・華中をふくめた自給圏形成を構想していたのである。

九、対中国政策とその方法

では、これらの中国資源確保の方法として、どのような具体的な方策が考えられていたのだろうか。

この点について永田は、平時において、他国の圏内であっても「至近の土地」より確保できるようにしておくべきである。また、やむをえなければ「戦時これが供給の途を確保」する方法を立案しておかなければならない、という。だが、その方策の内容については、「国家の至高政策に属する」がゆえに「論議を避け」たいとして、当時公表された論考では、それ以上の言及はしていない(「国防に関する欧州戦の教訓」五一頁。『国家総動員に関する意見』八七頁)。

ただ、「木曜会」第三回(一九二八年一月一九日)の記録に、永田の次のような発言がある。

「将来戦の本質か、形式か、対手かの、何れを先に研究するか。

一、将来戦の本質。消耗戦[=長期持久戦]。

二、対手。

英、米、露。

支那は無理に[も]自分[日本]のものにする」(「木曜会記事」『鈴木貞一氏談話速記録』下、三七二頁)。

これは、討論のための一つの例示として永田が出したものである。だが、これまで検討した彼の議論からして、単なるモデル・ケースに止まらず、ある面、永田自身の意見の表出でもあると考えていいだろう。

ここからは、永田において、軍事的手段など一定の強制力による中国資源確保、すなわち満蒙・華北・華中を含めた資源自給圏の形成が想定されていたことがうかがわれる。

もし日中関係が安定しており、何らかの提携・同盟関係にあれば、戦時下においても必要な資源の供給を受けることは不可能ではなかった。だが、永田は当時の中国国民政府の「革命外交」と排日姿勢のもとでは、実際上それは困難だと判断していた。

したがって、平時において、種々の方法で可能なかぎり必要資源を確保できるような方策を立てておくべきだ。だが、やむをえなければ、中国資源を強制的に「自分［日本］のものにする」方法をとらねばならない。そう永田は考えていた。

したがって、「国防線の延長は固有の国土乃至［現在の］政治上の勢力範囲から割り出したものに比し長大」なものとなるという（「国防に関する欧州戦の教訓」三〇頁）。

なお、永田は中国の排日姿勢の背景には、政党政治の英米協調路線による国防力の低下があるとみていた。

日露戦争によって獲得した満蒙権益は、その後欧米諸国の圧迫干渉をうけ、ことに一九二〇年の新四国借款団（原内閣期）以来、権益の削弱を余儀なくされた。さらに、ワシントン会議、ロンドン軍縮会議などの圧迫によって、国防力は相対的に低下した。そのことが、中国をいよいよ「増長」させ、その「革命外交の進展」にともない、「排日毎日の行為」が激化する要因となり、「支那に乗ぜしむるの隙《すき》」を与えることとなった。したがって満州国承認後も、「これに対する支那の反抗は今後直接間接いよいよ熾烈となるであろう」。永田はそう判断していた（「満蒙問題感懐の一端」二二二―二二〇頁）。

永田によれば、中国国民政府の「革命外交」は、排日毎日《ぶにち》を引き起こし、自給資源確保上橋頭堡的な意味をもつ満蒙の既得権益を危くするものだった。そのことからまた、戦時のさいの軍需資源全体の自給見通しの確保についても、通常の外交交渉による方法では極めて困難な状況に追い込まれつつあると判断していた。

永田はいう。

「非道極まる排日侮日の行蔵に忍従し来った我が国が……民族の生存権を確保し福利均分の主張を貫徹するに何の憚《はばか》るところがあろうぞ。」(「満蒙問題感懐の一端」二一三頁)

と。

日本の「生存権」を確保するためには、近隣諸国のもつ「福利」(資源)を日本の勢力下に置くこともやむをえないというのである。

ここからは中国大陸からの資源確保の具体的方策の方向性は、おのずと示されているといえよう。それが、永田にとっての満州事変であり、その後の華北分離工作(華北の勢力圏化)だった。

なお、昭和初期、永田は中国軍について、その多くは「私兵」「傭兵」であり、「動員計画などが立てられておらない」とみていた(『新軍事講本』八一頁)。ただ、さきにふれたように、その豊富な資源に外国の援助が加われば、かなりの持久的抵抗力が生じる可能性があると考えていた。

このような対中政策の方向性は、政党政治や、それと連携する宇垣らの中国政策とは異なるものだった。また、中国の領土保全と門戸開放を定めた九ヵ国条約と、厳しい緊張を引き起こす可能性をもっていた(九ヵ国条約は、一九二一―二二年のワシントン会議で締結。加盟国は英米日仏伊中蘭など)。そのことは、アジア太平洋地域におけるワシントン体制そのものとも対立していくことを意味した。

後述する木曜会の満蒙領有方針も、この永田の構想から強い影響を受けたものと思われる。ただし、木曜会で東条は、満蒙領有の理由を対露戦争準備のためとしている（「木曜会記事」『鈴木貞一氏談話速記録』下、三七八頁）。だがそれは、ロシアを仮想敵国とする伝統的な観念に馴染んでいる木曜会メンバーに、満蒙領有論を受け入れやすくするため、その面を強調したのではないだろうか。なお、永田の政党政治や宇垣への主要な批判は、右に述べたような意味で、その国防上の米英協調路線にあったといえる。

ちなみに、荒木・真崎・小畑ら（のちの皇道派）も、国家総動員の必要を主張していた。だが、それは主に人的動員のレベルが念頭におかれており、短期決戦論への傾斜を強くもっていた。しかも、彼らは早期の対ソ戦を戦略の中心におき、そのためには満州国樹立後は米英との衝突は極力回避すべきと考えていた。したがって、対米英融和の姿勢であり、両国が強い利害関心をもつ中国本土への介入には比較的慎重だった（拙著『昭和陸軍全史』第二巻、講談社現代新書、二〇一四年、一八一四一頁）。なお、その早期対ソ開戦論は、のちに永田ら統制派と対立していく一つの要因になる。

一〇、軍の政治介入と陸軍統制

また、永田は、国内政治体制の問題についても、政党政治の方向に対抗して、「純正公明」な軍部が、国家総動員論の観点から政治に積極的に介入することを主張している。

永田のみるところ、「近代的国防の目的」を達成するには、挙国一致が必要である。それには政治経済社会における幾多の欠陥を「芟除《さんじょ》」（切除）しなければならない。だが、そのためには「非常の措置」を必要とし、それは従来の政治家のみにゆだねても不可能である（「国防の根本義」）。

したがって、

「純正公明にして力を有する軍部が適正なる方法により、為政者を督励するは現下不可欠の要事たるべし。」（同右）

という。

帝国の存立発展のため「一君万民挙国一致」を実現するには、「軍部にその原動力を求むるのほか今や他に策なき」状況にある。したがって、軍部としては、「自らを完全に統制」することが必要だ（「国軍の統制と国勢の打開に就いて」『真崎甚三郎関係文書』、国立国会図書館所蔵）。

「軍の統制団結」には、「横断的結成行為の禁遏《きんあつ》」「非合法的革新思想の駆除」とともに、軍中央部を強化して「漸進的合法的」に「維新」を実行しなければならない（永田「軍を健全に明くする為の意見」『秘録永田鉄山』四八―五〇頁）。永田はそう考えていた。

一九三三年から一九三五年にかけて、陸軍中央では、小畑、荒木、真崎らの皇道派と、永田、東条、武藤らの統制派との対立が生じ、その派閥抗争が激化していた。

また、同時期、隊付青年将校の国家改造運動が広がりつつあった。隊付青年将校の国家改造運動は、一夕会など中堅幕僚層の動きとは別に、満州事変前後から形成されてきていた。その中心人物は、大岸頼好《おおぎしよりよし》、菅波三郎、村中孝次《むらなかたかじ》、安藤輝三《あんどうてるぞう》、磯部《いそべ》浅一《あさいち》、栗原安秀《くりはらやすひで》、香田《こうだ》清貞《きよさだ》などで、彼らの多くは、二・二六事件に加わることになる。

大岸・菅波らの隊付青年将校の国家改造グループは、しばしば皇道派青年将校とも呼ばれている。だが、本来は、荒木・真崎・小畑ら陸軍中央の皇道派とは異なる問題意識と理念を有するもので、集団としては全く別個の存在である。ただ、皇道派と統制派の派閥対立のなかで、皇道派の働きかけをうけ彼らと密接な関係をもつようになっていた。

したがって永田は、「軍内の少壮右翼［隊付青年将校］およびこれを操る輩［皇道派］は、獅子身中の虫」だとしていた（「矢崎勘十宛永田鉄山書簡」、東京都立中央図書館所蔵）。軍の政治介入には、軍内統制が必須だと考えていたのである。

ちなみに、軍の政治介入に関して、一九二九年（昭和四年）の木曜会でも、次のような「結論」が申し合わされている。

国務と統帥との関係において、「統帥の独立自由をもって政略を指導せん」とするのは「無理」である。軍人が国家を動かすには、むしろ政略がすすんで統帥に追随する、つまり「政務当局」がみずから「軍人」に追随するようにしなければならない。

それには指導的「大人物」を要する。そのような大人物を得るには、「集心的に人物を作為する」必要があり、そのためには、「国家的に活動する公正なる新閥を作る」ことが要請される、と(「木曜会記事」『鈴木貞一氏談話速記録』下、三八五―三八六頁)。

すなわち、陸軍が国家を動かすには、統帥権の独立では十分でなく、積極的に政治に介入する必要がある。それには陸軍に新しい派閥を作らなければならないというのである。

この時の個々の発言者の記録は残されていないが、当日は、永田、岡村、東条がそろって出席していた。その場で、軍の政治への積極的介入が「結論」とされていたことは興味深い。

なお、一九世紀ドイツの政治学者トライチュケは次のように述べている。

「軍隊は……国家統治者の意思に無条件に服従すべく定められており、いささかも軍隊独自の[政治的]意思をもつことはできない。もし軍隊が独自の意思をもてば、すべての政治的安定は失われるだろう。およそ議論し党派に分裂する軍隊ほど、恐るべき害毒は考えられない。」(『国家学』)

事態はこの言葉通り展開していく。

二、満州事変と永田

満州事変への永田のコミットメントについては、すでに同時期についての詳細な研究によって言及されている(たとえば、関寛治「満州事変前史」日本国際政治学会編『太平洋戦争への道』第一巻、朝日新聞社、一九六三年。稲葉正夫「史録・満州事変」参謀本部編『満州事変作戦経過ノ概要』復刻版、巌南堂書店、一九七二年)。

ただ、同時代人のいくつかの証言から、満州事変には当初から永田は反対だった、との意見もある。

満州事変時の永田の考えについての彼自身の手による文書類が残されておらず、この問題については資料的に確定が困難な状況にある。

したがって、ここではその議論に本格的には立ち入らずに、先のような意見ではあまり指摘されていない、二、三の点について簡単にふれるにとどめたい。

前述のように、一九二九年(昭和四年)五月に一夕会が発足する。その前年三月、木曜会において、「帝国自存の為、満蒙に完全な政治的権力を確立するを要す」として、満蒙「領有」方針とそのための戦争準備が申し合わされた(「木曜会記事」『鈴木貞一氏談話速記録』下、三七八―三七九頁)。

この三月の会合には永田は出席していないが、永田の腹心であった東条が、満蒙領有の方向で議論をまとめている。その後、一二月の会合で満蒙領有方針が再確認されたさいには岡村も出席し、それを前提に積極的に発言している(「木曜会記事」『鈴木貞一氏談話速記録』下、三八二―三八三頁)。

この頃、永田、岡村、東条は連携して動いており、永田もその方針は了解していたものと思われる。

また、根本博の回想によれば、事変直前、永田が関東軍の謀略について、「現地がこの秋でなければダメだというなら現地のいうところに従うべき」、と語ったとのことである(「根本博中将回想録」『軍事史学』第一一号、八六頁。根本は一夕会メンバー)。

さらに、満州事変中、関東軍の板垣宛書簡で永田は、板垣らの行動を「乾坤一擲の快挙」であり、「涙をもって感謝し壮としている」旨を記している(「板垣征四郎宛永田鉄山書簡」『片倉衷文書』、国立国会図書館所蔵)。

満州国についても永田は、

「正しい国是を標榜して生まれた満洲国に、善隣の誼《よしみ》を悉《つく》し、相倚って東洋永遠の平和を招来せんとする行為が、東洋の盟主をもって任ずる日本の使命でなくて何であろう。」(「満蒙問題感懐の一端」二一三頁)

と述べている。

ところで、事変進行中の一九三一年(昭和六年)一二月、関東軍の動きに批判的だった若槻礼次郎民政党内閣が、党の内紛によって総辞職した。

その後継の犬養毅政友会内閣成立時、永田は一夕会が擁立していた荒木や林を陸相とすべく、政友会有力者の小川平吉《おがわへいきち》に次のような書簡を送っている。

「陸相候補につき、至急申し上げます。……長老［は］あるいは阿部中将を推すかも知れず、……少なくも候補の一人には出ることと思いますが、同中将では今の陸軍は納まりません。……今日、同氏は絶対に適任ではありませぬ。……荒木中将、林中将（銑十郎）あたりならば衆望の点は大丈夫に候。この辺の消息は森恪氏も承知しある筈です（……最近阿部熱高まりしは宇垣大将運動の結果なりとて、部内憤慨致し居り候）。」（小川平吉文書研究会編『小川平吉関係文書2』、みすず書房、一九七三年、五六七頁）

宇垣の推す阿部信行《あべのぶゆき》元陸軍次官を退け、荒木か林を陸相に、との趣旨である。

小川は犬養への書簡で、この永田の意見を、陸軍要路の極めて公平なる某大佐からのものとして伝え、自らも荒木を最適任としている（同右）。永田と小川は同郷（諏訪）で、旧知の間柄だった。政友会へは一夕会関係で永田・小川のルートだけではなく、鈴木貞一・森恪《もりかく》のルートからも働きかけている（『鈴木貞一氏談話速記録』上、三〇八―三〇九頁）。

これらの工作が功を奏し、結局、荒木が陸相に就任した。

その後永田は、一九三二年（昭和七年）四月、参謀本部情報部長となる。その翌月の五・一五事件で犬養首相が暗殺された直後、後継首班について、

「現在の政党による政治は絶対に排斥するところにして、もし政党による単独内閣の組織せられむとするが如き場合には、陸軍大臣に就任するものは恐らく無かるべく、結局、組閣難に陥るべし。」（木戸日記研究会『木戸幸一日記』、東京大学出版会、一九六六年、一六五頁）

との発言を残している。政党内閣は絶対に排除するとの強い姿勢だった。

結局、海軍出身の斎藤実《さいとうまこと》が後継内閣を組織し、政党政治はこれによって終焉をむかえる。

一二、陸軍パンフレット『国防の本義とその強化の提唱』の発行

翌年八月、永田は参謀本部情報部長から第一師団歩兵第一旅団長に転出し、一九三四年（昭和九年）三月、陸軍省軍務局長に就任した。陸軍軍政の実務トップの地位についたのである。

同年一〇月、陸軍パンフレット『国防の本義とその強化の提唱』（陸軍省）が発行される。それは、永田の指示で統制派メンバーの池田純久軍事課員らが原案を執筆し、永田の点検・加筆と承認をへて発表されたもので、永田の意向に沿ったものだった。この陸軍パンフレットは、累計十数万部が各界に配布された。

その内容は、「国家の全活力を綜合統制」する方向での「国防国策」の強化を主張するものである。具体的には、軍備の充実、経済統制の実施、資源の確保など、それまでの永田の議論の延長線上にあるものといえた。

ただ、注意を引くのは、以前の永田の議論から一つの変化がみられることである。それは、「国家総動員的国防観」から独特の「近代的国防観」への転換が主張されている点にある。

前者は、世界大戦後の国家総力戦対応への要請から、戦時における人的物的資源の国家総動員を実現するため、平時にその準備と計画を整えておこうとするものだった。このような考え方は、従来の永田の構想とほぼ同様である。

だが、パンフレットによれば、近年、国際連盟がその「無力」を暴露し、「ブロック対立」の状況となることによって、世界は「国際的争覇戦時代」となった。そのもとで「平時の生存競争」である不断の「経済戦」が戦われている。「国際的生存競争」は白熱状態となり、「平時状態」において「国家の全活力を綜合統制」しなければ、「国際競争そのものの落伍者」となる。

そのような認識から、後者（「近代的国防観」）においては、平時においても「国家の全活力を綜合統制」すること、すなわち一種の国家総動員的な国家統制が必要だとされる。その意味で、国家統制の論理が、戦時のみならず平時をも貫徹し、「国防」の観念も、国家の「平時の生存競争」をも含むものとなる。経済戦を含む国防の観点が、戦時・平時を問わず規定的なものとして要請される（「国防の本義とその強化の提唱」二三三―二三六頁）。これは軽視しえないところである。

かつて永田は、国家総動員のための国家統制は戦時のために考えられており、平時はそのための準備と計画が必要だとしていた。だが、この時点では、戦時のみならず、平時においても国家の全活力の綜合統制、すなわち国家総動員的な国家統制の実施が要請されている。戦時のみならず平時における国家統制の主張。そこにこの文書の一つの特徴がある。その背景には、満州事変、国際連盟脱退をへて、国際的緊張状態のなかで政治的発言力を増大させてきた永田ら陸軍中枢の、国家統制への意志が示されているといえよう。

なお、日本が直面する平時での「経済戦」の具体的内容として、次のような認識が示されている。世界恐慌以後、欧米列強に圧迫され、「支那市場」などから「駆逐」される恐れがある。それに対処するには「経済および貿易統制」を断行し、さらには中国市場の確保、新市場の獲得をはからねばならない。また「経済封鎖に応ずる諸準備」も怠るべきでない。このような「非常時局」は、「協調的外交工作」のみによって解消しうるようなものではなく、場合によっては「破邪顕正の手段として、武力に訴える」用意も必要だ、と(同二四七頁、二五一―二五二頁)。

主に中国市場をめぐる抗争が念頭に置かれており、場合によっては武力行使も辞さない姿勢をみせている。

また、この文書では、対米・対中政策とその関連について、次のような興味深い見方をしている。来年(一九三五年)の第二次ロンドン軍縮会議では、日本は「絶対に国防自主権を獲得するを要し」、従来のように「比率を強要」されるようなことは、「断じて許容し」えない。「海軍力の消長」は、対米関係のみならず、「対支政策の成敗」とかかわる。アメリカが「皇国に対し絶対優勢の海軍を保持せんとする」のは、アメリカの対中国政策である「門戸開放主義」を強行するためである。中国もまた、そのアメリカの力を借り、つねに「皇国を排撃せんとするの政策」をとってきている。中国国内の英米派は、「満洲の奪回」を企図し、「皇国の東亜における政治的地歩の転落」を策謀していると伝えられる。

したがって、このような「策動」の消長は、「皇国の海軍力が米海軍力に圧倒せらるるか否か」にかかっている。それゆえ、今回の海軍軍縮会議において「皇国の主張が貫徹するか否か」が、今後の中国の「対日動向決定の指針」となる、と（同二五二―二五四頁）。

つまり、海軍軍縮は対米関係のみならず、対中国政策と密接に関係しており、対等な比率による「国防自主権」を絶対に確保しなければならない。アメリカの海軍力を背景とする中国の対日「策動」を抑え込むには、従来のようなアメリカ優位の比率による条約は認められない、というのである。したがって当然、会議決裂も辞さないとの強硬な姿勢だった。

さらにこう記されている。

「国防権の自主独立は動かすべからざる天下の公理である。しかして従来国際条約などによって軍備を制限乃至禁止せんとせしがごときは、平和主義に名を借りて、強国が自国の国防の優越を贏得《えいとく》［獲得］せんがための策謀にほかなら［ない］」（同二三九―二四〇頁）

永田は、先にみたように、中国での「排日侮日」は、国民政府の「革命外交」によるとみていた。そして、その背景には海軍軍縮など米英の対日圧迫があるとの認識だった。ここでも同様の観点から、中国の排日を抑え込むには、アメリカと対抗しうる強力な海軍力が必要だとされるのである。したがって、アメリカ海軍力への対抗は、対米戦の現実的可能性からというより、対中強硬姿勢すなわち中国の排日「策動」を制圧することを主眼としたものだった。かねてから永田は、アメリカはアジアに死活的利益をもっておらず、それゆえ当面対米問題は戦争には至らず、政治的に処理しうると判断していた。

ちなみに、永田は、革命外交をかかげ排日政策を進める、蔣介石らの国民党政権との調整は不可能とみていた。したがって、それにかわる親日的な政権——日本の資源・市場確保の要請を受容しうる——の樹立による「日支提携」が考えられていた。

なお、資源の問題については、一方では、「資源の獲得、経済封鎖に応ずる諸準備において遺憾なきを期するを要する」として、資源獲得の必要にふれている（同二四五頁）。だが他方、「日満提携により、いまや資源においては優にいかなる国際競争にも堪え得るの状態にある」として、日満の資源で対処しうるとの表現をしている（同二四七頁）。

これは、このパンフレットが広範な配布を予定されたものであり、国際関係への考慮から、不足資源（中国資源）確保の問題に立ち入らないよう配慮したものと思われる。

対ソ政策については、ソ連の「挑戦的態度と常習的不信」からして、いつ「自衛上必要手段」を要する事態が発生するやもしれない。したがって、それに対処するため陸軍軍備と空軍充実が喫緊の課題だとしている。ただ、そのような事態は「極力回避すべき」として、対ソ戦には慎重な姿勢を示している（同二五六頁、二六四頁）。

また、永田にとって「国防力」は、「外交的発言権」と密接に関係するものであり、「国防権の自主独立」は、国策の自主独立に欠かせないものだった（同二三八頁、二三九頁）。逆にいえば、国策決定の自主独立を維持するには、それを可能にする自立的な国防力が不可欠だと考えていたのである。

しかも、パンフレットはこう述べている。

「最近の墺《オーストリア》国動乱〔首相暗殺事件など〕が一歩を過てば、ただちに第二の世界大戦となるの素因と可能性とを包蔵するごとき、欧州新国境の不合理性、植民地領有の偏頗《へんぱ》不当……などの事実を挙げ来れば、戦争の可避、不可避の問題のごときは論議の余地のないところである。」（同二四〇頁）

戦争（次期世界大戦を含め）は不可避だというのである。その面からも、国防権の自主独立、国防力の強化が「焦眉喫緊」の課題だとされる。

そして、一二月、岡田内閣（大角《おおすみ》海相、広田外相、林陸相）は、ワシントン海軍軍縮条約の破棄を通告。翌々年一月ロンドン海軍軍縮条約からも脱退した。

なお、この文書は、そのほか「国防国策」強化の一環として、農村負担の過重や小作問題などを解決して「農山漁村の匡救」を実施すること、「富の偏在」「貧困」「失業」などが顕在化している現在の経済機構を改変し、「国民大衆の生活安定」を実現すること、などを主張している（同二五九頁、二六八頁）。国家総動員に向けて「挙国一致」のためには、一定の社会改革が必要だというのである。

これらの点は、当時最大の無産政党であった社会大衆党書記長麻生久《あそうひさし》や同党国際部長亀井貫一郎《かめいかんいちろう》などが、この文書を評価する一因となった。

たとえば、麻生は述べている。このパンフレットは「資本主義的機構を変革して社会国家的ならしめよう」とするものである。日本の国情においては、「資本主義打倒の社会改革において、軍隊と無産階級の合理的結合を必然ならしめている」、と（麻生久伝刊行委員会編『麻生久伝』麻生久伝刊行委員会、一九五八年、四五六―四五七頁）。

以上のようなパンフレットの主張はまた国内政治体制の問題と連動していた。平時における「国家の全活力」の「綜合統制」の観点からも、国家統制の強化が必要となる。そして、それには「純正公明」な軍部の積極的な政治介入、軍部主導の政治運営が要請されるとの主張につながっていく。

また、永田らは、このようなパンフレットの内容を実現すべく、陸軍の要請として、根本国策の総合樹立のための機関創設を岡田内閣に働きかけた。そして、内閣審議会およびその調査・実務組織としての内閣調査局を発足させる。この内閣調査局は統制経済主義をその基調とし、陸軍の国家統制論に共振する新官僚の拠点となっていく。

永田らの考えていた政治介入方式は、陸軍省内に、国策全般について総合的検討機関を作り、その政策を、陸軍大臣をつうじて（恫喝も含め）内閣に実現を迫るものだった。内閣審議会や内閣調査局は、その陸軍の政策のいわば受け皿となることが想定されていた。

さらに、永田らは、国防力強化のためには軍備の機械化と航空戦力の充実が急務であると考えており、軍事費の大幅増額とそのための公債増発の要求を強めていく。

なお、『国防の本義とその強化の提唱』発行から二年半後の、一九三七年（昭和一二年）五月、次のような内容の『国体の本義』が文部省から刊行・配布された。これが以後の学校教育、一般国民教育の基本軸の一つとされる。

「大日本帝国は、万世一系の天皇、皇祖の神勅を奉じて永遠にこれを統治し給ふ。これ、我が万古不易の国体である。……

我等は、生まれながらにして天皇に奉仕し、皇国の道を行ずるものであつて、我等臣民のかかる本質を有することは、全く自然に出づるのである。

我が国は、天照大神の御子孫であらせられる天皇を中心として成り立つてをり、我等の祖先及び我等は、その生命と活動の源を常に天皇に仰ぎ奉るのである。……それ故に天皇に奉仕し、天皇の大御心を奉体することは、我等の歴史的生命を今に生かす所以《ゆえん》であり、ここに国民のすべての道徳の根源がある。」

このような考え方は、その後、一九四一年（昭和一六年）発行の『臣民の道』（文部省教学局）にも継承され、敗戦まで、一般国民の生き方として義務づけられることになる。

これは、『国防の本義とその強化の提唱』「国防と思想」の項での、「国家および全体のため、自己滅却の崇高なる犠牲的精神を涵養」するとの主張を引き継ぐものだった。

ちなみに、『国体の本義』刊行事業は、昭和一一年度文部省予算において、「国体の本義に関する書冊編纂」費が計上されている。したがって、文部省内では、永田暗殺直前に予算要求案としてほぼ取りまとめられていた。永田ら陸軍からの働きかけに、何らかのかたちで応じたものと思われる。

一三、華北分離工作と永田

一方、満州事変は、満州国建国宣言、国際連盟脱退などをへて、一九三三年（昭和八年）五月の塘沽停戦協定によって一段落する。

だが、その後、支那駐屯軍・関東軍主導での華北工作がはじまる。その結果、一九三五年（昭和一〇年）六月、梅津《うめづ》＝何応欽《かおうきん》協定、土肥原《どいはら》＝秦徳純《しんとくじゅん》協定によって国民党勢力を河北省・察哈爾《チャハル》省より排除した。その交渉中、現地視察の途にあった永田軍務局長は、本国の陸軍次官にたいして、「既に矢は弦を離れた」のであり、「中央においても、これを支持」すべきとの電信を発している（「南大使発広田外相宛・昭和十年六月四日」『華北問題』、外務省外交資料館所蔵）。

同年八月六日、陸軍次官から関東軍・支那駐屯軍などにたいして、「対北支那政策」が通達された。そこでは、河北省・察哈爾《チャハル》省・山東省・山西省・綏遠《すいえん》省の「北支五省」を、「自治的色彩濃厚なる親日満地帯たらしむる」ことが指示されている。また、華北における「一切の反満抗日的策動を解消」して、日満両国との間に「経済的文化的融通提携」を実現すべきとされている。

すなわち、華北五省の自治化による南京政府からの分離、すなわち華北分離にむけての工作を指示したものだった。そこでは、満州国の背後の安定とともに、日本・満州・華北による経済圏を形成し、華北五省の資源と市場の獲得、すなわちその勢力圏化が意図されていた。

この「対北支那政策」および陸軍次官による通達文書は、「対北支政策に関する件」として書類が現存している（陸軍省『満受大日記（密）、昭和十年、十一冊ノ内其九』、国立公文書館所蔵）。

それによれば、陸軍省軍務局軍事課において起案され、林銑十郎陸軍大臣の承認を受けたもので、主務課員は武藤章・片倉衷である。主務局長として永田軍務局長の承認印も押されている。当時、武藤・片倉ともに統制派メンバーで永田の強い影響下にあった。したがってその内容は永田の意向でもあったと考えられる。「対北支那政策」の内容は、これまでみてきた永田の構想——国家総力戦、国際的経済戦争のための資源と市場の確保——の延長線上にあるものだった。

また、永田ら軍務局は、間もなく設立される国策会社「興中公司」によって、華北の経済開発を推し進めようとしていた。

ただ、永田軍務局長下の華北分離工作では、英米などの中国利権と衝突しないよう、慎重な配慮がなされていた（たとえば、鉄道・鉱山など英米の投資利権、英の海関支配などには手をつけず、原則として両国の通商活動を妨害しない）。中国全体の支配というよりは、資源獲得が主要な目的だったからである。

しかし、この通達の約一週間後の八月一二日、永田は陸軍省で執務中に殺害される。士官学校事件や人事問題などで、荒木・真崎・小畑らの皇道派と永田・東条・武藤ら統制派との抗争が深刻化。同年七月の真崎教育総監罷免に激怒した皇道派系の相沢三郎中佐に、軍務局長執務室で刺殺されたのである。

その後、華北分離工作が本格化し、一一月、河北省に親日的な冀東《きとう》防共委員会を発足させ、翌月冀東防共自治政府と改称。いわゆる冀東政権が成立する。さらに同月、日本側の要求と国民政府との妥協によって、河北・察哈爾《チャハル》両省にまたがる冀察政務委員会が発足した。

翌年一月、岡田啓介内閣は、華北五省の自治化を企図する第一次北支処理要綱を閣議決定する。

また、同年二月、二・二六事件が起こり、その翌年一九三七年（昭和一二年）七月、蘆溝橋事件が勃発、日中戦争となっていくのである。

一方、永田死後、彼の構想は、東条、武藤、田中など統制派系の人々に受け継がれる。

なお、永田がもし生きていれば、太平洋戦争は起こらなかったのではないかとの見方がある（永田構想のもつ一定の合理性に比して、太平洋戦争期の戦争指導があまりにも非合理的だったことが一つの背景）。

その点については、今の段階では確かなことはいえない。

ただ、永田の存在がなければ、開戦前後に東条や武藤、田中らが陸軍を牽引する地位にはいなかっただろう。

ちなみに、ヨーロッパで大戦が始まると、武藤軍務局長は、永田の構想に基づき、資源の自給自足の観点から、あらためて不足資源を再調査した。その結果、日本・中国の資源では、石油、ボーキサイト（アルミニウムの原料）、生ゴムなどが大量に不足することが判明した（おもに、航空機や戦車の予想を超える大量需要による）。

それらは東南アジアから供給可能だった。そこから武藤は、東アジアのみならず東南アジアを含めた範域を日本の自給自足圏とし、「大東亜生存圏」と名付けた。それが後の「大東亜共栄圏」となり、東条や田中にも共有される。

三人は、以前から、次期大戦不可避との見方や、日本もそれに必ず巻き込まれるとの判断をもっていた。国家総動員論や、資源の自給自足と中国資源の確保、軍の政治介入の必要性などについても認識を共有していた。いずれも永田の影響によるものだった（拙著『昭和陸軍全史』第三巻、参照）。

永田なくして、太平洋戦争開戦までの彼らの政策は考えられないものだったといえよう。

一四、永田戦略構想の国際的一特質

このように永田の戦略構想は、次期世界大戦が長期の国家総力戦になるとの判断から、それに対応するための国家総動員体制の整備を基本とするものだった。

中国からの不足資源の確保や、軍の政治介入の必要も、その方策の一環だった。

しかし、欧州では、次期大戦回避の努力とともに、大戦となった場合に長期の国家総力戦とならない方策が模索されていた。国家総力戦のコストや犠牲があまりにも多く、膨大な規模の兵士による凄惨な戦闘が長期に続くことを、できるだけ避けようとしたからである。

その方策の一つが、機甲部隊による戦術・戦略の検討だった。

たとえば、イギリスのフラーは、会戦正面での戦闘主力の全面的激突をなるだけ回避し、機甲部隊の運用によって戦場での勝利を確保する方法を考案しようとした。

機甲部隊とは、戦車を主力とし、それに随伴するかたちで砲兵と歩兵、工兵などを自動車で移動させる戦闘部隊である。一般の部隊では歩兵が主力となるが、機甲部隊では、歩兵は戦車の死角に入る敵兵を駆除する補助兵力として位置づけられる。この機甲部隊は、高速で移動して、機動的に作戦を遂行する多兵種による独立部隊として考えられていた。

フラーは、この機甲部隊によって、「正面を出し抜き、迅速なる行動をもって、その後陣中の急所を攻撃」しようとした。「軍隊の後陣は、攻撃に対する致命的決定的の所」だからである。

かつては騎兵が奇襲による後陣攻撃の役割を担った。だが第一次世界大戦で騎兵は、機関銃など強力な銃器や新型野砲のため、攻撃兵力としての役割を終えた。フラーのみるところ、「今や戦闘のすべての責任は、砲兵に援助される歩兵」が負うようになり、「正面攻撃」による「強襲」が唯一の目的とされている。

しかし、それでは膨大な犠牲が生じ、戦争の長期化を結果する。それを避けるためには、独立した機甲部隊が、かつて騎兵がおこなった後陣への攻撃を新たな戦法で実行すべきだ。フラーはそう考えたのである。

すなわち、戦車を中核とする機甲部隊が、その機動性を生かして、敵軍正面を回避し戦線の最も脆弱な部分を突破。前線の背後に回り込み、通信補給線を切断するばかりでなく、敵後陣の司令部を直接攻撃する。そのさい航空機による攻撃支援をおこなう。それによって敵司令部を壊滅させ、敵軍を敗退させる。そのさい通常の歩兵部隊は敵主力正面で陽動的に運動し、いわばおとりの役割をはたして敵主力を引きつける。

こうして、戦闘を早期に、敵味方ともより少ない犠牲で終結させる。これがフラーの考えた戦法だった（フラー「戦争の機械化」四九―六五頁。ピーター・パレット編『現代戦略思想の系譜』、ダイヤモンド社、一九八九年、五二二―五二五頁）。

このようなフラーの主張は、陸軍関係の雑誌でも、すでに一九二一年（大正一〇年）に紹介されている。

そこでは、フラーの戦法を、

「タンク隊は……敵軍隊を目標とせず、その頭脳をめがけて前進せん。タンク隊の攻撃目標は敵軍歩兵または砲兵にあらずして実に独逸《ドイツ》軍司令部参謀部すなわち軍兵団および師団の一司令部のごときものなるべし。」（吉富庄祐「将来戦に関する英国フラー少佐の所見」『偕行社記事』五六四号、一九二一年、八〇頁）

と記している。

また、イギリスのリデル・ハートは、フラーの議論を継承し、戦争が国家総力戦となることを回避するため、のちの「間接アプローチ戦略」に包摂される機甲戦理論をつくりあげていた。

彼は、はやくから悲惨な塹壕戦から兵士を解放する新兵器として、戦車と航空機の集中使用に注目していた。その後、フラーの影響を受けて、機甲部隊とその運用に強い関心を向け、彼独自の機甲戦理論を形成していく。

その内容は概略次のようなものである。

戦車部隊を軸に、自動車化された歩兵部隊と砲兵部隊などがそれに随伴して協同し、それが師団規模の戦略単位として行動する。この機甲師団は、戦車、歩兵、砲兵らを一体として運用する諸兵科の統合部隊で、戦闘機や急降下爆撃機の支援をうけながら、機動的に戦闘をおこなう。高速で移動する機甲部隊と近接航空支援を組み合わせたものである。

軍団規模の複数の機甲師団が戦闘主力を構成し、航空機部隊の支援のもと敵戦線の脆弱な部分を突破する（そのさい航空機部隊は攻撃支援のみならず、機甲師団を防御する役割も担う）。そして、その機動性を生かして前線の敵主力の背後に回り込み、航空機攻撃を伴って敵陣縦深に迅速に突入。一気に敵国の軍中央司令部や政権中枢を攻撃・殲滅し、戦争全体の勝敗を決する。そのさい敵軍主力との全面衝突はできるだけ回避する。

第一次世界大戦までのように、戦場で敵軍主力を完全に殲滅することを必ずしも目標とせず、短期に戦争終結をはかる。

それにより、戦争が長期の国家総力戦となることを避け、できるだけ敵味方の損害を拡大しないかたちで戦争を終わらせる。したがってまた、多くの流血を伴う決戦へと敵軍を追い込む必要性や蓋然性も低下する（リデル・ハート『近代軍の再建』岩波書店、一九四四年、英文は一九二七年発行。同『戦略論』原書房、一九八九年、英文は一九六七年、原型英文は一九二九年発行。石津朋之『リデルハートとリベラルな戦争観』中央公論新社、二〇〇八年）。

リデル・ハートはそう考えていた。

フラーの議論は、師団や軍団（兵団）規模の会戦を念頭において考案されており、機甲部隊の最終的な攻撃目標を軍司令部や師団司令部に置いていた。したがって、その議論はいわば戦術レベルのものので、機甲部隊も旅団規模のものが想定されていた。

リデル・ハートの理論は、それをさらに拡大し、最終目標として、敵国の政策中枢、意思決定部門、政治・経済の中心部分が念頭に置かれている。したがってそれは、戦争そのものの終結まで視野に入れたものだった。それゆえ機甲部隊は師団規模のものが想定されており、しかも数個師団以上によって作戦が遂行されるきわめて大規模な戦略レベルの理論だった。

フランスのド・ゴールも、多少の相違はあるが、だいたい同様の議論を提起していた。

しかし、フラー、リデル・ハート、ド・ゴールらの主張は、イギリスやフランスにおいて主流とはならなかった。

むしろ、フラー、リデル・ハートらの発想は、ドイツのグデーリアンらによって取り入れられ、電撃戦として知られる軍事戦略を生み出すことになる。

グデーリアンは通信技術の進展にも関心を向けており、機甲師団と航空支援部隊との無線直接通信による行動・攻撃プランを考案。密接な航空支援を受けた、より機動的な作戦・戦略を可能にした。これにより敵軍から強力な攻撃を受けた場合にも、近接する航空部隊に機甲部隊から直接かつ正確に支援を要請でき、防御・攻撃力を格段に上昇させた。後方の司令部による指揮命令を待たずに、機甲部隊と航空機部隊が直接に攻撃連携できるようになったからである（グデーリアン『戦車に注目せよ』作品社、二〇一六年、独文は一九三七年発行。同『電撃戦』中央公論新社、一九九九年、独文は一九五一年発行）。

これに対して永田は、戦車の重要性は認識していたが、その用法については、「歩兵の戦闘ことに堅固なる陣地の攻撃に欠くことのできないもの」としている。すなわち歩兵による戦闘への補助兵器として位置づけていたのである。あくまでも歩兵が「戦闘に最後の決を与える」とみていた（『新軍事講本』九九頁、一〇一頁）。

また永田の戦略構想は、基本的に長期の国家総力戦をどのように戦い抜くか、そのための国家総動員体制をどう築くかという関心に貫かれている。リデル・ハートらのように、いかに国家総力戦を回避するかという点については、立ち入った検討はほとんどなされていない。

たとえば、「持久的陣地戦」はつとめて「避け」なければならないとしながらも、その理由としては、我が国が「苦手」とするところだとの指摘に止まる。しかも、その方法としては量的に充実した常備軍による「速戦速決」の必要を主張するのみで、より具体的な方策には言及していない（『新軍事講本』七六頁）。

では永田は、ヨーロッパでのそのような理論動向を知らなかったのだろうか。

当時陸軍は、欧米の軍事技術や軍事理論に強い関心を示しており、たとえば、前述のように、軍事関係の雑誌『偕行社記事』にもフラーの理論が紹介されている。そのほかにも、さまざまなかたちでヨーロッパの軍事技術や軍事理論は紹介・検討されていた。そのような動向を、永田が知らなかったとは思えない。

したがって、陸軍のなかには戦術レベルでは機甲部隊の必要性を主張するものがおり、陸軍としても戦術レベルでの機甲部隊の創設には着手していた。

たとえば、石原莞爾は、関東軍参謀時代、ソ連軍の満州への進入路として想定されるのはホロンバイル高原だとみていた（それ以外は大興安嶺、小興安嶺などにより越境困難と判断。なお、ノモンハンはホロンバイル高原の一画）。そのホロンバイル高原は広大な平原であり、そこに機動力を備えた機甲部隊を配置することを進言していた。その部隊は単なる戦車部隊ではなく、自動車で移動する歩兵と砲兵などを随伴した本格的な多兵種による機甲部隊だった。ただそれはホロンバイル高原での戦闘を想定した戦術レベルの部隊で、戦争そのものの決着をつける戦略的なものとは考えられていなかった（拙著『石原莞爾の世界戦略構想』祥伝社新書、二〇一六年、一二三―一二五頁）。

そして、実際に陸軍は、一九三三年（昭和八年）旅団規模の機甲部隊を満州・公主嶺で編制した。永田はその前年まで予算編成に携わる陸軍省軍事課長で、この編制には予算面から関係しており、その必要性は認識していたと思われる。しかしそれは、あくまでも戦術レベルのものだった。

ちなみに、永田は、航空機や戦車など、軍そのものの機械化には十分な意欲をもっていた。

「軍機械化はどうやら機運動き出したり。全面的編制装備改善の緒たらば幸《さいわい》。……戦車の事は決して無関心ではない。……先ずに第一にもっとも劣っている航空、防空に手を染めることにしたので二億円余、……戦車も少しは手を染める」（「矢崎勘十宛永田鉄山書簡」『秘録永田鉄山』四〇四頁）

ではなぜ永田は、機甲部隊に関する、戦略レベルでの欧州での理論動向に関心を示していないのだろうか。少なくとも管見のかぎりでは、それについての言及はみられない。

永田は、次期大戦での日本がおこなう戦争のイメージを次のように記している。

「鉄道によりまたは海路米大陸乃至《ないし》欧州より極東に発遣せらるる対手軍の集中全からざるに先ち

これを撃破し、または欧・米の対手に加盟する隣邦軍を友軍の来著に先《さきんじ》て撃破する」(「国防に関する欧州戦の教訓」三七頁)

すなわち、敵となった欧米の列強が東アジアに派遣する軍隊との戦争、およびその欧米列強と連携するアジアの近隣国軍との戦争である。後者はおそらく中国が念頭に置かれている。

永田が次期大戦で想定している戦争は、まずはアジアでの戦争であり、その相手は、欧米から派遣されてくる列強軍、もしくはそれと連携する中国軍だった。

欧米諸国からアジアへは、海路にせよ陸路(シベリア鉄道)にせよ、かなりの距離がある。したがって、当時の輸送力からして、日本がある程度の交戦力をもっている間は、複数の師団規模の機甲部隊を送ることは実際上きわめて困難だった。海路は日本海軍による抵抗を受け、鉄道も空陸からの攻撃により寸断される可能性が高かったからである。

そのことは、日本側からみても同様で、アジアから欧米に大軍を送ることは実際上は不可能だった。当時の軍事技術と国力からみて、日本軍が欧米諸国の首都付近に進攻して、戦争の勝敗を決するような事態は、全く考えられないことだった。

たとえば、満州事変後、皇道派は対ソ開戦を主張していたが、彼らもウラル山脈を越えてモスクワまで進攻することを考えていたわけではなかった。戦争終結は、ソ連の内部崩壊を誘うかたちで考えていた。

また石原莞爾も日中戦争前、対ソ戦備の充実を主張し、対ソ開戦となる場合も想定していたが、その目的は、あくまでもソ連の南進の意図をくじくことにあった。ソ連の軍事的全面的屈服すなわちモスクワ進攻を考えていたわけではない。

太平洋戦争開戦時も、日本軍が主力となってワシントンやロンドンまで進攻することは全く想定されていなかった。

つまり、日本の陸海軍が本格的に関わりうるような戦闘は、アジア・太平洋に限られていたのである。それは日本という国の、地理的政治経済的条件、地政学的条件によっていた。

したがって、日本が関係するアジアでの戦闘に、複数の師団規模の機甲部隊が派遣されてくる可能性はほとんどなかった。

実際、アメリカはヨーロッパには師団規模の機甲部隊を派遣している。だが、日本との太平洋島嶼での戦闘に派遣された機甲部隊は、戦術レベルの旅団規模のものに止まる。

それゆえ、永田も、また日本陸軍も、全体として、師団規模の戦略レベルの機甲部隊の必要性は考えていなかったものと思われる。主にアジア太平洋地域での戦争を想定していたからである（ただし、開戦後の一九四二年、一時、対ソ戦を念頭に師団規模の機甲部隊の創設が陸軍内で企図されるが、戦局悪化のために放棄されている）。

そして永田は、次期大戦時には、アジア太平洋の陸海両面で、あくまでも国家総力戦を戦い抜くことを戦略の基本においていた。

なお、当時ソ連軍はすでに大量の戦車を保有していた。だが、その機甲部隊は、独ソ開戦までは、旅団規模のもので、独立した機甲師団の編制をとっていなかった（開戦後は機甲師団を編制）。しかし、戦車保有台数だけでも日本陸軍はソ連軍に大きく後れをとっていた。それが統制派が主導する陸軍が、独ソ開戦時を除いて、ソ連との開戦を最後まで避けようとした理由の一つだった（ノモンハン事件は一種の威力偵察)。

また、中国軍との戦闘については、永田自身、中国には「軍動員計画」もなく私兵・傭兵が多いとみており、「速戦即決」に努めれば国家総力戦にはならないと考えていた。

ところで、さきに、当時の軍事技術と国力からみて、日本軍が主力となって欧米諸国の首都付近に進攻し、戦争の勝敗を決するような事態は、全く考えられないことだった、と記した。

そのことは、単に機甲部隊の運用に関わる事柄に限らない意味をもっている。

すなわち、日本は世界大戦に参戦したとしても、独力で欧米列強のどの国の首都にも進攻できない。その距離があまりにも大きいからである。したがって自国の力のみでは、戦争の決着をつけることができない。それだけではない、むしろ、戦争の勝敗を決する主力は、欧米列強のいずれかの国に頼らざるをえないのである。日本の軍事力と国力では、大戦全体のなかで、主導的な位置を占めることはできず、その役割は副次的なものに止まらざるをえなかった(この点は石原莞爾も指摘している。拙著『石原莞爾の世界戦略構想』祥伝社新書、二〇一六年、三八一頁、参照)。そのことは、日本が独伊と、もしくは独伊ソと提携・同盟するにしても、米英と提携・同盟するにしても同様である。

これが、欧州での大戦勃発後、日本の軍部および政府が、同盟国の選択をめぐって最後まで動揺を繰り返した一つの原因だった。

そのような制約は、決して過去のものとして全て消え去っているわけではない。

編者あとがき

永田鉄山の主要な論考を、できるだけ読みやすいかたちで出版する必要がある。かなり前から編者はそう考えていた。

その理由については「編者はしがき」に記したので、ここでは繰り返さない。

それが実現でき、かねてからの宿題を終えた思いで、正直ほっとしている。

永田の死から数年後、近衛文麿のブレーンの一人だった矢部《やべ》貞治《ていじ》（東京帝国大学教授）は、次のような言葉を残している。

「現在の世界史の段階から見て、孤立国家では生存し得ず、広域経済圏を持ったものでなければならない。我国にとっては東亜を持つことが日本存立の唯一の道である。国防経済的に自給自足できるものでなければならない。……広域生存圏を持つか否かは、実に生か死かの問題である。」

（細川護貞『細川日記』、中公文庫、一九七九年、四三―四四頁）

きわめて興味深い発言である。

ちなみに、米イェール大学のティモシー・スナイダー教授（専門は中東欧史）は、ナチス・ドイツの広域圏論（東方植民論）について、次のような見解を示している。

「ヒトラーが重視したのは物質面。すなわち、限られた資源、土地、食糧を巡る戦いです。……ウクライナや東欧にドイツが進出したのは、何としてでも豊かな土地を征服し、食糧を確保したいという思いからです。生き残りの危機が迫っていると信じ込むようなパニックに陥ったことに、ドイツの問題があった。」（『朝日新聞』二〇一六年四月五日版）

本書をまとめながら、あらためて様々なことを考えさせられた。それは、昭和史という時代の理解に止まらず、世界史の問題、そして現代にも広がった。

もちろん、本書は多様な関心から手に取っていただければと思う。

永田の論考は、世界大戦の時代という大きな歴史的経験を映す一つの鏡であり、種々の角度から検討すべき深さと広さをもっている。多くの方々の思索にとっても、価値判断の相違を問わず、示唆するところ少なくないのではないだろうか。

最後に本書の出版については、講談社現代新書の山崎比呂志さん、所澤淳さんに相談に乗っていただき、実際の編集は、同社学術図書の石川心さんに担当していただいた。三人のご厚意に感謝したい。

ことに石川さんには、できるだけ読みやすいものになるよう、大変な労力と知力をかたむけていただいた。その意味で本書は、文字通り編者と石川さんの共同作業によるものである。心からお礼を申し上げたい。

二〇一七年初夏

川田稔

永田鉄山（ながた・てつざん）
一八八四―一九三五。戦前の陸軍軍人。陸軍士官学校十六期、陸軍大学校二十三期卒業。東条英機らと組み国家総動員体制を推進。陸軍統制派のリーダーとして、将来の陸軍大臣とも目されたが、軍務局長在任中に皇道派との内部抗争の末斬殺される（同日中将に昇進）。

川田　稔（かわだ・みのる）
一九四七年生まれ。名古屋大学大学院法学研究科博士課程単位取得。現在、日本福祉大学教授、名古屋大学名誉教授。法学博士。専門は政治外交史、政治思想史。『原敬　転換期の構想』（未来社）、『浜口雄幸』（ミネルヴァ書房）、『浜口雄幸と永田鉄山』、『満州事変と政党政治』（ともに講談社選書メチエ）、『昭和陸軍全史1～3』（講談社現代新書）、『石原莞爾の世界戦略構想』（祥伝社新書）など著書多数。

永田鉄山《ながたてつざん》 軍事戦略論集《ぐんじせんりゃくろんしゅう》

二〇一七年八月九日第一刷発行

編・解説 川田《かわだ》 稔《みのる》

発行者 鈴木 哲
発行所 株式会社 講談社
東京都文京区音羽二丁目一二―二一 〒一一二―八〇〇一
電話 (編集) 〇三―三九四五―四九六三
(販売) 〇三―五三九五―四四一五
(業務) 〇三―五三九五―三六一五

装幀者 奥定泰之
本文データ制作 講談社デジタル製作
本文印刷 信毎書籍印刷 株式会社
カバー・表紙印刷 半七写真印刷工業 株式会社
製本所 大口製本印刷 株式会社

定価はカバーに表示してあります。
落丁本・乱丁本は購入書店名を明記のうえ、小社業務あてにお送りください。送料小社負担にてお取り替えいたします。なお、この本についてのお問い合わせは、「選書メチエ」あてにお願いいたします。

ISBN978-4-06-258661-0 Printed in Japan
N.D.C.210.7 357p 19cm

講談社選書メチエ　刊行の辞

書物からまったく離れて生きるのはむずかしいことです。百年ばかり昔、アンドレ・ジッドは自分にむかって「すべての書物を捨てるべし」と命じながら、パリからアフリカへ旅立ちました。旅の荷は軽くなかったようです。ひそかに書物をたずさえていたからでした。ジッドのように意地を張らず、書物とともに世界を旅して、いらなくなったら捨てていけばいいのではないでしょうか。

現代は、星の数ほどにも本の書き手が見あたります。読み手と書き手がこれほど近づきあっている時代はありません。きのうの読者が、一夜あければ著者となって、あらたな読者にめぐりあう。その読者のなかから、またあらたな著者が生まれるのです。この循環の過程で読書の質も変わっていきます。人は書き手になることで熟練の読み手になるものです。

選書メチエはこのような時代にふさわしい書物の刊行をめざしています。

フランス語でメチエは、経験によって身につく技術のことをいいます。道具を駆使しておこなう仕事のことでもあります。また、生活と直接に結びついた専門的な技能を指すこともあります。

いま地球の環境はますます複雑な変化を見せ、予測困難な状況が刻々あらわれています。

そのなかで、読者それぞれの「メチエ」を活かす一助として、本選書が役立つことを願っています。

一九九四年二月　　野間佐和子